普通高等教育土建类专业信息化系列教材

建筑信息模型基础教程

主 编 付 杰

副主编 李一晖

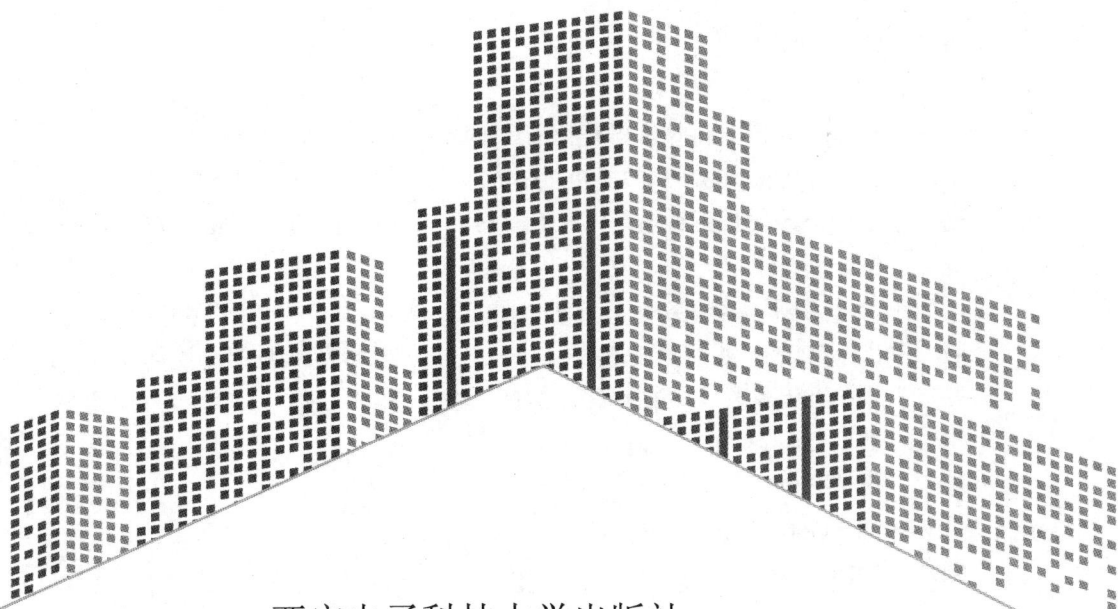

西安电子科技大学出版社

内 容 简 介

本书围绕 Revit 2020 软件,深入浅出地介绍了建筑建模的方法和技巧。全书共分为 11 章。第 1 章详细解释了项目、图元、族和参数化等概念;第 2、3 章分别介绍了项目设置、位置方向以及场地设计等内容;第 4~6 章分别介绍了标高、轴网、视图以及建筑的基本构件,包括墙、柱、楼板和屋顶等内容;第 7 章介绍了 Revit 中的族功能;第 8~10 章主要介绍生成工程图、项目团队协同工作、三维视图与漫游等功能;第 11 章介绍了 Revit 中的常用技术。

本书可作为高等学校土建类专业 Revit(或 BIM 基础)相关课程的教材,也适合作为工程技术人员及对 BIM 感兴趣人员的自学参考书。

图书在版编目(CIP)数据

建筑信息模型基础教程 / 付杰主编. -- 西安 : 西安电子科技大学出版社, 2025. 6. -- ISBN 978-7-5606-7627-2

Ⅰ. TU201.4

中国国家版本馆 CIP 数据核字第 202571833Z 号

策　　划　李鹏飞

责任编辑　李鹏飞

出版发行　西安电子科技大学出版社(西安市太白南路 2 号)

电　　话　(029)88202421　88201467　　　邮　　编　710071

网　　址　www.xduph.com　　　　　　电子邮箱　xdupfxb001@163.com

经　　销　新华书店

印刷单位　咸阳华盛印务有限责任公司

版　　次　2025 年 6 月第 1 版　　　　　2025 年 6 月第 1 次印刷

开　　本　787 毫米×1092 毫米　1/16　　　印　　张　15

字　　数　356 千字

定　　价　42.00 元

ISBN 978-7-5606-7627-2

XDUP 7928001-1

*** 如有印装问题可调换 ***

前 言
PREFACE

建筑信息模型(BIM)是建筑、工程和设计行业的一项革命性技术，它通过数字方式表达建筑项目的物理和功能特性。随着信息化技术的发展和国家数字化转型的推进，BIM 已经成为现代建筑业不可或缺的工具。

众所周知，近十年来土木建筑领域掀起了一股 BIM 热潮，从国家部委、地方政府、大型央企、初创企业到高校师生，都希望借着 BIM 的东风抢占先机，赢得竞争优势。但 BIM 的发展归根到底是 BIM 人才的发展，缺乏 BIM 人才正是我国 BIM 发展的瓶颈之一。本书的编写初衷是方便高校开展教学，为读者提供关于建筑信息模型的基础知识和应用技能。通过本书的学习，读者能够了解 BIM 的基本概念、特点和应用范围，掌握 BIM 软件的常用功能和操作方法，以及 BIM 软件在实际项目中的应用流程和方法。

随着城市化进程的加速和建筑行业的不断发展，BIM 技术的应用越来越广泛。学习和掌握 BIM 技术，有利于更好地适应行业发展的需求，提高自身竞争力，为未来的职业发展打下坚实的基础。

本书主要突出了以下几个特点：

首先，在介绍操作方法的基础上，注重概念的阐述。Revit 作为 BIM 时代的平台软件，有一些区别于 CAD 的新概念，清晰掌握这些概念，有助于加深对软件本身的理解，为深入学习打下牢固的基础。

其次，本书特别注重知识体系的逻辑结构。一般来说，知识体系都是三维网状结构的，知识点之间有着千丝万缕的关联，但学习软件的过程是按时间一维展开的，所以本书特别注意对知识的逻辑层次进行重组，尽量减少读者在学习过程中存疑的可能。

最后，在讲解基本问题的同时，本书还提示读者进行泛化思考。一个大型软件的学习需要长时间的投入，一本教材不可能也不应该事无巨细地涵盖所有细节，因此本书在保留 Revit 主干知识结构的同时，注意提示用户对软件设计的底层逻辑进行思考。

本书除适合作为 Revit 教材使用外，也适合作为工程技术人员及对 BIM 感兴趣人员的参考书。需要说明的是，阅读本书前读者应首先掌握 AutoCAD 的基础操作。

本书在编写过程中得到了众多专家的关心和支持，在此表示感谢。

由于作者水平有限，书中难免有不足之处，请广大读者批评指正。

编　者

2025 年 2 月

目 录
CONTENTS

第 1 章

Revit 的基础知识

Revit 作为 BIM 建模的核心平台软件，在设计理念上融入了 BIM 的全新思想，用以实现土木工程项目全过程的数字化。Revit 与 CAD(Computer Aided Design)有本质区别，其中包含一些新的概念以及新的解决问题的思路与方法。

本质上，学习软件的重点是学习软件开发者如何分析、归纳软件要解决的问题。用软件解决问题的方法与传统的方法大相径庭，不同的问题驱动了不同概念的产生，如 AutoCAD 中的图层、Photoshop 中的滤镜、Flash 中的关键帧、听歌软件中的歌单等。熟悉并理解这些概念是熟练使用软件的前提。当然，这是一个螺旋上升的过程：理解概念后会更熟练地使用软件，而熟练使用软件后会更深刻地理解概念。

初次接触本章内容时，因为对概念不熟悉，读者或许会感到茫然，建议暂时放下疑问，继续进行后面章节的学习，读者将在整个学习过程中不断领会本章所提到的概念的含义。

本章重点：项目、族、参数化。

1.1　项目及项目样板

1.1.1　项目

作为 BIM 的核心建模软件，Revit 必须有整合一个实际工程项目中所有数字信息的能力。在 Revit 中，项目正是用于记录单个工程所有相关信息(如几何信息、物理信息、视图信息、时间信息、资金信息、人员信息等)的数据库。

项目中整合了多方面的信息，并具备拓展的能力，以适应不同情况的需求。以后读者将学习如何对记录的数据进行拓展。

项目以文件的形式在 Windows 操作系统中存储和管理，其扩展名为 rvt[①]。获得一个项目文件，就获得了该项目的所有信息，这极大地方便了项目的设计、查询、修改和维护。

在 Revit 项目中，几何信息通常以三维的形式呈现给用户，其他非几何信息可以通过表格进行统计和输出。

在传统的 AutoCAD 中，一个文件只包括若干平面图形信息，同一个工程项目的不同图纸被保存在不同的文件中；而 Revit 体现了 BIM 的思想，以一个 rvt 文件整合所有的数

---

① Revit 的缩写。

据，其中也包括所有不同专业的图纸。

1.1.2   项目样板

新建项目时，需要对很多初始参数进行设置，以适应不同的标准，如线宽、线样式、单位等。这些参数会因为国家、企业和项目的不同而不同。项目样板提供了一种初始的规范，包含上述所需的参数的参考设置。项目样板也是以文件的形式存储的，其扩展名为 rte[①]。

以一个项目样板为基础，创建一个 rvt 文件，该文件将继承项目样板中所包含的所有初始设置。该功能极大地简化了新建项目的过程。

Revit 提供了多个样板文件，同时用户也可以根据自身的需求创建自己的样板文件。

1.2   图元、族及参数化

1.2.1   图元

图元(Element)是 Revit 中的核心概念，每个项目文件都是由各种不同且彼此关联的图元组合而成的。可以把图元理解为在项目中完成特定表达功能(如窗、门、轴线等)的单元。根据功能的不同，Revit 中的图元可分为三种类型，即模型图元、基准图元和视图专用图元，如图 1-1 所示。

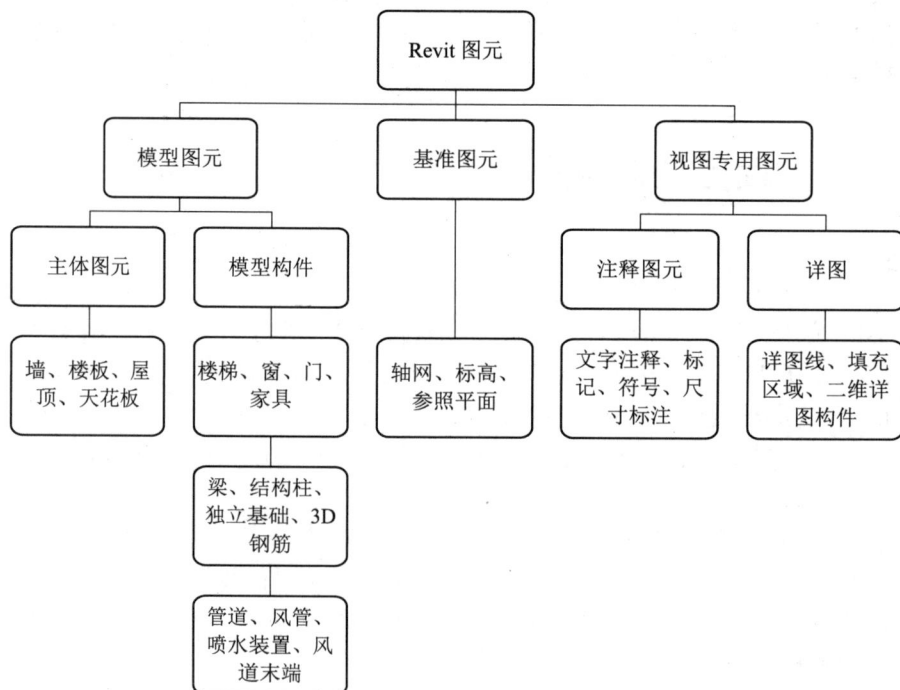

图 1-1   图元的分类

---

① Revit template 的缩写。

模型图元(Model Elements)表示项目中真实的三维几何形体，会在相应的模型视图中显示，如墙、窗、门、水槽、锅炉、管道、洒水装置等。模型图元又可分为主体图元和模型构件。按照 Autodesk 公司的官方解释，主体图元一般在施工现场建造，如梁、柱、楼板等；模型构件是所有其他类型的模型图元，如门、窗、楼梯等。

基准图元(Datum Elements)为项目中其他图元的定位提供基准，如标高、轴网和参照平面等。

视图专用图元只出现在其被放置的视图中，主要作用是对模型进行描述和说明，如尺寸标注、标记、二维详图等。视图专用图元又分为注释图元和详图。

在 Revit 中，每个图元都被自动赋予一个唯一的识别号(ID)，称为图元 ID。在使用 Revit 的基本功能时，通常不用了解图元 ID，但是在进行 Revit 的二次开发时，这个参数非常重要。

1.2.2 族

实际上，如果不涉及 Revit 的二次开发，包括开发工具插件、宏文件及 Dynamo 编程，对用户来说，直接接触图元概念的机会并不多，而族(Family)的概念更为重要。

族是包括通用属性(参数)集和相关图形表示的图元组。族是图元的集合，所有的图元都属于某个族[①]。

为了更好地理解族的概念以及族和图元的关系，可以参考图 1-2。在 Revit 中，对图元进行了层级的划分，包括类别(Category)、族(Family)、族类型(Type)和实例(Instance)。这几个概念由下到上越来越抽象，由上到下越来越具体。

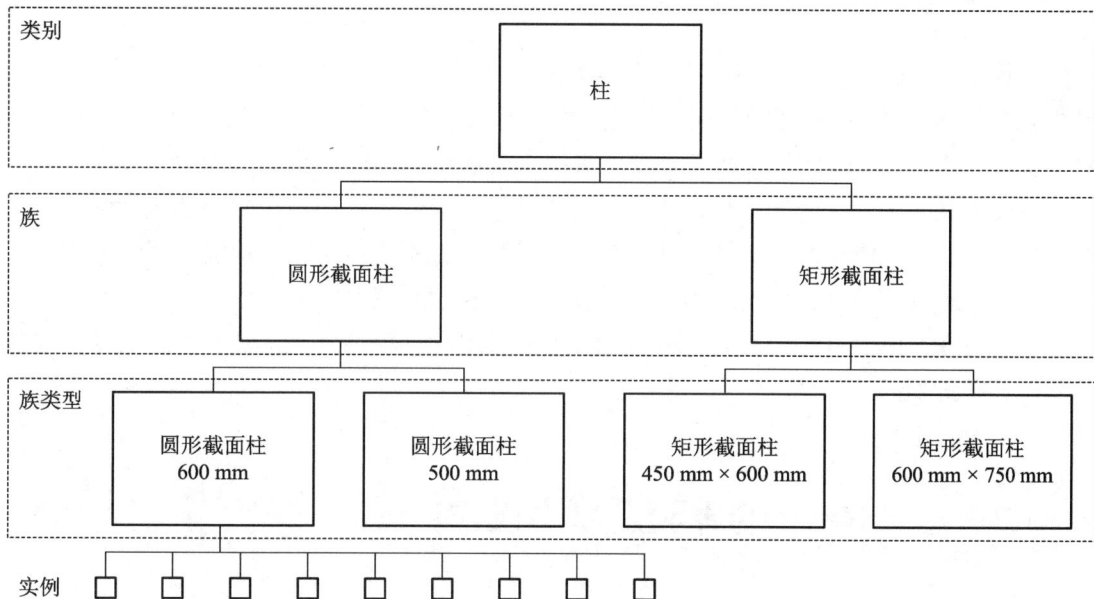

图 1-2 族和图元的层次结构

---

① 如果读者熟悉面向对象的编程语言，可以将这里的"族"(Family)理解为编程语言中的"类"(Class)。

下面举例说明图元的分层关系。例如，项目中会有 10 个直径为 600 mm 的圆形截面柱，每个柱的平面位置都是不同的。那么在模型中，每个柱就是一个"实例"，这些实例都是由一个"族类型"派生出来的，它们有相同的直径。而所有的直径不同的圆形截面柱都可以从同一个"族"派生出来，它们的截面都是圆形。无论是圆形截面柱，还是矩形截面柱，又或者是异形截面柱，都属于同一个"类别"(柱)。在建模的过程中，利用参数对族、族类型、实例进行控制，参数越明确，则控制越具体。这种机制方便了用户在不编写程序的情况下快速创建多种相似的构件，即进行参数化设计。

族的相关知识是 Revit 的核心，在后面还要进行更详细的学习。

1.2.3 图元属性

如前所述，在由族生成族类型和由族类型生成实例的过程中，都要对不同的图元参数进行设定，设定的过程可由用户完成，也可由 Revit 自动完成。图元的参数被分为两类：类型属性和实例属性。

类型属性是所有的同类图元所共有的，改变类型属性，所有的实例都被改变；实例属性仅仅属于一个实例，改变某个实例的实例属性，仅当前的实例被改变。

例如，窗的高和宽是类型属性，改变其高和宽，所有由该族类型生成的实例都会改变大小；窗的窗台高度是实例属性，改变一个窗台高度，仅当前的窗做出相应改变，其他窗不会发生变化。

1.2.4 参数化

参数化设计是 BIM 的一大特征，Revit 全面贯彻了参数化设计的思想。如前所述，用户可以通过设置不同参数生成不同的族类型，然后生成多个实例。因此，修改某族类型的"类型参数"，意味着所有对应的派生实例将会被统一修改，这大大提高了工作效率。

不仅如此，图元之间的关系也可以进行自动调整。例如，门与相邻隔墙之间的距离为固定尺寸，移动该隔墙时，门与隔墙的这种关系仍保持不变。又如，地板或屋顶的边缘与外墙的位置有关，当外墙移动时，地板或屋顶将保持这种联系。

在学习 Revit 的过程中，要充分认识和发挥参数化建模的优势，提高工作效率，降低模型修改和维护的工作量。

1.3　Revit 的界面及基本操作

1.3.1 Revit 主页

在桌面上双击 Revit 图标 ，即可进入软件的主页，如图 1-3 所示。

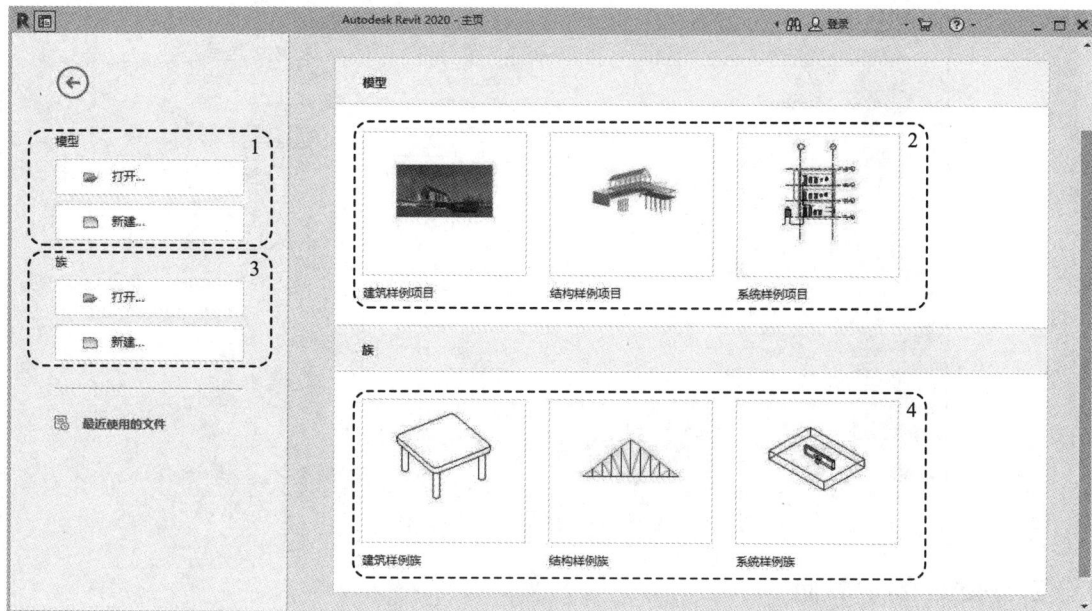

图 1-3　Revit 主页

在 Revit 软件主页，用户可以进行模型(即项目)和族的打开及新建操作，这是使用软件的第一步。

打开模型：通过点击 1 区[①]中的【打开】按钮或 2 区中的图标，可以打开现有的项目模型文件。

新建模型：通过点击 1 区中的【新建】按钮，可以新建一个项目模型，用户可以根据需要在弹出的【新建项目】对话框中选择样板进行新建，如图 1-4 所示。同时，在【新建项目】对话框中也可以选择新建样板文件。

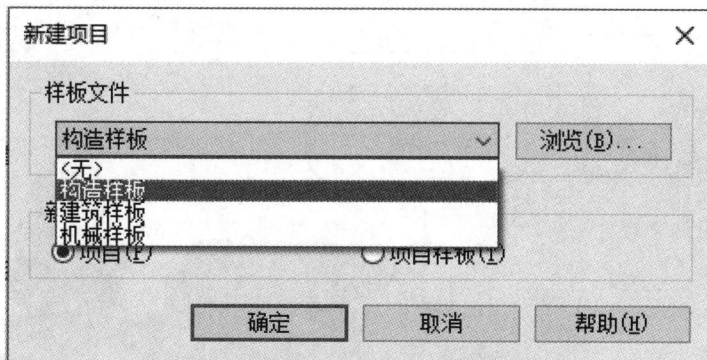

图 1-4　【新建项目】对话框

需要说明的是，软件提供的"构造样板"是各专业通用样板，而"建筑样板""机械样板"是分别针对不同专业的样板。

新建族和打开族的操作与新建模型和打开模型的操作类似，分别点击 3 区(4 区)中对应的按钮(图形)即可。新建族时根据需要选择族样板文件，如图 1-5 所示。

_____

① 指图中标号为 1 的虚线框区域，本书其他行文类似。

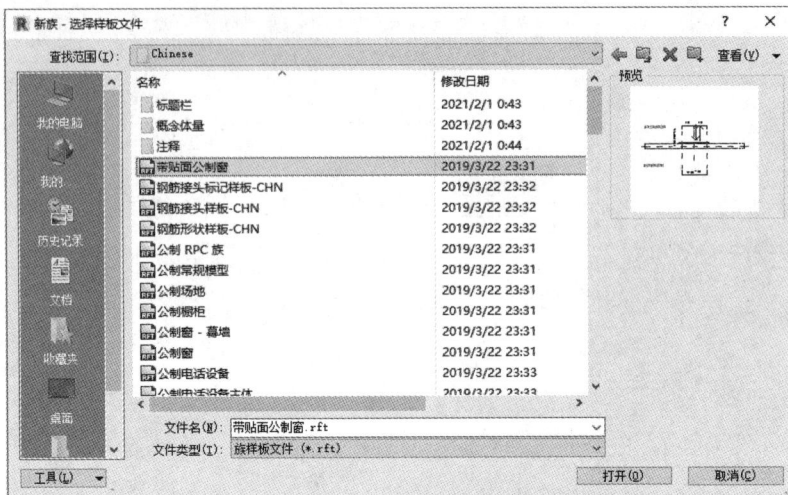

图 1-5　【新族-选择样板文件】对话框

1.3.2　Revit 的主界面

根据用户在主页的选择，Revit 的主界面会有一些差别。下面以 Revit 的样例为例介绍主界面。

Revit 2010 版以后，其主操作界面都采用 Ribbon 界面，将功能进行分类(将不同的功能选项放在不同的工具面板中)，在不使用某功能选项时，其对应的面板会隐藏起来，以提高界面的使用效率。通常情况下，在某个具体的功能选项上悬停光标，将会得到对应的使用帮助弹窗，如图 1-6 所示，这项功能非常有用。

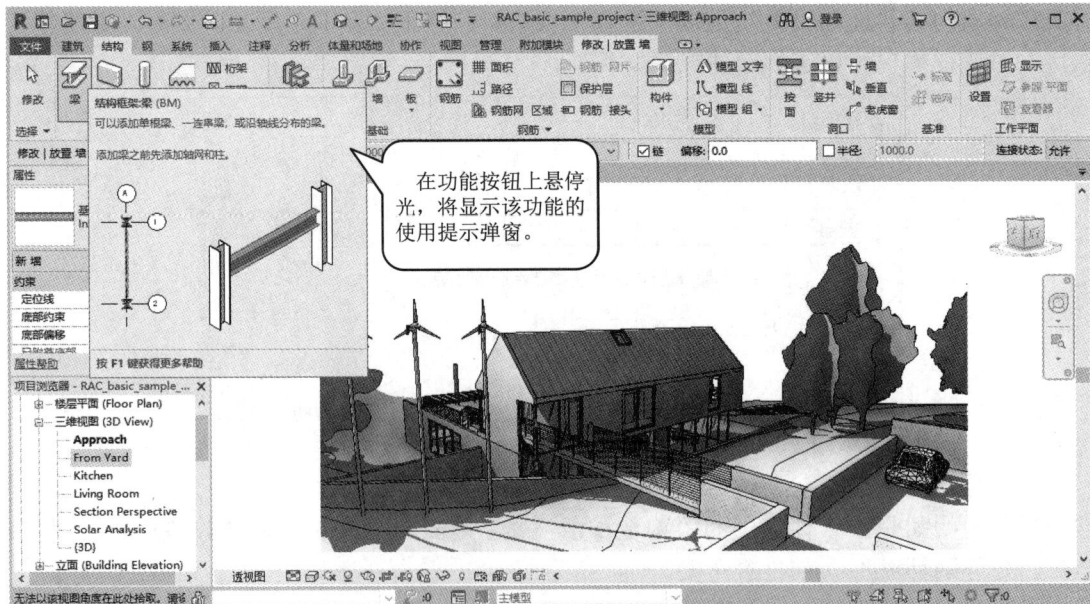

图 1-6　Revit 的使用提示功能

下面分区域对界面进行介绍，如图 1-7 所示。此处仅对主要功能进行说明，更加详尽的情况将会在本书后面具体功能的介绍中再次提到。

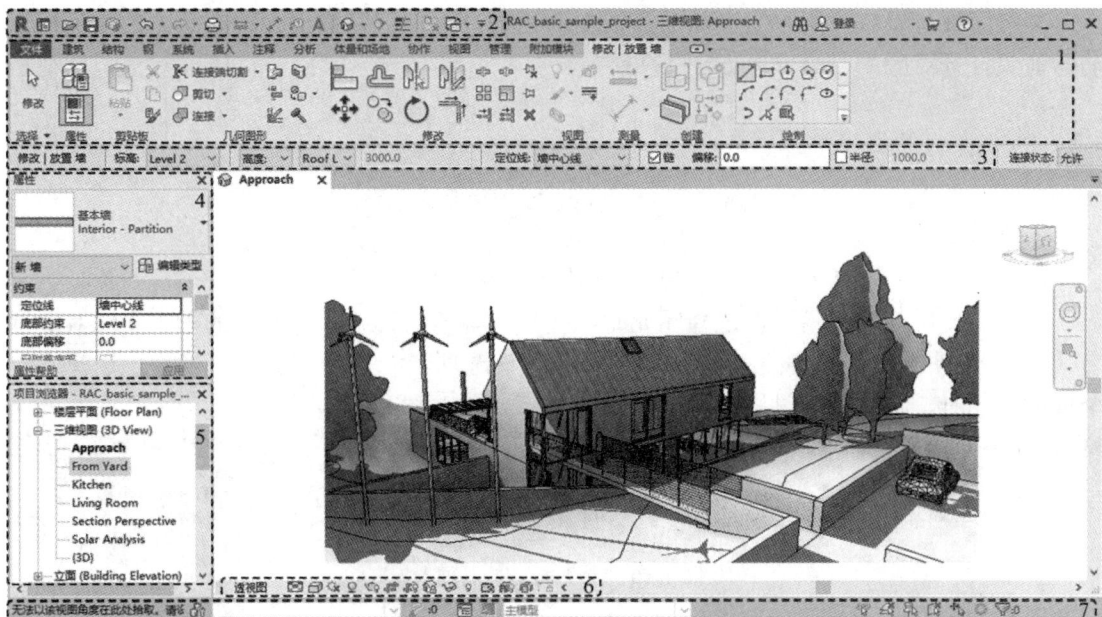

图 1-7　Revit 界面

　　界面的主要部分是绘图区，绝大部分建模的操作都在该区域内进行。该区域可以同时显示多个视图。

　　利用鼠标可以对视图的显示范围进行控制：在绘图区滚动鼠标滚轮可对视图进行缩放；在绘图区按住鼠标滚轮可对视图进行平移；在绘图区双击鼠标滚轮可将视图所包含的所有可见图元缩放至视图范围内；在三维视图中，按住键盘上的"Shift"键，同时按住鼠标滚轮进行拖曳，可以调整三维视图的视角。

　　其他区域介绍如下。

1. 功能区

　　功能区位于图 1-7 中的 1 区，这里提供了创建模型(或族)所需要的全部工具。点击功能区上的选项卡，如"建筑""结构""注释"等，将显示对应类别的工具。

　　工具面板对工具进行再一次细分，如注释选项卡包含"对齐""半径""高程点"等工具面板。通过点击工具面板标题旁的箭头，用户可以将工具面板进一步展开，显示所有的同类工具，如图 1-8 所示。

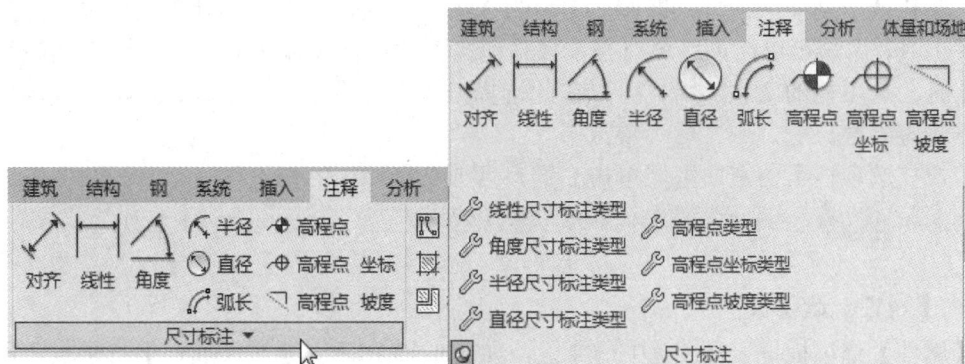

图 1-8　展开工具面板

某些面板可以打开用来定义相关设置的对话框。用户可以单击面板右下方的对话框启动器箭头打开对应的对话框，如图1-9所示。

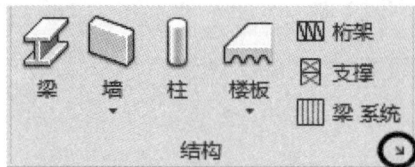

图1-9 对话框启动器箭头

当用户使用某些工具或者选择图元时，会显示与该工具或图元对应的上下文工具选项卡(后简称选项卡)。退出该工具或清除选择时，该选项卡将关闭。例如，当用户选择了一个墙的图元时，将显示编辑修改墙所需的工具，如图1-10所示。

图1-10 上下文工具选项卡

2. 快速访问工具栏

快速访问工具栏位于图1-7中的2区，包含了用户经常使用的工具(这些工具也包含在工具面板中)，方便用户直接调用该工具。用户可以通过单击工具栏最右方的按钮 ，对快速访问工具栏进行自定义。

另外，用户可以把任何一个在功能区中出现的工具置入快速访问工具栏，方法是在该功能按钮上单击右键进行选择即可。如图1-11所示，可以将墙的绘制命令加入快速访问工具栏。类似的方法还可以用于删除快速访问工具栏中的工具。

图1-11 将墙的绘制命令添加到快速访问工具栏

3. 选项栏

选项栏位于功能区下方，即图1-7中的3区。选项栏将根据当前工具或选定的图元显示条件工具，用户可以在该区域对当前操作所需参数进行选择和输入。图1-12是执行绘制墙命令时，选项栏的状态，用户可以在此选择墙的中心线、偏移距离、顶部和底部标高的定位方式等参数。

用户在选项栏上的空白区域单击右键，可改变选项栏的位置。

图1-12 选项栏

4. 【属性】选项板

【属性】选项板位于图1-7中的4区，如图1-13所示。通过【属性】选项板，用户可以查看、修改用来定义图元属性的参数。若用户选择了某图元或放置图元的工具处于激活状态，【属性】选项板中将显示对应族类型的实例属性，否则将显示当前活动视图的实例属性。

在【属性】选项板中，包含了"类型选择器""属性过滤器""实例属性"和"编辑类型按钮"，其功能如下。

类型选择器提供了一个下拉列表，可标识当前选择的族类型，并提供一个可从中选择其他类型的下拉列表。例如，若用户激活了插入窗的命令，可以在类型选择器中选择适当的窗族类型进行插入；当用户在模型中选择了窗图元，也可以在类型选择器中修改当前实例所对应的族类型。

属性过滤器提供了一个下拉列表，用来标识由工具放置的图元类别，或者标识绘图区域中所选图元的类别和数量。若用户选择了多个类别或类型，则选项板上仅显示所有类别或类型所共有的实例属性。当选择了多个类别时，属性过滤器的下拉列表可以选择查看特定类别或视图本身的属性。

图 1-13　【属性】选项板

实例属性以表格的形式罗列了当前图元对应的属性，部分属性可以被用户修改，部分属性为只读(灰色显示)，不能被用户修改。图元所属的族不同时，实例属性也会不同。

单击编辑类型按钮将弹出【类型属性】对话框，如图 1-14 所示。该对话框用来查看和修改选定图元(或视图)的类型属性。

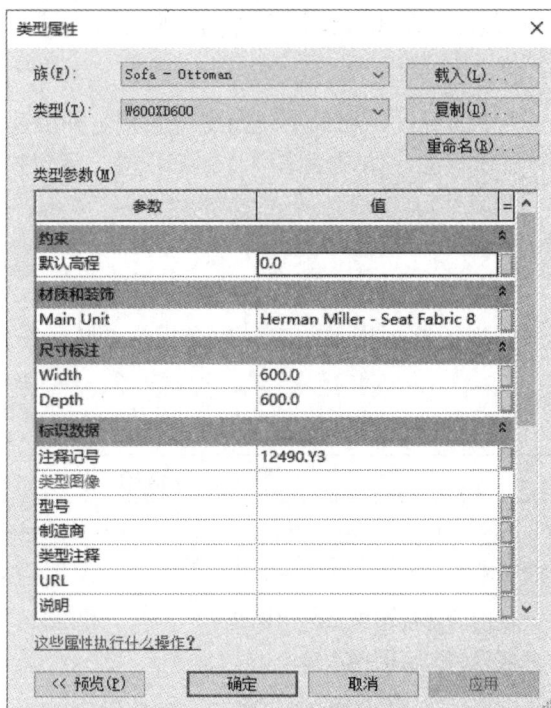

图 1-14　【类型属性】对话框

5. 项目浏览器

【项目浏览器】位于图 1-7 中的 5 区，在该浏览器中以逻辑层次的形式显示了当前项目中所有的视图、明细表/数量、图纸、族和组等，如图 1-15 所示。

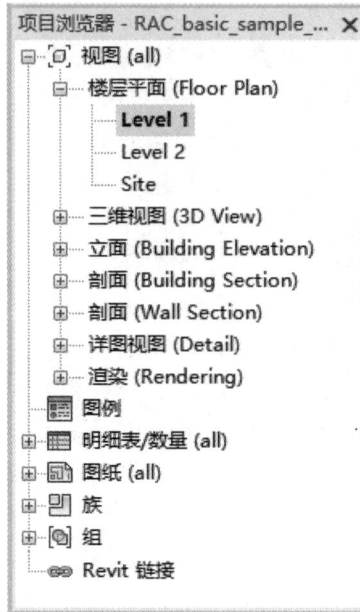

图 1-15 项目浏览器

用户可以在该浏览器中通过双击操作，打开对应的内容。例如，通过双击"楼层平面"中的"Level 2"，可以打开该项目的 Level 2 楼层平面视图。

6. 视图控制栏

视图控制栏位于图 1-7 中的 6 区，也就是视图窗口底部。利用视图控制栏所包含的工具可以调节视图区中模型的显示状态，如显示比例、详细程度、视觉样式等，如图 1-16 所示。

图 1-16 视图控制栏

依据不同的视图类型，视图控制栏中的工具也会发生变化。表 1-1 列出了部分视图工具及其功能介绍。

表 1-1 视图工具功能表

视 图 工 具	功 能 介 绍
比例	视图比例是在图纸中用于表示对象实际尺寸与图纸显示尺寸之间比例关系的系统，决定了标注文字和模型之间的相对大小
详细程度	视图的详细程度分为"粗略""中等""精细"，用户可以进行选择，设置当前视图的详细程度
视觉样式	视觉样式分为模型显示、阴影、照明、摄影曝光和背景选项，用户可以选择，设置当前视图的视觉样式
裁剪视图	使用裁剪区域可以控制视图中可见的图元。位于视图裁剪区域外的模型图元将不会显示

续表

视 图 工 具	功 能 介 绍
显示/隐藏裁剪区域	可以根据需要显示或隐藏裁剪区域
解锁/锁定三维视图	在三维视图中，用户可以锁定三维视图的方向，以便在视图中标记图元并添加注释记号
临时隐藏/隔离	"隐藏"工具可在视图中隐藏所选图元，"隔离"工具可在视图中显示所选图元并隐藏所有其他图元
显示隐藏的图元	临时查看隐藏图元或将其取消隐藏
临时视图属性	在某些情况下，用户不希望修改当前视图属性，同时需要查看被隐藏的图元，此时可使用"临时视图属性"模式对视图的可见性和图形进行暂时更改

7. 状态栏

状态栏位于图 1-7 中的 7 区。状态栏会提供有关要执行的操作的提示。高亮显示图元或构件时，状态栏会显示族和类型的名称。状态栏中还包括两个重要的控件：【过滤器】 和【工作集】 。

点击【过滤器】图标，在弹出的对话框中将列出当前选择的所有类别的图元，如图 1-17 所示。该对话框显示用户已经选择了 4 个墙图元、2 个橱柜图元和 1 个结构柱图元。用户可以通过复选框对选择的图元进行修正。

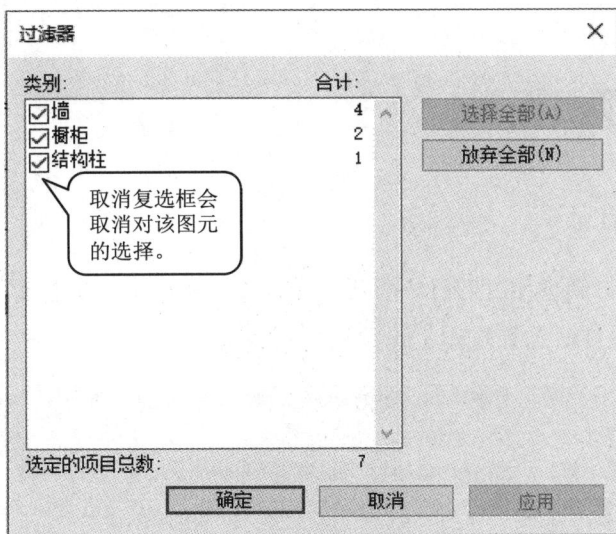

图 1-17　【过滤器】对话框

工作集主要用于协同设计，将在本书第 9 章进行详细介绍。

8. 其他工具

主界面的功能非常丰富，通过前面的介绍读者已经了解了最重要、最常用的部分，还有一些其他功能没有提及，如【信息中心】、【联机帮助】等。本章无法一一罗列，读者可根据兴趣自行摸索，本书也会在后面的章节中提及相关功能的使用方法。

第 2 章

项目设置、位置方向及阶段化

Revit 不仅仅是建模的工具，还是项目信息的管理平台。不同于传统的 CAD 软件。Revit 在"项目样板"中包含了很多基础信息，但项目的唯一性决定了每个项目模型包含的基本信息和参数不同，如名称、位置等，用户需要对此进行设置。这些基础数据将被用于项目的整个生命周期中。

本章重点：方向设置及阶段化。

2.1　项目设置

2.1.1　指定项目信息

启动 Revit 软件，新建(或打开)一个项目，执行操作如下：选择【管理】选项卡→【设置】面板，单击【项目信息】按钮，如图 2-1 所示。

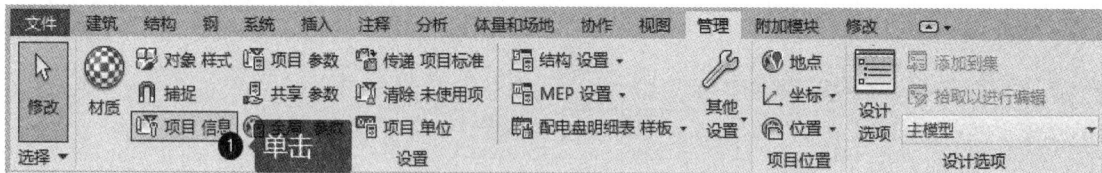

图 2-1　单击【项目信息】按钮

弹出【项目信息】对话框，如图 2-2 所示。

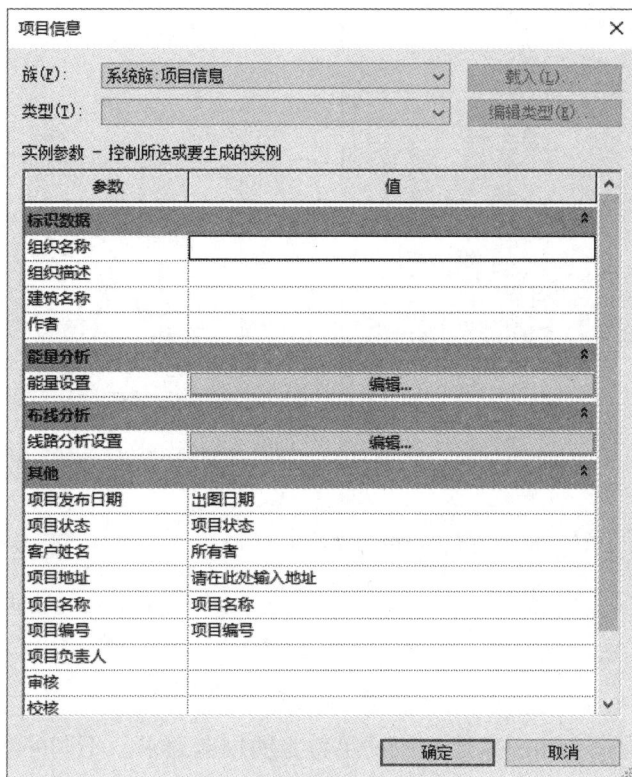

图 2-2 【项目信息】对话框

在【项目信息】对话框中，以列表的形式给出了组织名称、组织描述、建筑名称、作者、能量设置、线路分析设置、项目发布日期、项目状态、客户姓名、项目地址、项目名称、项目编号等信息，用户可以进行输入和修改。这些信息可被用于项目的其他方面，例如在图纸中可以直接调用"建筑名称""组织名称"；同时，用户只需在此处对信息进行修改即可实现整个项目"建筑名称""组织名称"的修改。

2.1.2 项目单位

通过【项目单位】对话框，用户可以设置适用于本项目的单位，执行操作如下：选择【管理】选项卡→【设置】面板，单击【项目单位】按钮，如图 2-3 所示。

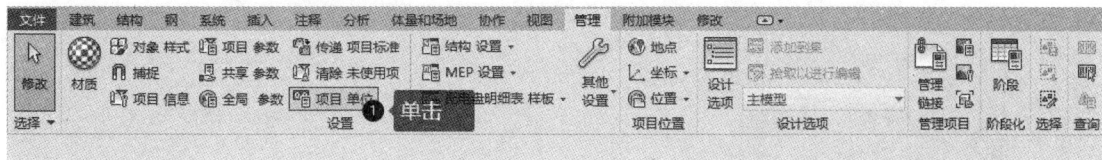

图 2-3 单击【项目单位】按钮

弹出【项目单位】对话框，如图 2-4 所示。默认项目样板的项目单位可以满足大多数情况的需求，如需要修改项目单位，可以在此进行修改。例如，点击"长度"单位后对应的"格式"按钮，会弹出【格式】对话框，如图 2-5 所示，用户可以根据需要进行修改，比如将长度单位修改为"厘米"或"英尺"。

图 2-4　【项目单位】对话框　　　　　　　图 2-5　【格式】对话框

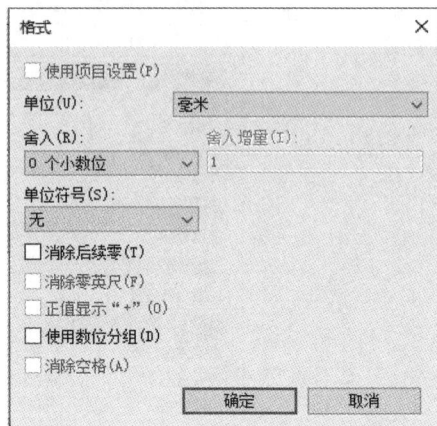

2.1.3　线型设置

在项目中，线型宽度和图案通常应满足特定的规范要求，不同的线型图案表达不同的内容，因此需要在项目中设置线宽、线型图案。

1. 线宽

如图 2-6 所示，进行如下操作可以打开【线宽】对话框。选择【管理】选项卡→【设置】面板→【其他设置】，单击【线宽】按钮▤。

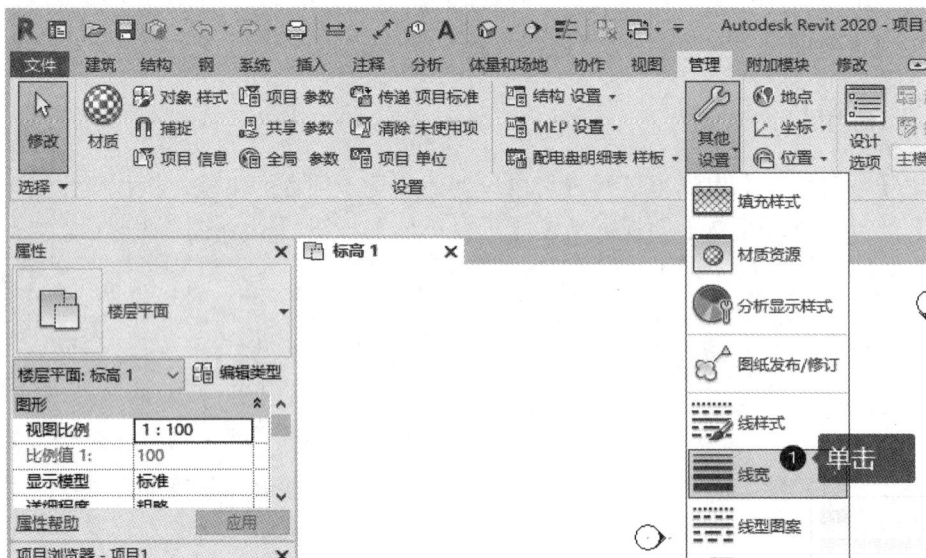

图 2-6　单击【线宽】按钮进行线宽设置

弹出【线宽】对话框，如图 2-7 所示。其中，线型的宽度和视图的比例是相关的，因此同一编号的线型宽度在不同的视图比例下需要分别进行设置。在该对话框中，用户还可以通过单击选项卡进行"透视视图线宽"和"注释线宽"的设置，其操作与"模型线宽"的设置类似。

线宽							
模型线宽　透视视图线宽　注释线宽							
模型线宽控制墙与窗等对象的线宽。模型线宽根据视图比例而定。							
模型线宽共有 16 种。每种都可以根据每个视图比例指定大小。单击单元可以修改线宽。							
	1∶10	1∶20	1∶50	1∶100	1∶200	1∶500	添加(D)...
1	0.1800 mm	0.1800 mm	0.1800 mm	0.1000 mm	0.1000 mm	0.1000 mm	删除(E)
2	0.2500 mm	0.2500 mm	0.2500 mm	0.1800 mm	0.1000 mm	0.1000 mm	
3	0.3500 mm	0.3500 mm	0.3500 mm	0.2500 mm	0.1800 mm	0.1000 mm	
4	0.7000 mm	0.5000 mm	0.5000 mm	0.3500 mm	0.2500 mm	0.1800 mm	
5	1.0000 mm	0.7000 mm	0.7000 mm	0.5000 mm	0.3500 mm	0.2500 mm	
6	1.4000 mm	1.0000 mm	1.0000 mm	0.7000 mm	0.5000 mm	0.3500 mm	
7	2.0000 mm	1.4000 mm	1.4000 mm	1.0000 mm	0.7000 mm	0.5000 mm	
8	2.8000 mm	2.0000 mm	2.0000 mm	1.4000 mm	1.0000 mm	0.7000 mm	
9	4.0000 mm	2.8000 mm	2.8000 mm	2.0000 mm	1.4000 mm	1.0000 mm	
10	5.0000 mm	4.0000 mm	4.0000 mm	2.8000 mm	2.0000 mm	1.4000 mm	
11	6.0000 mm	5.0000 mm	5.0000 mm	4.0000 mm	2.8000 mm	2.0000 mm	
12	7.0000 mm	6.0000 mm	6.0000 mm	5.0000 mm	4.0000 mm	2.8000 mm	
13	8.0000 mm	7.0000 mm	7.0000 mm	6.0000 mm	5.0000 mm	4.0000 mm	
14	9.0000 mm	8.0000 mm	8.0000 mm	7.0000 mm	6.0000 mm	5.0000 mm	
15	9.0000 mm	9.0000 mm	9.0000 mm	8.0000 mm	7.0000 mm	6.0000 mm	
16	9.0000 mm	9.0000 mm	9.0000 mm	9.0000 mm	8.0000 mm	7.0000 mm	
			确定	取消	应用(A)	帮助	

图 2-7　【线宽】对话框

2. 线型图案

【线型图案】按钮在【线宽】按钮的下方，如图 2-6 所示。要启动【线型图案】对话框，需执行如下操作：选择【管理】选项卡→【设置】面板→【其他设置】，单击【线型图案】按钮 ≡。

【线型图案】对话框如图 2-8(a)所示，其中罗列了本项目中已经定义的线型图案，如"三分段划线""中心线""中心"等。用户可以对线型图案进行编辑。例如：

(1) 选中"中心"线型，单击【编辑】按钮。

(2) 弹出"中心"线型图案的【线型图案属性】对话框，如图 2-8(b)所示。从该对话框中可以看出"中心"线型由"6.35 mm 划线""4.76 mm 空间""15.88 mm 划线""4.76 mm 空间"连接组成，通过修改"类型"和"值"，即可对线型图案进行编辑。

新建线型的操作同编辑线型类似。

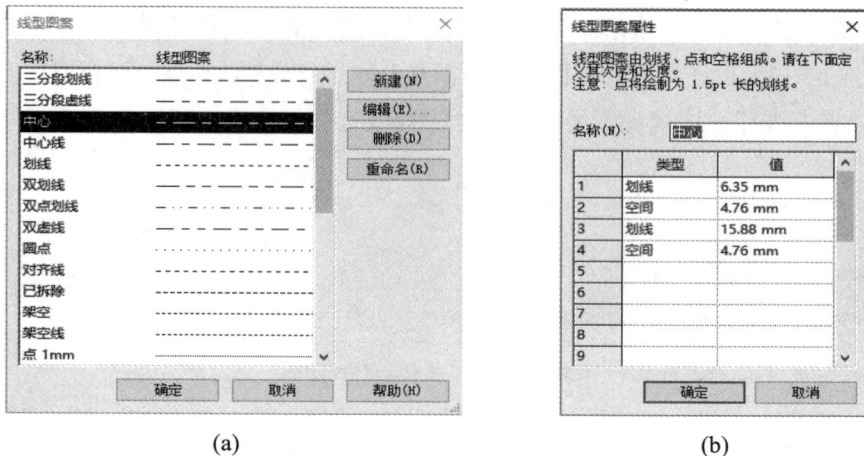

<table>
<tr><td>(a)</td><td>(b)</td></tr>
</table>

图 2-8　【线型图案】及【线型图案属性】对话框

2.2　地理位置及方向

在进行精确的日光研究、漫游和渲染的阴影生成时，为项目指定位置、标高及方向信息有着不可忽视的重要作用。与地理位置相关的气象信息，如气温等，可用于对项目进行能耗方面的分析。

2.2.1　地理位置

使用"Internet 映射服务"时，可以通过搜索项目的街道地址、项目临近的主要城市或项目的经纬度指定项目的地理位置。可以通过以下操作调出【位置、气候和场地】对话框，如图 2-9 所示。选择【管理】选项卡→【项目位置】面板，单击【地点】按钮 🌐。

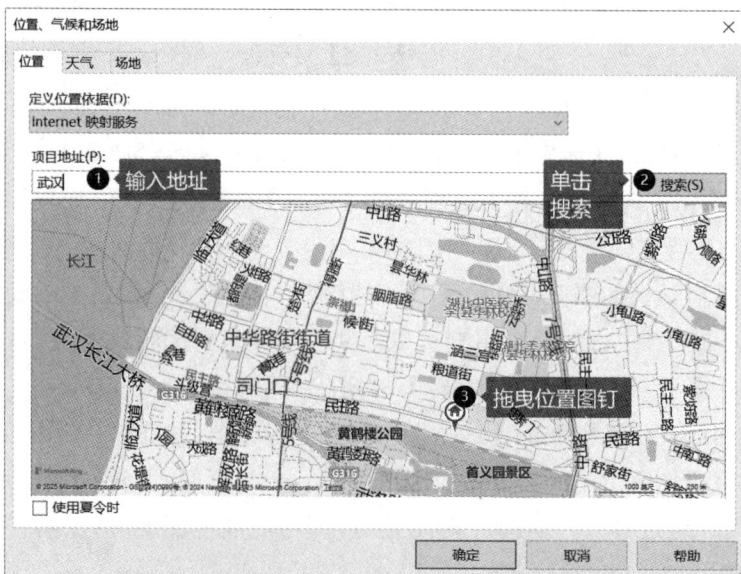

图 2-9　【位置、气候和场地】对话框

大部分情况下，在【位置、气候和场地】对话框中可进行以下操作，能较精确地确定项目位置：

(1) 输入【项目地址】，单击【搜索】按钮，拖曳【位置】图钉。

(2) 点击【位置、气候和场地】对话框中的【天气】选项卡，将显示与项目位置对应的天气信息。

2.2.2　测量点和项目基点

在 Revit 中有两套坐标系统：测量坐标系统和项目坐标系统。

1. 测量坐标系统

测量坐标系统为建筑模型提供一个真实的空间参照环境，用它来描述项目在地球表面的实际位置。测量坐标系统处理的尺度远超工程坐标系统，其处理的问题包括地球曲率和地形等，而这些问题对多数工程坐标系统而言并非重点。

在 Revit 中，使用"△"标记测量点，测量点代表现实世界中的已知点，例如大地测量标记或 2 条建筑红线的交点。测量点用于在其他坐标系中准确确定建筑几何图形的方向。

2. 项目坐标系统

项目坐标系统是 Revit 软件所特有的，它选取一个选定点作为参照，实现对项目的距离度量和定位。

在 Revit 中，使用"⊗"标记项目坐标系统的基准点(项目基点)。对于大型项目而言，通常将项目基点设置在建筑轴网线的交点处；对于不使用轴网线的住宅项目或小型商用项目，通常将项目基点设置在建筑一角或者模型中的其他合适位置。

测量点和项目基点在平面中的示例如图 2-10 所示。示例中，测量点位于两条线的交点处(图中的△处)，而项目基点位于建筑的一角(图中的⊗处)。

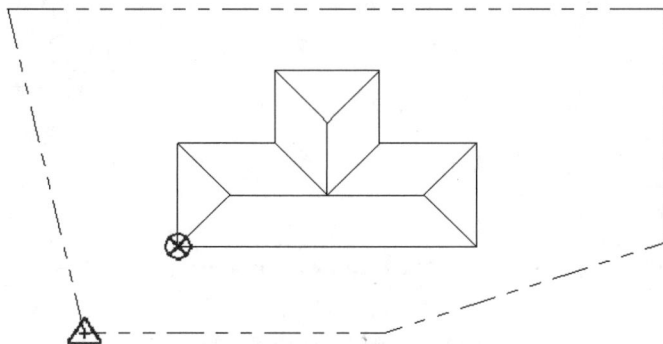

图 2-10　测量点和项目基点

新建一个项目时，项目基点和测量点重合，并且其图例仅在"场地"视图中可见。执行操作如下：选择【项目浏览器】→【视图】→【楼层平面】，双击【场地】，即可查看项目基点和测量点，如图 2-11 所示。

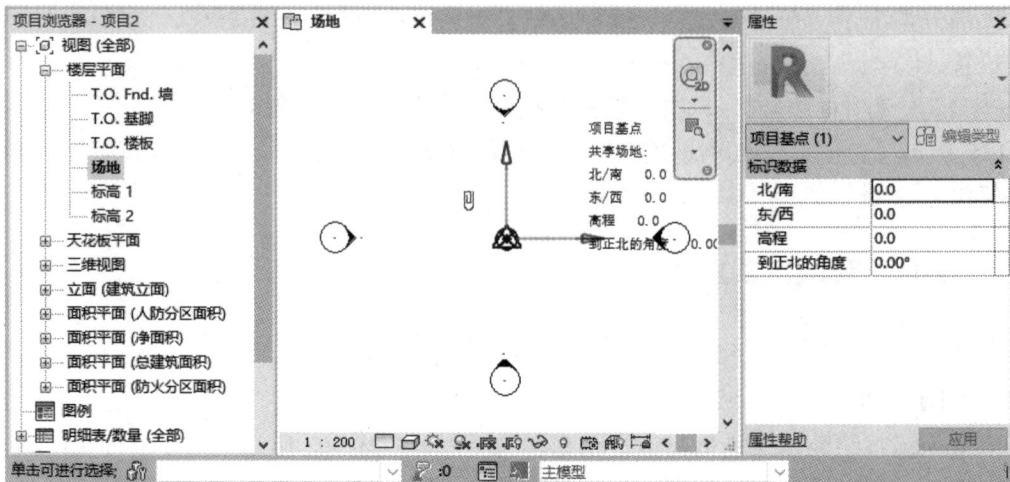

图 2-11　默认的测量点与项目基点重合

由于测量点代表真实的已知点，因而用户一般不需要修改测量点的相关属性，保持默认属性即可。若用户需要编辑修改项目基点的坐标，其方法如下：

(1) 选中项目基点(将光标移动到需要编辑修改的项目基点上方，然后查看工具提示或状态栏，如果显示"场地：测量点"，则按"Tab"键，直到显示"场地：项目基点"为止，此时单击鼠标即可选中项目基点)。

(2) 在【属性】面板中输入，北/南："15000"，东/西："23000"，高程："1000"，表示项目基点在测量点以东 23 m、以北 15 m、高 1 m 处[①]。

(3) 点击【属性】面板中的【应用】按钮。

修改后的测量点和项目基点如图 2-12 所示。其中高程信息在平面图中无法显示。

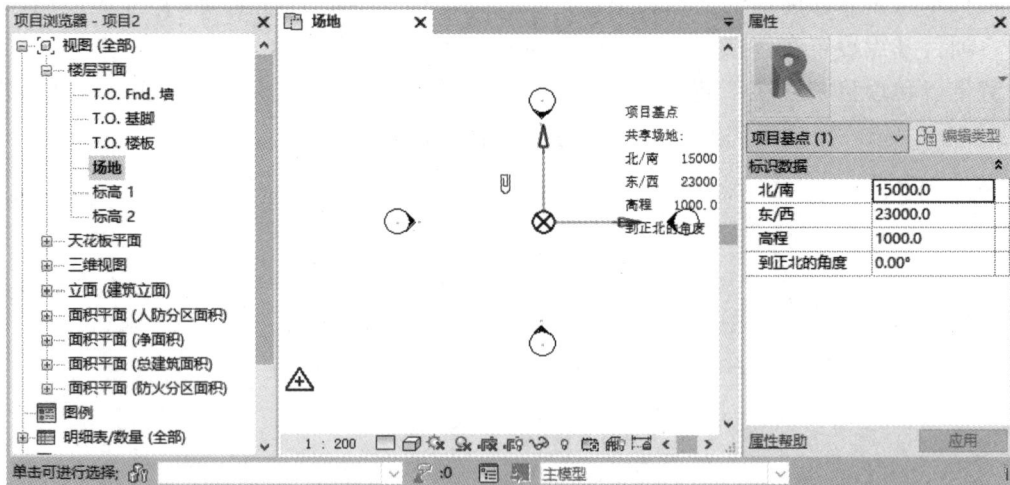

图 2-12　编辑修改项目基点的坐标

2.2.3　项目方向

所有项目都具有两个"北"方，"项目北"和"正北"。"项目北"通常是建筑几何图

---

① 定义项目基点的位置时，以测量坐标系为基准，在 2.2.3 节中定义项目的方向时尤其需要注意。

形的主轴方向。为方便绘图，"项目北"与程序窗口的边缘正交。而"正北"是真实世界的"北"方向。"项目北"和"正北"方向一般不重合，但在默认情况下两者是重合的，需要用户进行设置。

"正北"的方向决定了"测量点"的 Y 轴；"项目北"的方向定义了项目基点的 Y 轴。当"测量点"或"项目基点"处于选中状态时，会显示其对应的 X/Y 轴方向，如图 2-12 所示。

同 2.2.2 所述，在项目基点的属性中，可以通过修改"北/南"来指定"项目北"的方向。

例如，将"项目北"到"正北"的角度修改为"7.5°"后[①]，显示如图 2-13 所示。

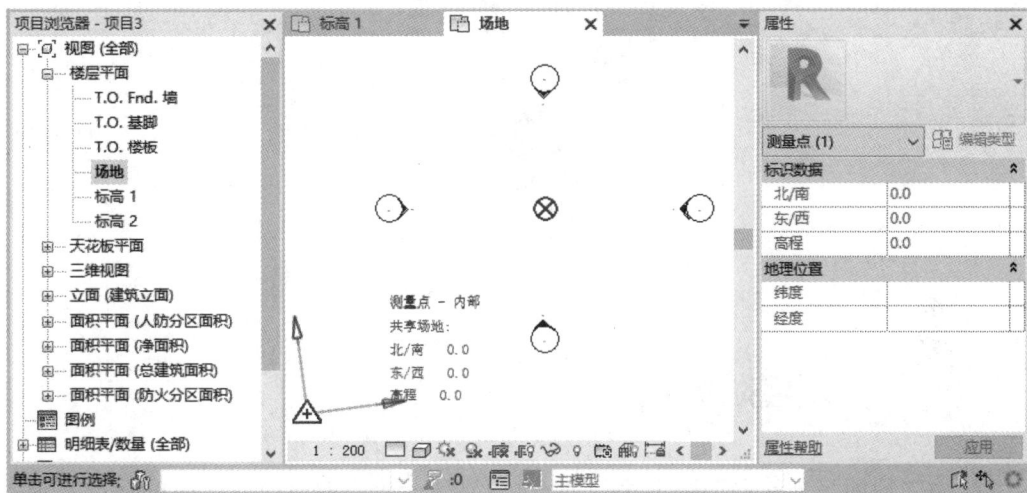

图 2-13　修改"项目北"的角度

从图 2-13 中可以看出，测量点所对应的"正北"方向发生了偏转，由于本视图方向为"项目北"，因此项目北始终指向窗口的正上方。可以通过设置视图的"方向"属性，将"正北"指向窗口正上方，如图 2-14 所示。

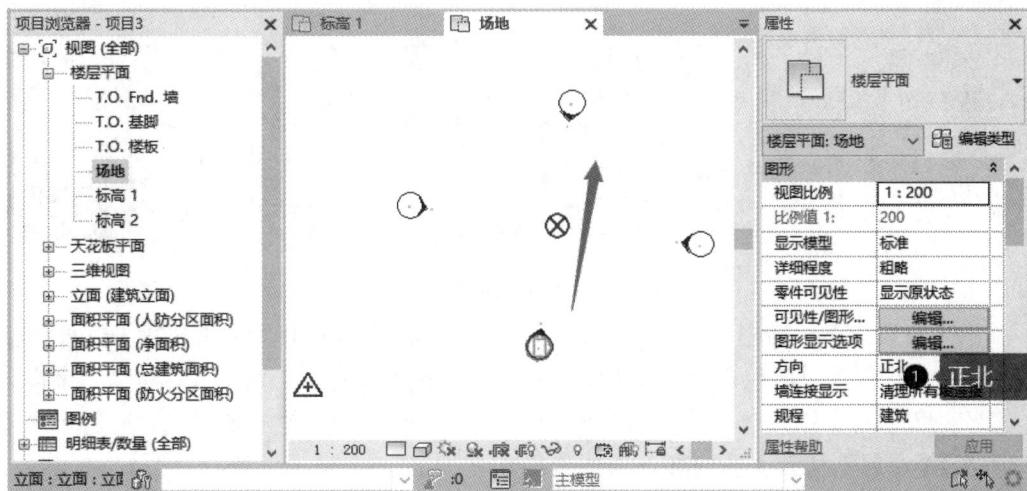

(注意：与图 2-13 相比，此图中四个立面视图标记的方向发生了改变)

图 2-14　视图属性方向设置为"正北"

---

① 角度为 7.5°，表示项目北逆时针旋转 7.5° 后与正北方向重合；当角度为负值时，表示顺时针方向旋转。

Revit 还提供了多种方法修改"项目北"或"正北"的方向，如图 2-15 所示，读者可以触类旁通。

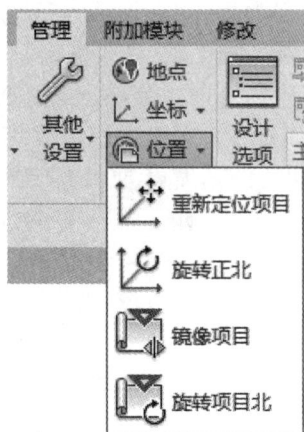

图 2-15   【位置】工具

2.3   项目阶段化

实际的工程项目常常是分阶段进行的，"项目阶段化"提供了这方面的功能。项目阶段化使 Revit 可以在三维模型中融合时间维度，用户可以将图元的状态(现有、新建、完成和拆除)与不同阶段对应，以更完整、更直观地反映项目信息。

执行如下操作，可以调出【阶段化】对话框，如图 2-16 所示。

选择【管理】选项卡→【阶段化】面板，单击【阶段】按钮 。

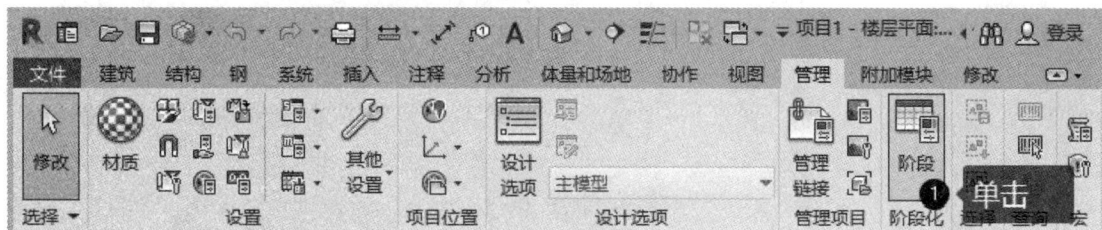

图 2-16   单击【阶段】按钮

弹出【阶段化】对话框，如图 2-17 所示。该对话框中，【工程阶段】选项卡主要包括一个列表，显示当前项目所包含的所有阶段。列表上、下分别注明了"以前""以后"字样，表示阶段的时间顺序。用户可以直接对阶段的"名称"及"说明"进行修改，并通过单击【在前面插入】【在后面插入】按钮插入新的阶段。

需要注意的是，没有阶段的删除功能，只能通过单击【与上一个合并】【与下一个合并】按钮来合并阶段，以达到删除阶段的效果。另外，也不能对阶段调整顺序①。

_____

① 由于阶段有时间属性，因此阶段的删除或顺序调整会引起逻辑混乱。

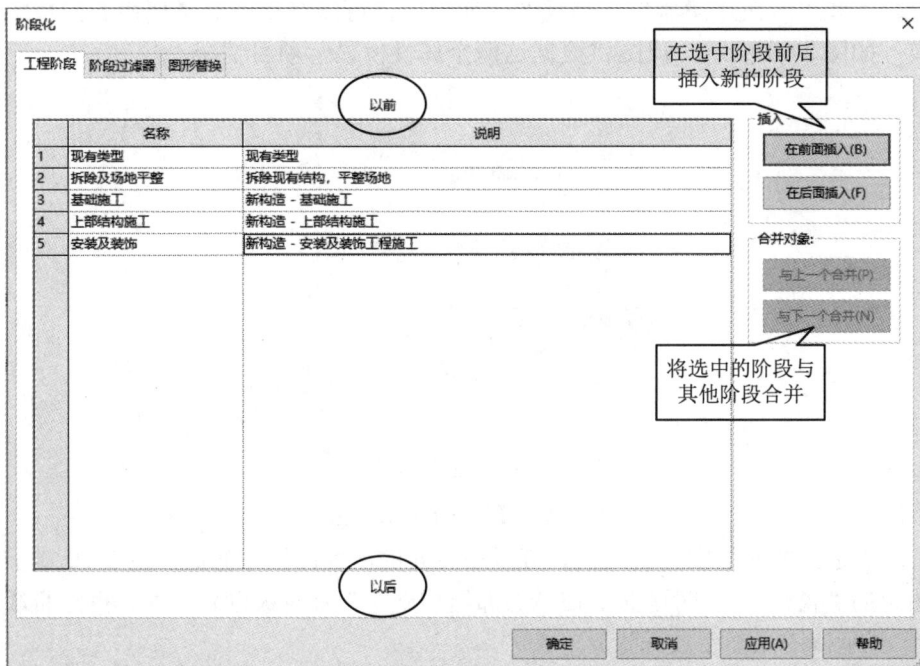

图 2-17　【阶段化】对话框

在【阶段化】对话框中的【阶段过滤器】选项卡中，罗列了当前项目包含的过滤器，如图 2-18 所示，图中显示了默认包含的 8 个过滤器。

阶段过滤器用来控制图元可见性，可直观地表达每个阶段的信息。

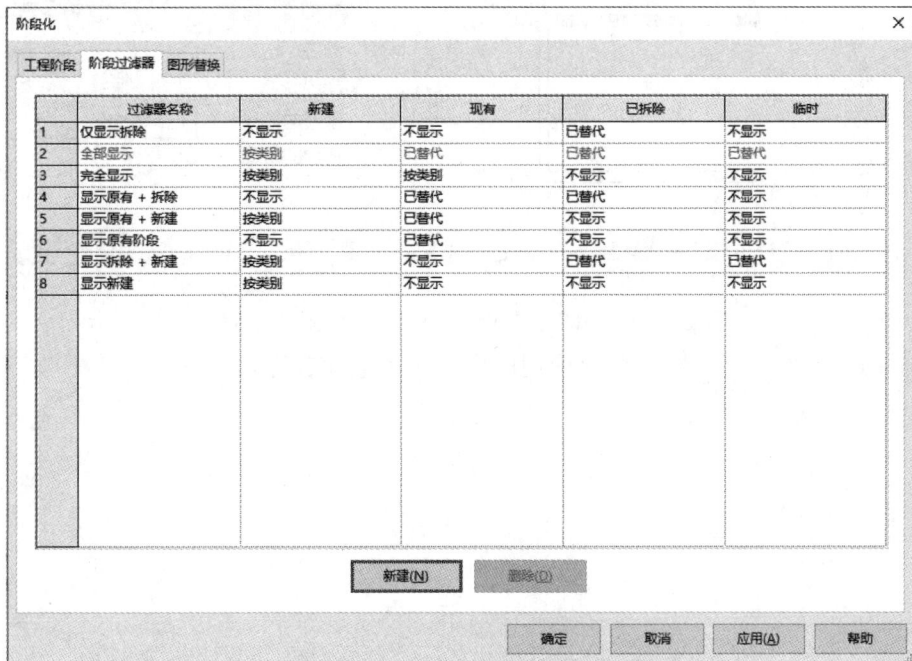

图 2-18　【阶段过滤器】选项卡

"阶段"和"阶段过滤器"都是视图的属性值，可以在视图的【属性】面板中进行设置和修改，如图 2-19 所示。视图将根据这两个属性值显示项目情况。

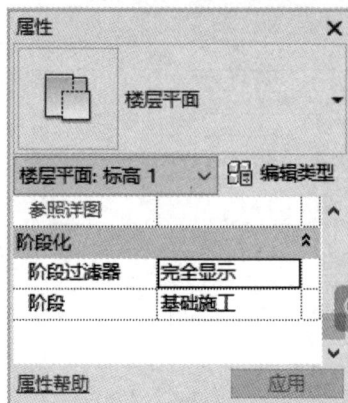

图 2-19 【属性】面板设置

"阶段"是某图元的实例属性值，可以在图元的属性面板中修改。图 2-20 显示了项目中某墙图元的"属性"，表明这面墙在"上部结构施工"阶段被创建，而"拆除阶段"对应的"无"，表示该图元不会被拆除。

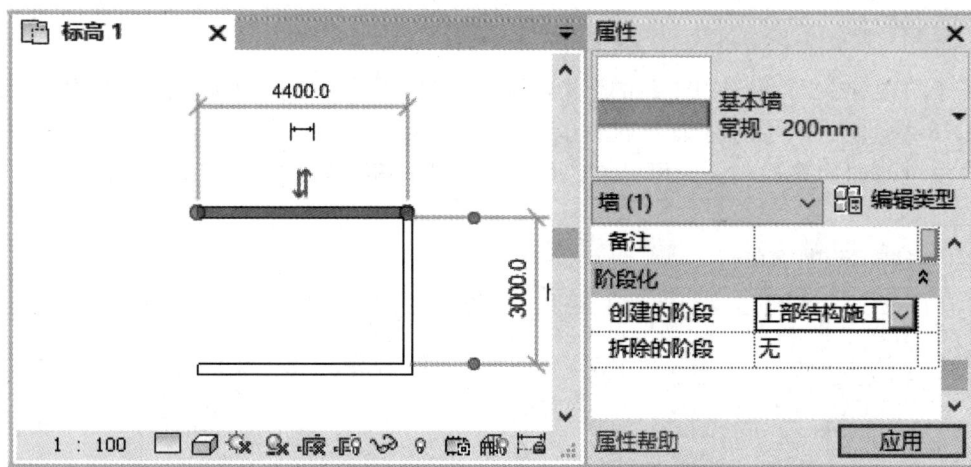

图 2-20 墙图元【属性】中的"阶段化"设置

本书 3.1.5 节给出了一个阶段化应用的详细例子，读者可以参考。

第 3 章

场　　地

Revit 中的项目不仅包括结构本身，还涵盖所处的地形环境，如图 3-1 所示。地形、建筑红线、植物、停车场、道路等要素的建模功能都可以在场地中完成。

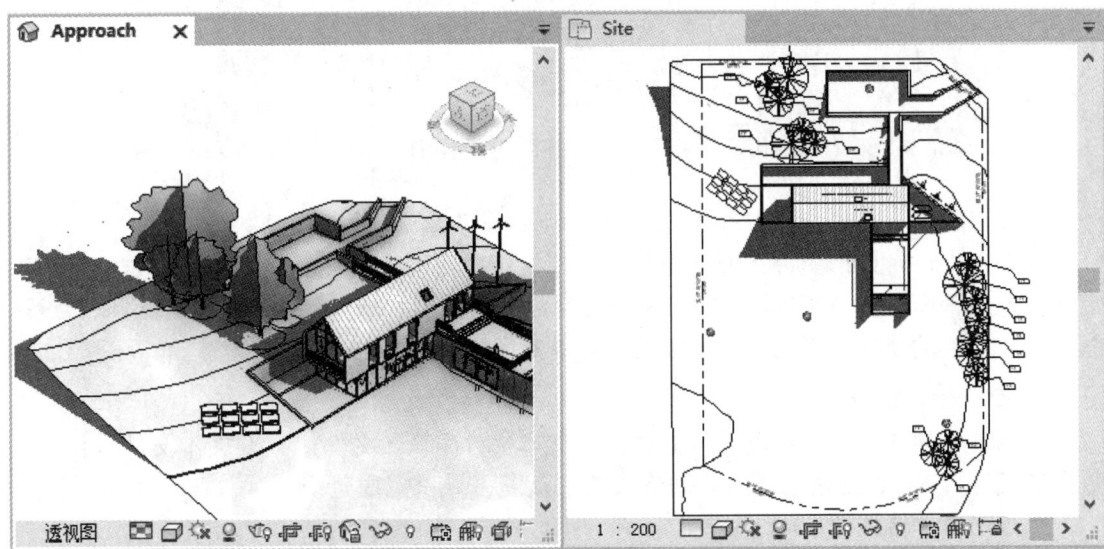

图 3-1　处于某场地中的项目

本章重点：场地的建模和编辑、填挖方工程量的统计。

3.1　场地设计

在 Revit 的【体量和场地】工具面板中，提供了多种场地建模工具，如图 3-2 所示。这些工具可以让用户方便地创建三维地形，对场地进行规划、平整、布置景观小品等。

图 3-2   【场地建模】面板

3.1.1   创建地形表面

在【体量和场地】面板中单击【地形表面】按钮，即进入【修改 | 编辑表面】选项卡，如图 3-3 所示。从图中可以看到，有三个工具可以用于创建地形表面：【放置点】【选择导入实例】【指定点文件】，后两者在实际工程项目中较为常用。

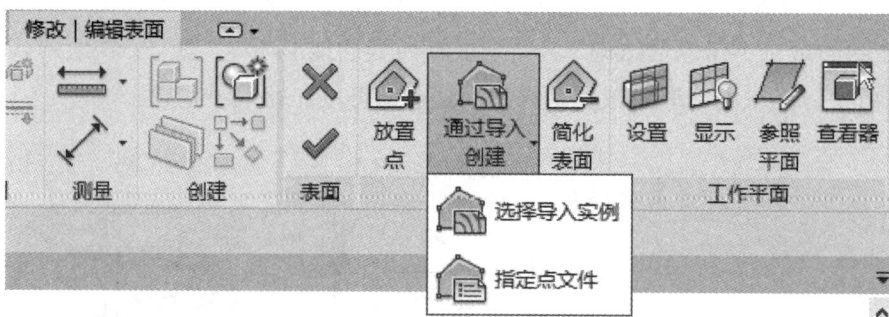

图 3-3   【修改 | 编辑表面】选项卡

在实践中，对地形的描述实际上是对地形上很多离散的点坐标的描述，通过测量地形上众多点的平面位置及高程，获得(X,Y,Z)坐标，便可以了解地形的情况。Revit 可以通过这些点完成地形的建模，因此地形建模的过程就是输入众多点坐标的过程。

1. 通过导入创建

很多测量软件都可以将测量数据导出为文本文件(即 txt 文件)，只要文本文件包含的点数据格式符合 Revit 创建地形的数据格式要求，即可导入完成建模。

点数据文件格式要求如下：

(1) 文件可以是 csv 或 txt 文件；

(2) 每行都以点的坐标开头，坐标值之间用逗号[1]隔开；

(3) 每行只有一个点的坐标。

例如，新建文本文件，输入坐标后保存，如图 3-4 所示。第一行"0,0,3000"表示平面位置为(0,0)的点标高是"3000"[2]，其他点的位置表示方式类似。

在导入地形数据生成地形之前，应将"场地"视图设置为当前的工作视图，操作如下：

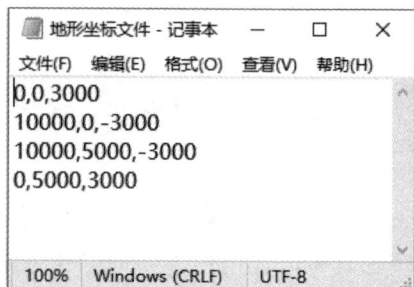

---

[1] 必须是英文逗号，此处易错。

[2] 数据文件不包含单位，单位在导入文件时进行设置。

图 3-4   地形数据文本文件示例

单击【项目浏览器】→【视图】面板→【楼层平面】→【场地】按钮。

打开地形创建编辑的选项卡，操作如下。

单击【体量和场地】选项卡→【场地建模】面板→【地形表面】按钮 。

启动"导入点文件"命令，操作如下。

选择【工具】面板→单击【通过导入创建】按钮→单击【指定点文件】按钮 。

此时会弹出【选择文件】对话框，如图 3-5 所示。

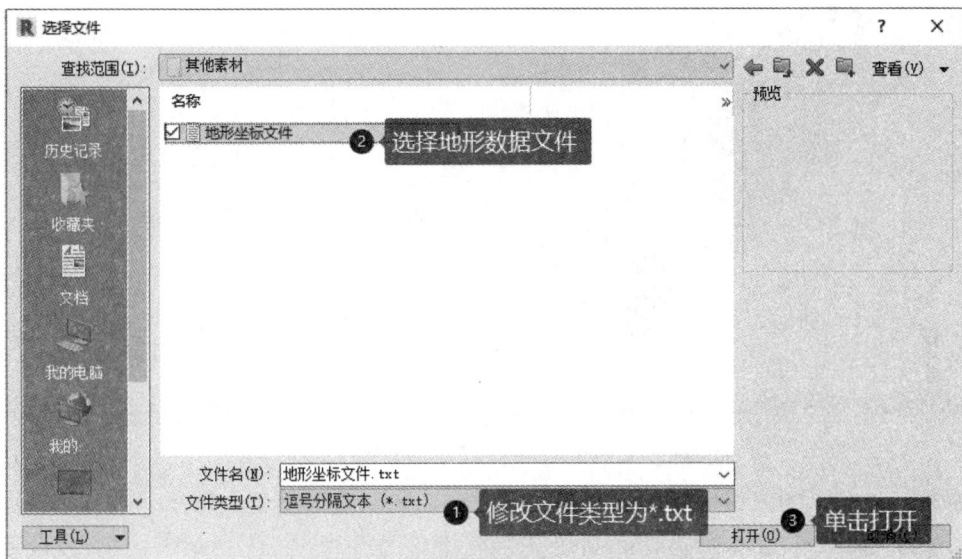

图 3-5 【选择文件】对话框

选中数据文件→单击【打开】按钮。此时会立刻弹出【格式】对话框，如图 3-6 所示。用户根据数据的实际情况可选择相应的单位，单击【确定】按钮即可完成地形的导入。

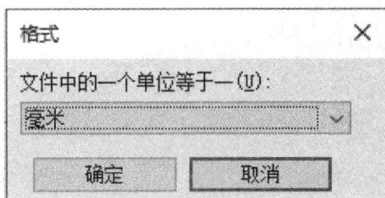

图 3-6 【格式】对话框

单击【修改 | 编辑表面】选项卡→按钮 ✓(如图 3-7 所示)[①]，完成地形生成并退出该命令。

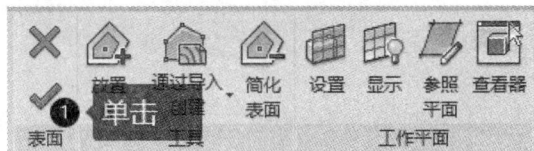

图 3-7 单击 √

---

① 很多选项卡都会显示绿色"√"和红色"×"，此时需要单击"√"完成操作；若操作未完成需中途退出命令，需单击"×"。很多用户习惯使用键盘的"Esc"键退出，此时无法使用。

此时，在【项目浏览器】中选择【场地】视图或【三维】视图，即可查看生成的地形，如图 3-8 所示。从生成的地形模型中可以看出，文本文件中的坐标是以"项目坐标系"为参考系。

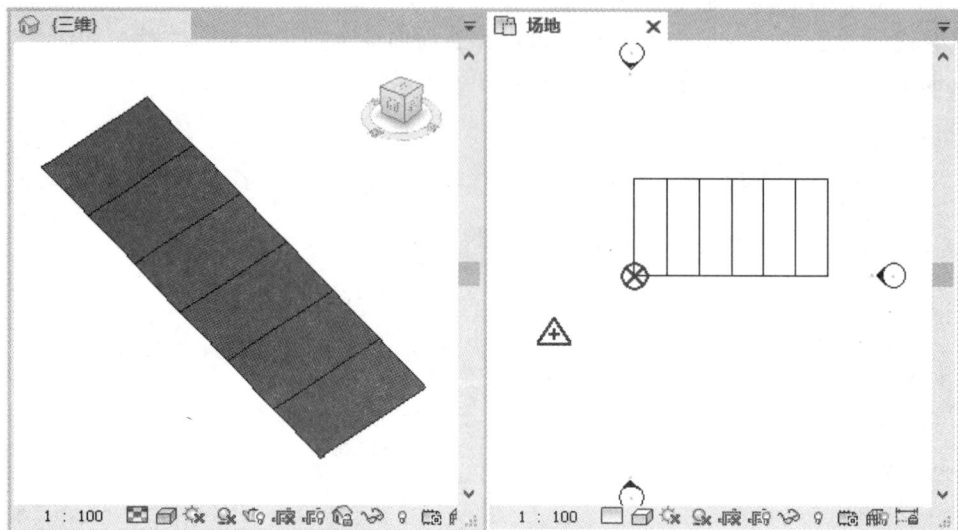

图 3-8　【三维】视图和【场地】视图中的地形

显然，当导入的文件中包含的数据量越多时，生成的地形就会越复杂，且越接近实际情况，如图 3-9 所示，该地形由 9534 个点的数据生成。

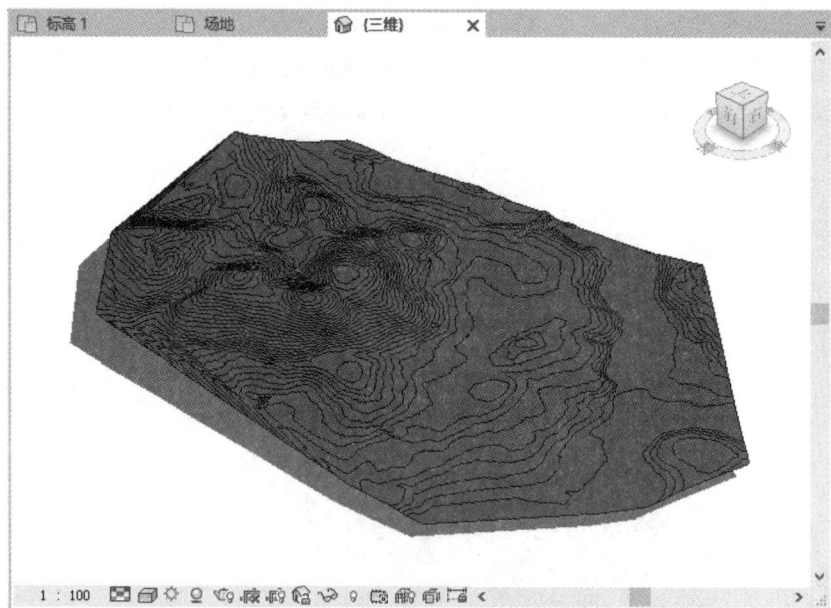

图 3-9　较复杂的地形模型

2. 通过放置点创建

如前所述，地形生成的基础是若干点，在 Revit 中也可以通过放置点的方法生成地形，其方法如下。

　　首先，打开【场地】视图(或者【3D】视图)[①]，即选择【项目浏览器】→【视图】→【楼层平面】→双击【场地】。

　　调出【修改 | 编辑表面】选项卡，即单击【体量和场地】选项卡→【场地建模】面板→【地形表面】按钮。

　　单击【放置点】按钮，并设置点的高程，如图 3-10 所示。单击【工具】面板→【放置点】按钮，修改【高程】值为 2000[②]。

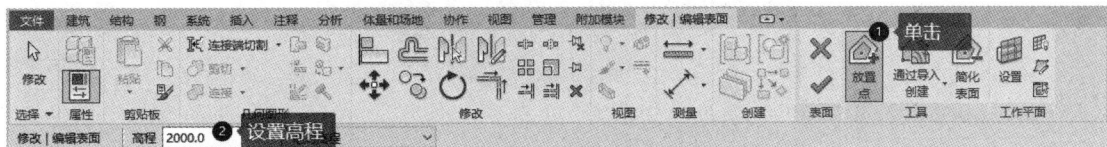

图 3-10　单击【放置点】命令

　　在绘图区生成一个标高为 2000 mm 的点。在绘图，设置高程区合适的平面位置单击鼠标左键。重复上面两个操作，以生成足够多的不同标高和平面位置的点，如图 3-11 所示。

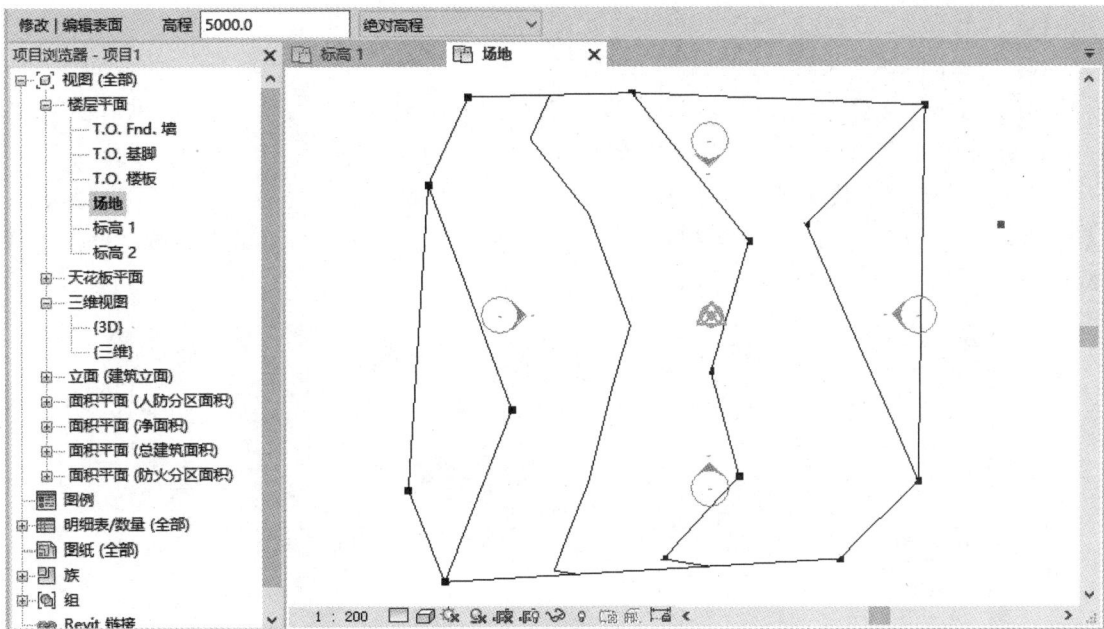

图 3-11　点击鼠标生成若干个点

　　最后，单击【修改 | 编辑表面】选项卡→按钮，完成地形生成并退出该命令。生成的地形的三维视图，如图 3-12 所示。

　　很明显，如果要进行精确定位，并生成大量的点，该方法的操作是非常烦琐的，因此在工程项目中较少采用。

_____

① 在【3D】视图中也可以执行本操作，但绝大多数情况下使用【场地】视图。
② 高程默认以毫米为单位，正值向上，负值向下。

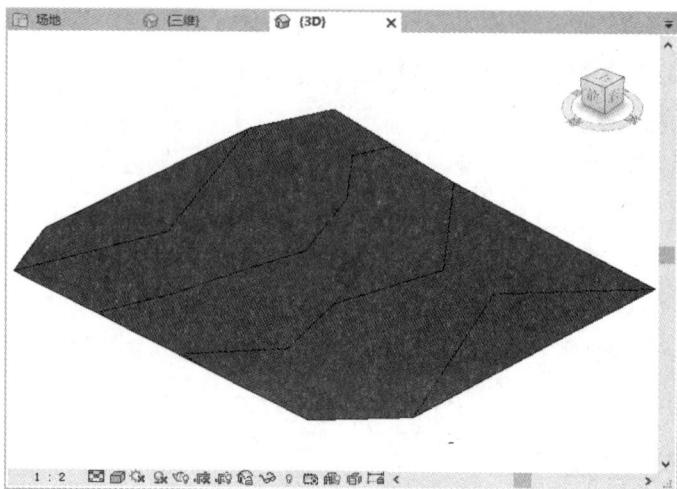

图 3-12　创建点生成的地形模型

3. 通过导入文件创建

等高线数据文件需满足如下要求。

(1) 文件格式为 dwg、dxf 或者 dgn。

(2) 导入的 CAD 文件必须包含三维信息。

(3) 在 CAD 文件中，每条等高线都必须有正确的 Z 坐标。

Revit 会沿着等高线生成一系列的点，从而自动生成地形表面，具体操作如下。

首先，将视图切换至【场地】视图，并导入等高线文件(dwg 文件)，【项目浏览器】→【视图】→【楼层平面】→双击【场地】，选择【插入】选项卡→【导入】面板→单击【导入 CAD】按钮 ，如图 3-13 所示。

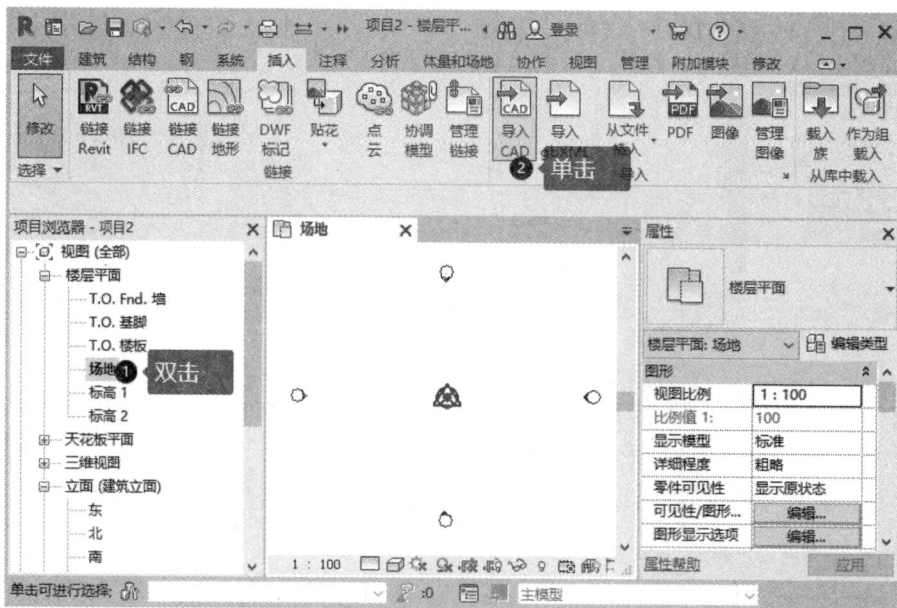

图 3-13　导入 CAD 文件

在弹出的对话框中选择包含等高线的 dwg 文件，如图 3-14 所示。进行设置时特别强调以下三个参数。

导入单位：根据 dwg 文件的单位进行选择。

定位：指定了 dwg 文件和项目文件平面位置的关系，如本例的选项"自动-原点到原点"表示两者的原点重合。

放置于：指定了 dwg 文件 $Z = 0$ 处对应的项目文件中的标高。

最后单击【打开】按钮导入该文件。

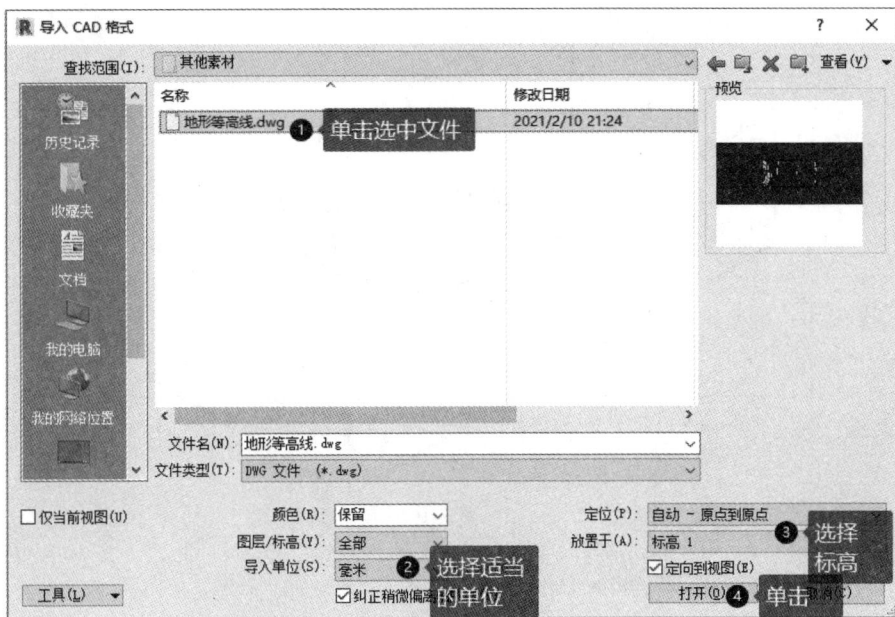

图 3-14　选择 dwg 文件并进行适当设置

导入文件后，同时打开的【场地】视图及【3D】视图，如图 3-15 所示。

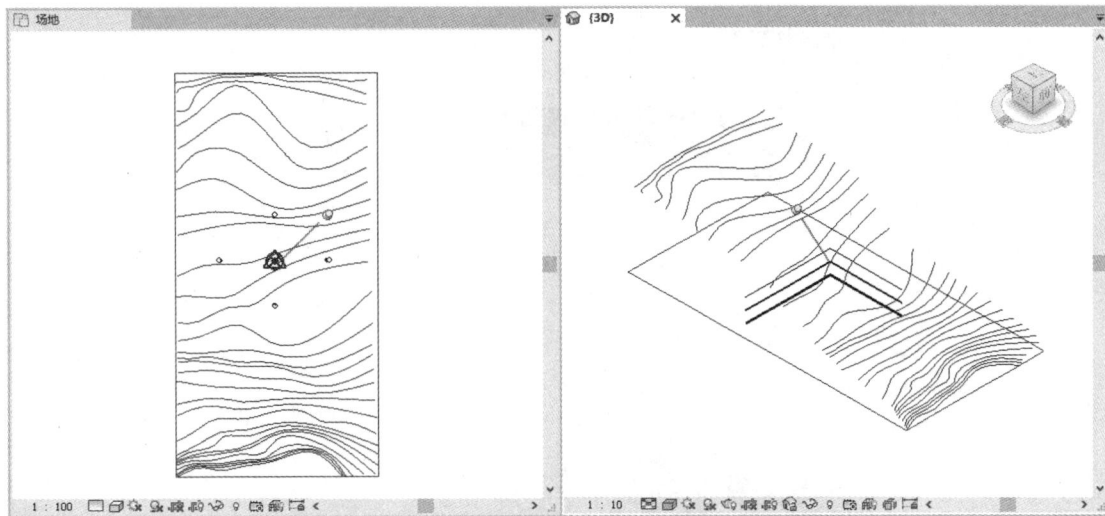

图 3-15　导入 dwg 等高线文件后的【场地】视图及【3D】视图

调出【修改 | 编辑表面】选项卡，单击【体量和场地】选项卡→【场地建模】面板→【地形表面】按钮🌐。

单击【工具】面板→【通过导入创建】按钮→【选择导入实例】按钮🏠。

在【3D】视图中，选中导入的等高线，如图 3-16 所示。移动鼠标至等高线附近，出现蓝色框时，单击鼠标完成选取。

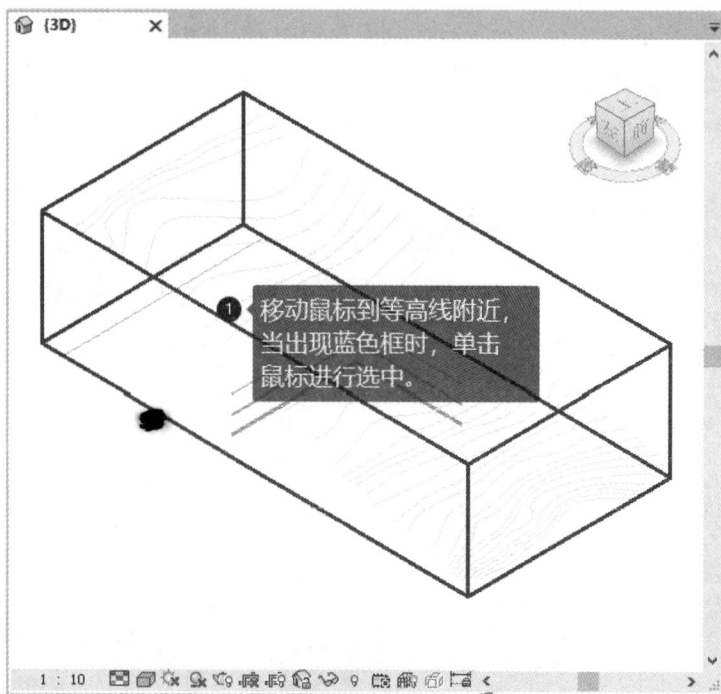

图 3-16　单击鼠标选择导入的等高线

在弹出的【从所选图层添加点】对话框中，勾选等高线所在图层"0"→取消"矩形框图层"的勾选状态→单击【确定】，如图 3-17 所示。

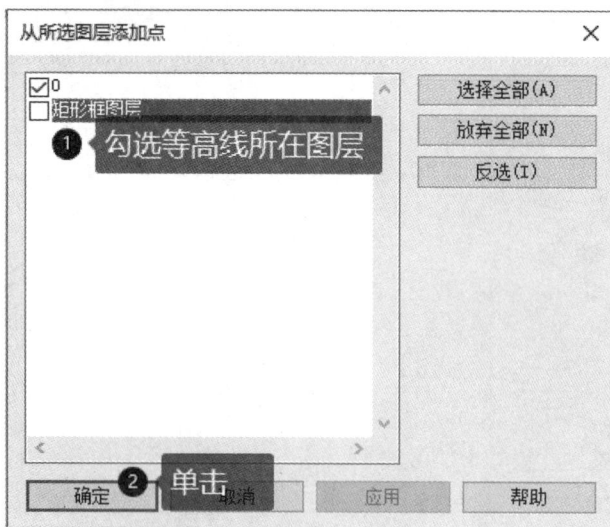

图 3-17　勾选等高线图层

此时，Revit 会从等高线上选择众多点生成地形，如图 3-18 所示，若无误，则选择【修改 | 编辑表面】选项卡→单击按钮 ✔。

图 3-18　生成地形

完成地形的生成后，若用户觉得有必要可以删除导入的 CAD 等高线。

3.1.2　地形表面的属性

在视图中单击鼠标选中地形图元后，【属性】面板中将显示地形表面的实例属性。表3-1 列举了部分重要的属性，并对其进行说明。

表 3-1　地形图元的属性

属 性 名 称	说　　明
材质	用户从列表中选择表面材质
投影面积(只读)	在正上方俯视地形时投影所覆盖的面积
表面面积(只读)	显示表面总面积
名称	用户可指定地形表面的名称，该名称会显示在明细表中
创建的阶段	创建地形表面时所处的阶段
拆除的阶段	拆除地形表面时所处的阶段

用户可以对非只读属性进行修改。例如，用户可以将地形的材质设置为"草"，方法如下：选中地形图元→【属性】面板→单击【材质】后的方框，如图 3-19 所示。

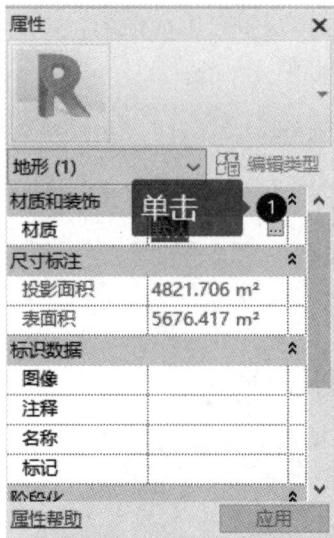

图 3-19 【属性】面板

启动【材质浏览器】对话框，如图 3-20 所示。

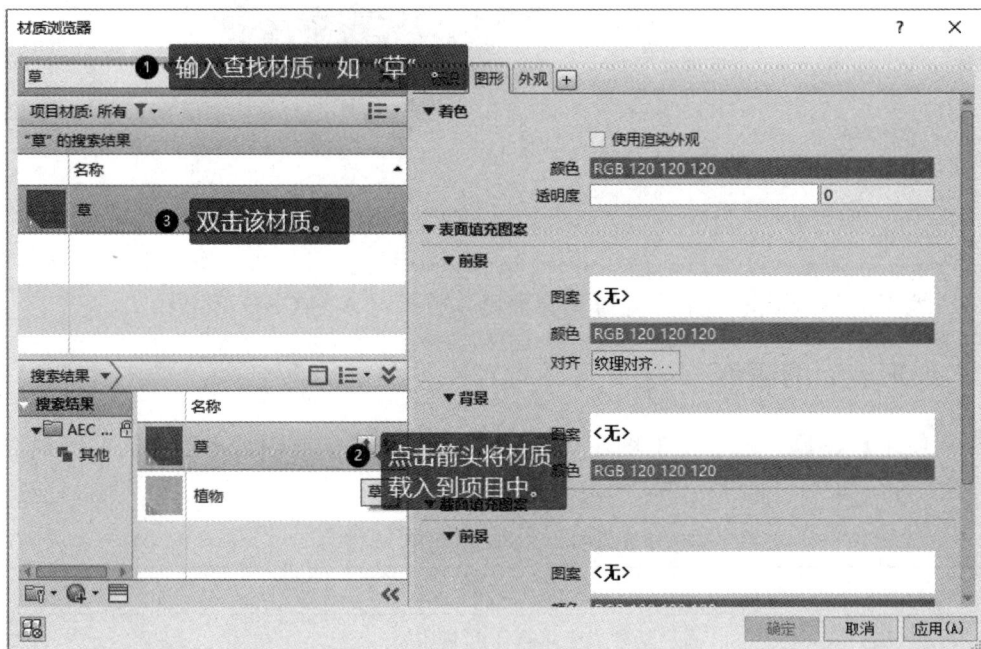

图 3-20 【材质浏览器】对话框

在"搜索材质"文本框中输入"草"→单击搜索结果对应材质后的按钮 ⬆ →在"项目材质"中双击载入的材质"草"。

此时就将整个地形表面的材质设置为了"草"，用户可以尝试将地形表面换成其他材质，方法类似。

另外，用户可能需要将同一个地形表面的不同区域设定为不同的材质，要完成该功能需要在地形表面创建"子面域"，该内容将在后边进行介绍。

3.1.3 标记等高线

Revit 可以为等高线加注标签以显示其高程，该等高线标签将显示在【场地】平面视图中。

打开项目的【场地】平面视图，进行如下操作：选择【体量和场地】选项卡→【修改场地】面板，单击【标记等高线】按钮 ，如图 3-21 所示。

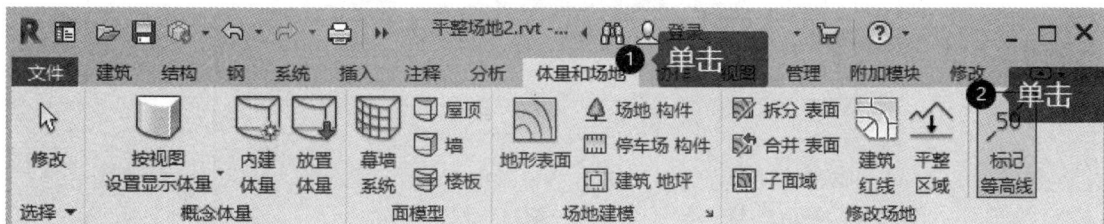

图 3-21 启动【标记等高线】工具

在【场地】视图绘制标签所在路径，如图 3-22 左图所示，操作如下：

在绘图区多次单击鼠标，绘制一条与一条或多条等高线相交的线。

在图 3-22 右图中，等高线上的数字即为其对应的高程。

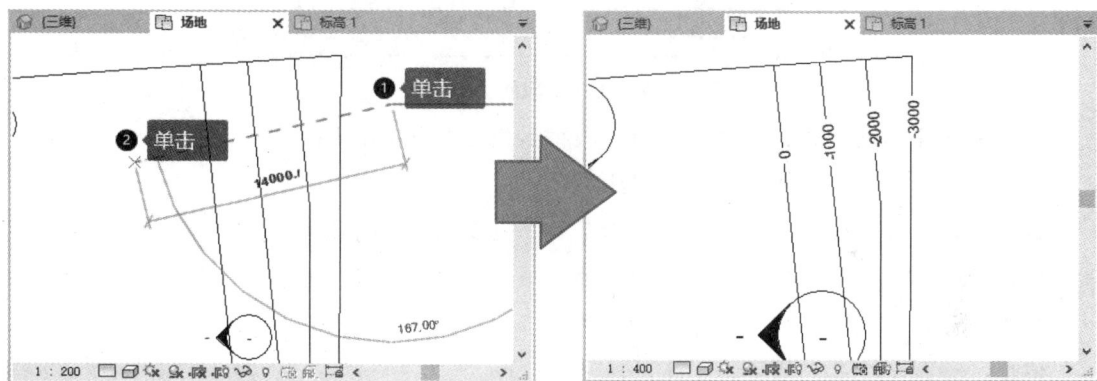

图 3-22 绘制与等高线相交的线生成标记

3.1.4 场地设置

通过【场地设置】对话框可以对场地的等高线显示、剖面图形进行设置，调出【场地设置】对话框的操作如下：选择【体量和场地】选项卡→【场地建模】面板，单击【对话框启动器】按钮 ，如图 3-23 所示。

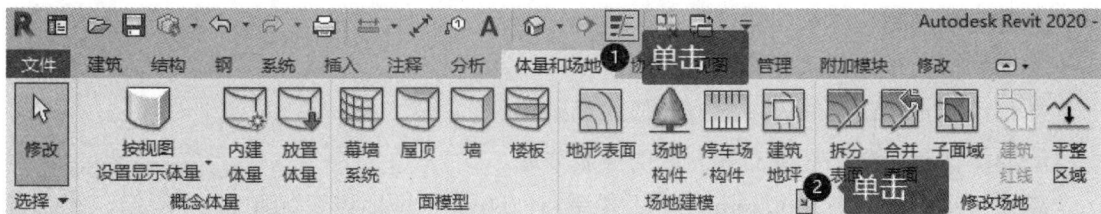

图 3-23 单击【对话框启动器】按钮

弹出【场地设置】对话框,如图 3-24 所示。

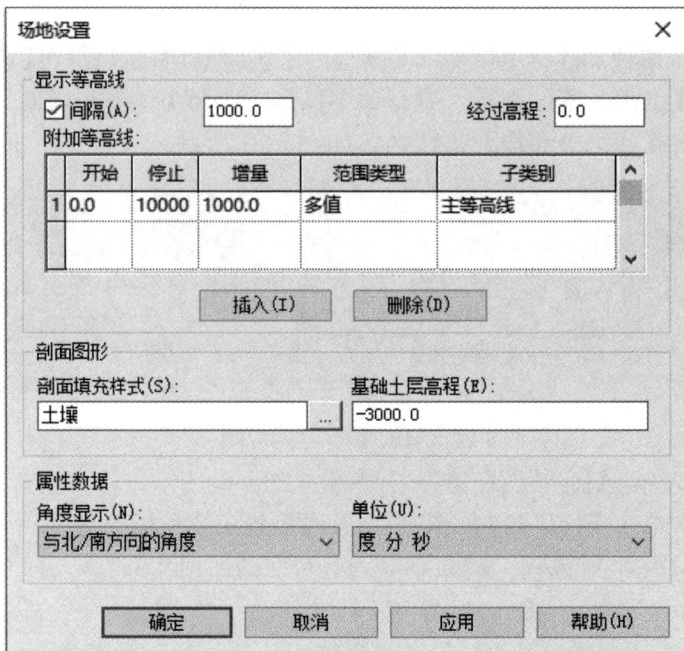

图 3-24   【场地设置】对话框

下面将对【场地设置】对话框中可修改参数的含义进行说明。

间隔: 用于设置等高线之间的垂直距离。

经过高程: 等高线的高程是一个等差数列,该参数指明了该数列必须包含的一项,其默认值是 0,如果将其设置为 5,则等高线将显示在 -25、-15、-5、5、15、25 的位置。

开始: 设置附加等高线开始显示的高程。

停止: 设置附加等高线不再显示的高程。

增量: 设置附加等高线间的高程差值间隔。

范围类型: 选择"单一值"可以插入一条附加等高线;选择"多值"可以插入多条附加等高线。

子类别: 设置将显示的等高线类型,常从列表中选择一个值。若要创建自定义线样式,需打开【对象样式】对话框。在【模型对象】选项卡中,更改【地形】的设置。

剖面填充样式: 设置在剖面视图中显示的填充图案的样式和属性。

基础土层高程: 控制土壤横断面的深度。

角度显示: 指定建筑红线标记上角度值的显示。

单位: 指定建筑红线表中的方向值的显示单位。

下面举例说明相关参数对等高线的控制效果。

例 1   等高线间隔 1000 mm,经过高程为 ±0.0 处,场地设置如图 3-25 所示,此时无附加等高线。

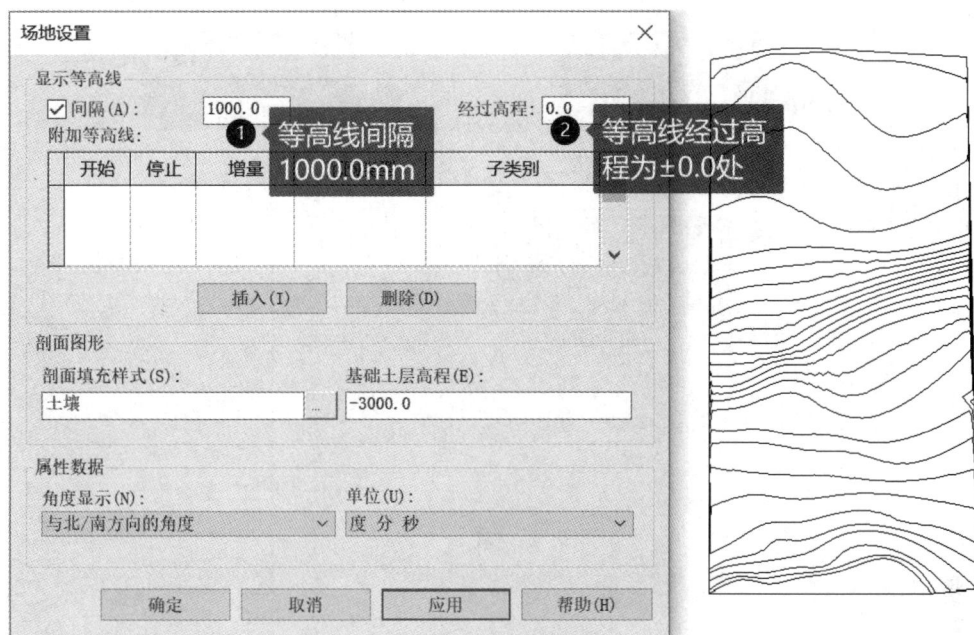

图 3-25　场地设置例 1

例 2　仅在 3000 mm、6000 mm 和 12 500 mm 处显示等高线，如图 3-26 所示，此时无等间隔等高线。

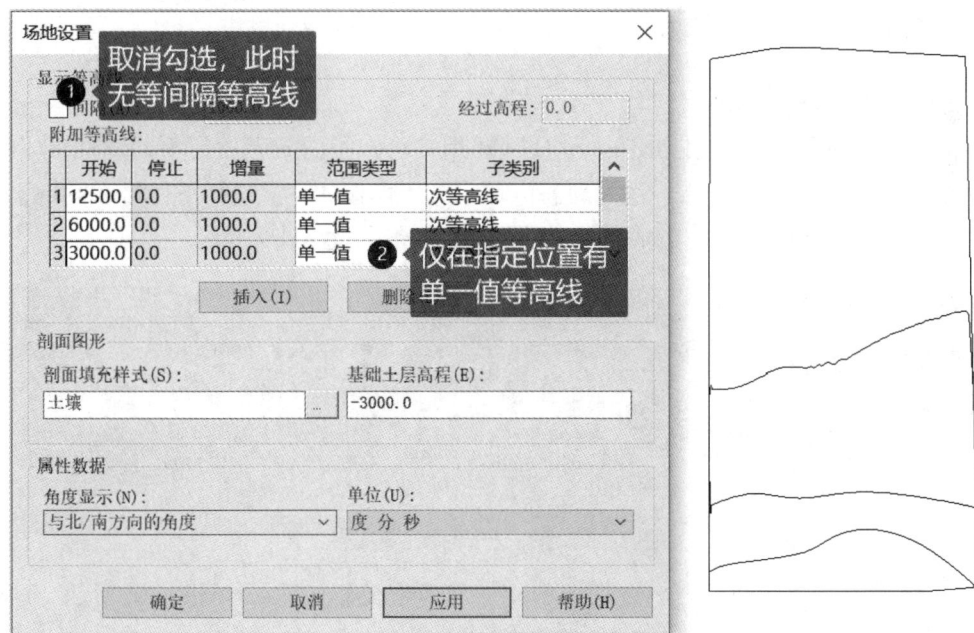

图 3-26　场地设置例 2

例 3　等高线间隔 5000 mm，经过高程为 2000 mm，且在 0～12 000 mm 范围内显示间隔为 1000 mm 的附加等高线，如图 3-27 所示。

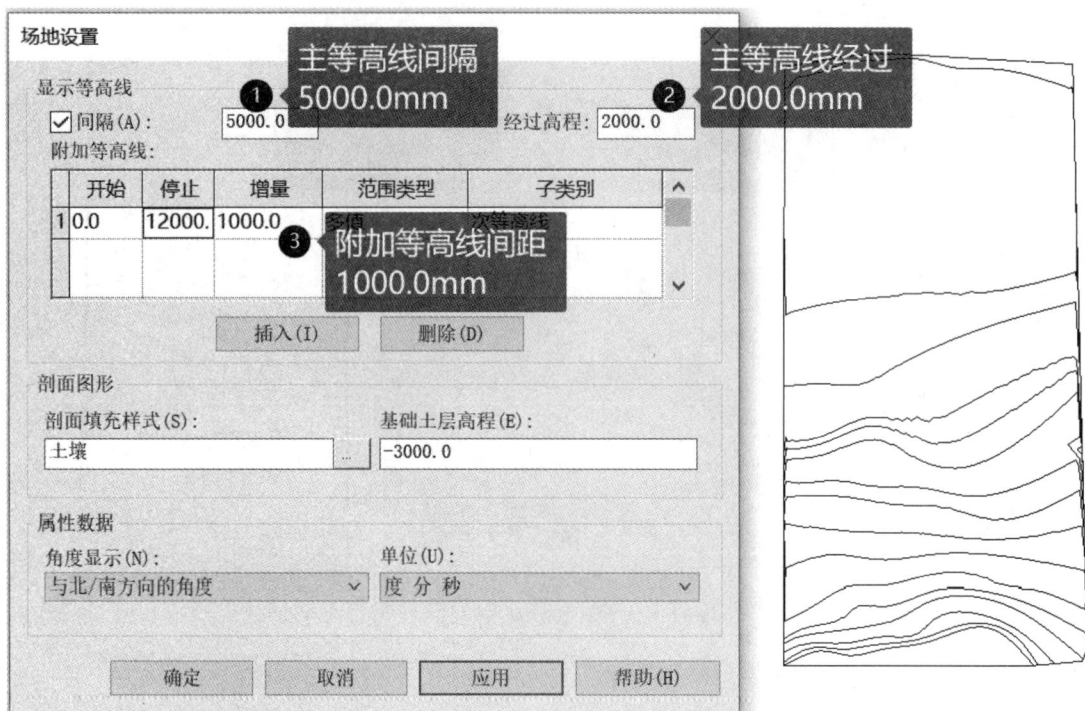

图 3-27   场地设置例 3

3.1.5   编辑地形表面

1. 创建地形表面子面域

子面域是在地形表面中划分出的一块区域,用户可在子面域上指定不同属性集(例如材质)。例如,需要在草地上划分一块大理石区域,具体操作如下:选择【体量和场地】选项卡→【修改场地】面板,单击【子面域】按钮 ,如图 3-28 所示。

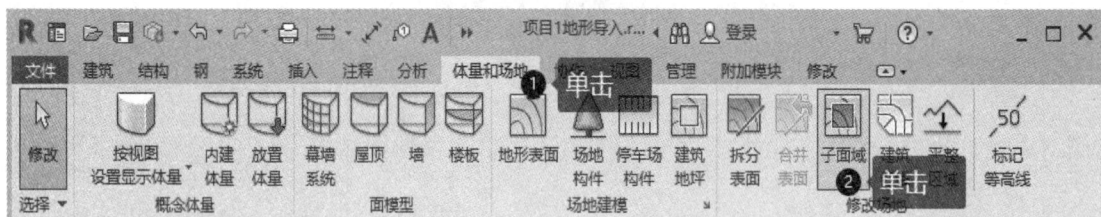

图 3-28   单击【子面域】按钮

Revit 将进入"草图模式",选项卡中将出现【绘制】工具,如图 3-29 所示。这些工具包括绘制直线、矩形、圆形、圆弧、椭圆、样条曲线等,其使用方法和 AutoCAD 中的同类工具相似。当然,也可以使用【拾取线】 工具,在导入 CAD 文件时,若 CAD 文件已有边缘线,此时使用该工具会十分高效。

图 3-29 【绘制】工具

绘制矩形子面域，如图 3-30 所示，具体操作如下：

单击【矩形】按钮 ▭，在场地视图中的合适位置，连续两次单击鼠标，指定矩形两个对角的位置。

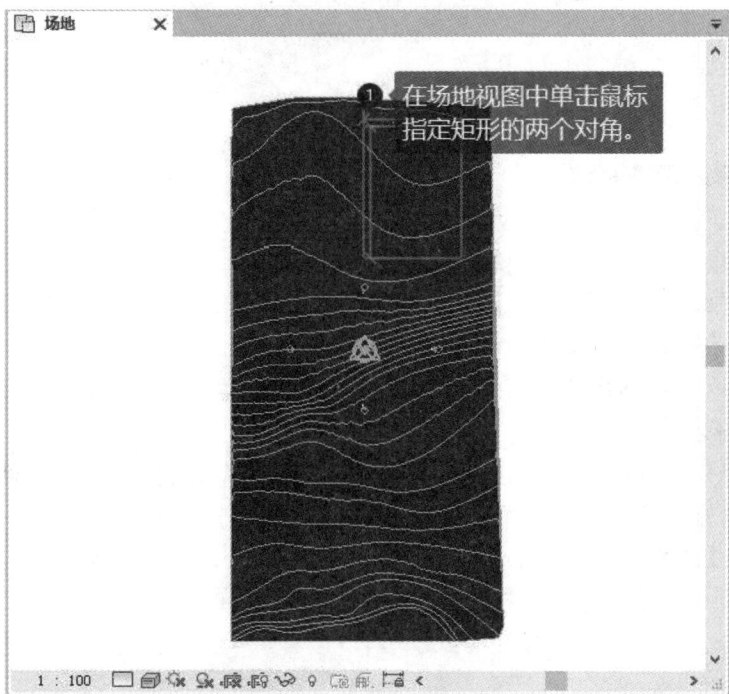

图 3-30 绘制矩形子面域

完成子面域的创建，如图 3-31 所示，具体操作如下：

选择【修改 | 创建子面域】选项卡→单击按钮 ✔。

图 3-31 完成子面域的创建

至此就完成了子面域的创建。将鼠标移动到子面域附近，子面域会高亮显示，单击鼠标选中子面域，可以进行属性的修改。

用户可以利用绘制工具，绘制更加复杂的子面域，以适应实际工程的需求。图 3-32 是一个较为复杂的子面域的范例。

图 3-32 子面域的范例

2. 编辑地形表面子面域

若需要对子面域进行编辑修改时，操作如下：

(1) 选中【场地】视图中需要编辑的子面域。

(2) 选择【修改|地形】选项卡→【模式】面板，单击【编辑边界】按钮 ▨。

(3) 使用【绘制】工具修改地形表面上的子面域。

(4) 编辑完成后，选择【修改|创建子面域】选项卡→单击按钮 ✔，完成操作。

3. 拆分地形表面

当用户需要分别编辑一个地形的两个区域时，例如有时候导入的地形数据范围较大，需要将多余的部分删除。此时，可以将一个地形表面拆分为两个。

打开【场地】平面视图，启用【拆分】工具，如图 3-33 所示，具体操作如下：选择【体量和场地】选项卡→【修改场地】面板，单击【拆分表面】按钮 ▨。

图 3-33 启用【拆分表面】工具

在【场地】平面视图中，选择要拆分的地形表面。

Revit 进入草图模式并显示【修改|拆分表面】选项卡，绘制拆分线，如图 3-34 所示，具体操作如下：选择【修改|拆分表面】选项卡→【绘制】面板，单击【直线】按钮 ✎ [①]→在绘图区连续三次单击鼠标，绘制分割线→按键盘"Esc"完成绘制。

需要提醒注意的是，绘制分割线时 Revit 提出了如下要求："绘制一个不与任何表面边界接触的单独的闭合环，或绘制一个单独的开放环。开放环的两个端点都必须在表面边界上。开放环的任何部分都不能相交，或者不能与表面边界重合。"简单地说，分割线只能把地形分为两个部分。

① 也可以使用其他工具绘制分割线。

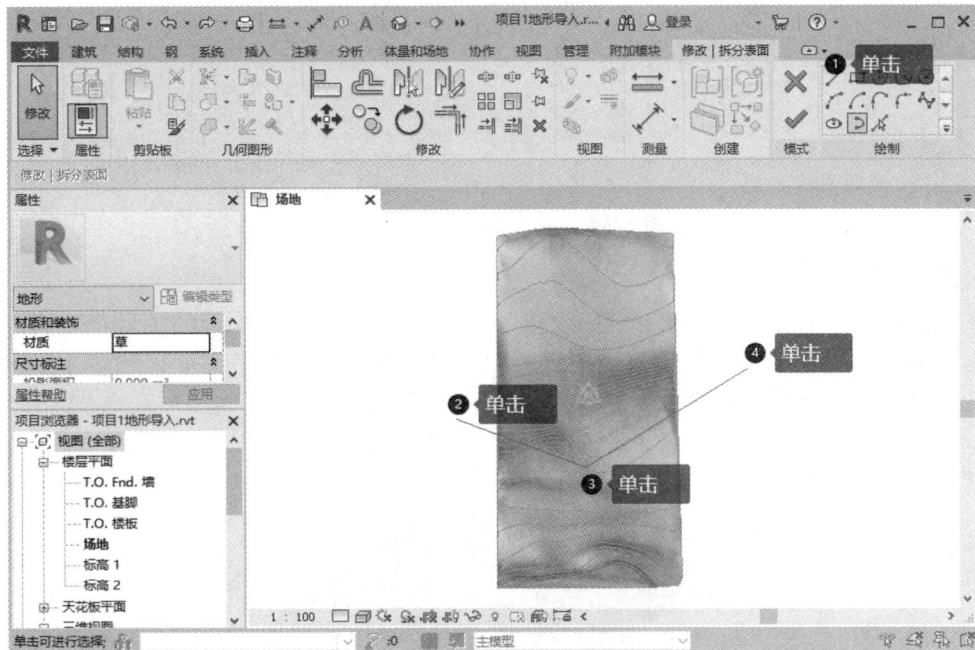

图 3-34 用【直线】工具绘制分割线

最后，单击按钮 ✔，此时，地形表面就被分成两个部分，可分别对其进行编辑，或删除一部分，如图 3-35 所示。

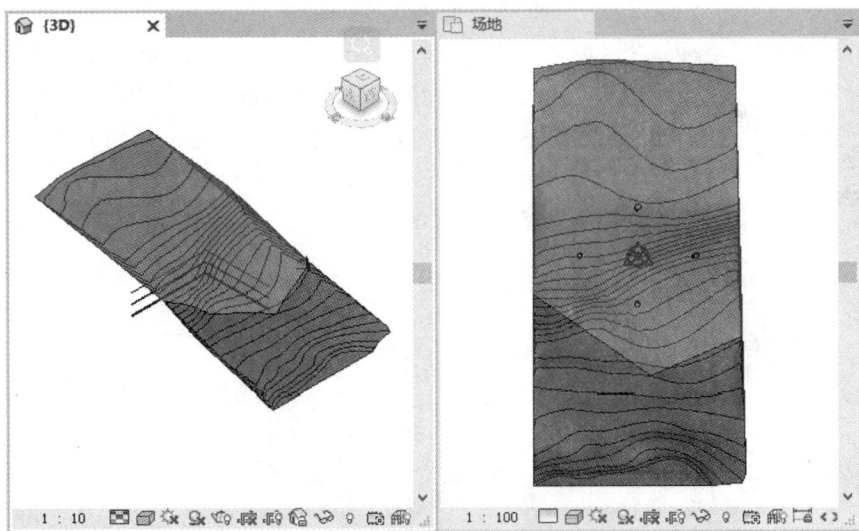

图 3-35 地形表面被分为两部分

4. 合并地形表面

Revit 也可以对两个地形表面进行合并，要合并的表面必须重叠或有公共边。方法如下：

(1) 启动【合并表面】工具，如图 3-36 所示。

(2) 选择【体量和场地】选项卡→【修改场地】面板，单击【合并表面】按钮 。

(3) 在绘图区单击鼠标，选择两个需要进行合并的地形表面。

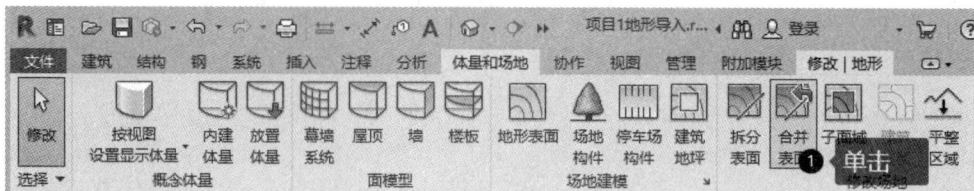

图 3-36　单击【合并表面】按钮

5. 创建平整区域

平整区域这项功能是对已有的地形表面的高程进行编辑。在实际的项目中，用户通常会先得到地形的现有状态，然后对地形进行平整以适应新建建筑的需要，如图 3-37 所示，对原有的倾斜区域进行填挖后，生成了平整的地形表面。

图 3-37　平整区域功能

因此，地形会有两种状态，一个是原有的场地，一个是平整之后的场地。如前所述，这种时间维度的信息，需要配合项目的阶段完成。下面具体介绍平整地形表面的操作。

在进行场地平整之前，应该有一块现有的场地，如图 3-38 所示，从南立面图中可知，该地形为西高东低的倾斜地形，最高处高程为 3 m，最低处高程为 −3 m。

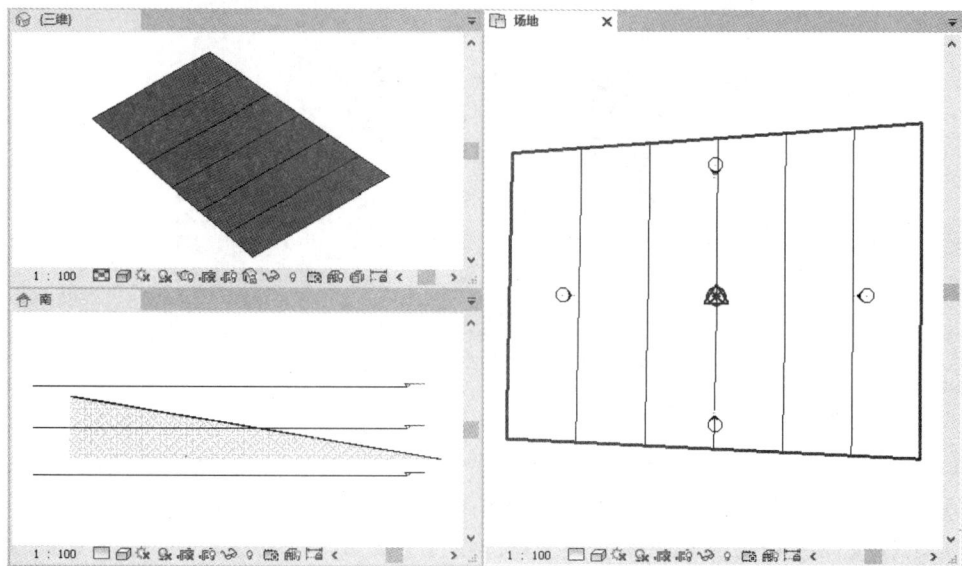

图 3-38　现有场地

打开包含场地的项目，显示【场地】平面。

选择【管理】选项卡→【阶段化】面板→单击【阶段】按钮。

在弹出的【阶段化】对话框中，如图 3-39 所示，可以看到本项目由前到后包含四个阶段、现有阶段、阶段 1、阶段 2 和阶段 3。"现有阶段"包含现有地形；"阶段 1"对场地进行平整[①]。查看完毕后，关闭该对话框。

图 3-39　项目的阶段

单击【确定】按钮，退出【阶段化】对话框。

将此地形的创建阶段设置为"现有阶段"，如图 3-40 所示，具体操作如下：在【场地】视图中单击鼠标，选中地形表面→【属性】面板，单击【创建的阶段】下拉列表设置为"现有阶段"。

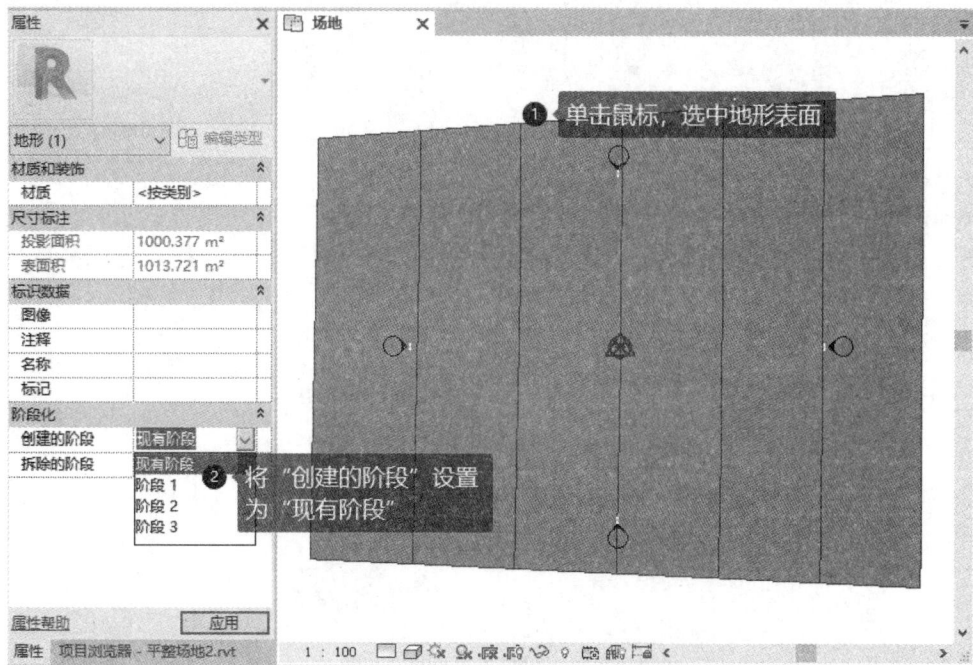

图 3-40　修改地形表面的创建阶段

将【场地】视图的【阶段】属性设置为"阶段 1"，如图 3-41 所示，操作如下：单击

[①] 此为本例假设的条件，用户应根据项目的需求进行设置。

【场地】视图空白区域→【属性】面板，单击【阶段】下拉列表设置为"阶段 1"。

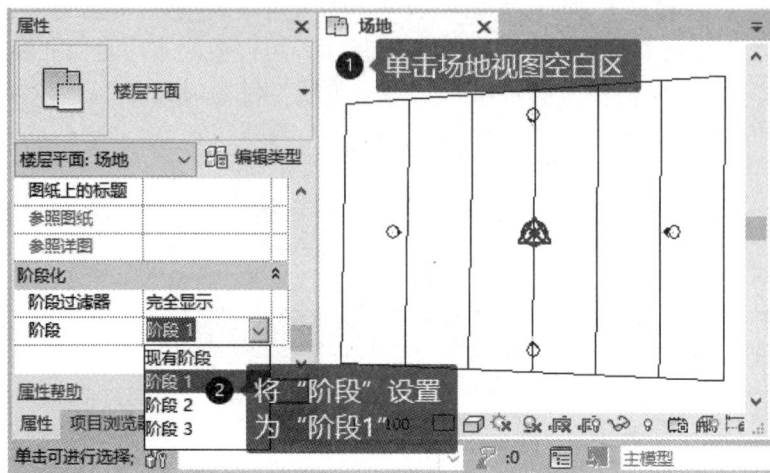

图 3-41   设置【场地】视图的【阶段】属性

启动【平整区域】功能，如图 3-42 所示，操作如下：选择【体量和场地】选项卡→【修改场地】面板，单击【平整区域】按钮。

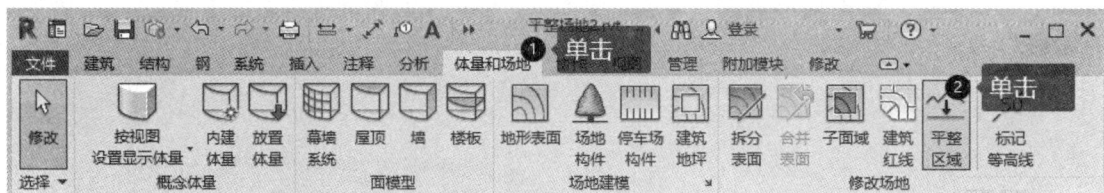

图 3-42   启动【平整区域】功能

在弹出的【编辑平整区域】对话框中，如图 3-43 所示，选择所需要的选项，创建与现有地形表面完全相同的新地形表面；或仅基于周界点新建地形表面。用户可以根据情况选择一种，本例中选择第一种。单击鼠标选择，退出【编辑平整区域】对话框。

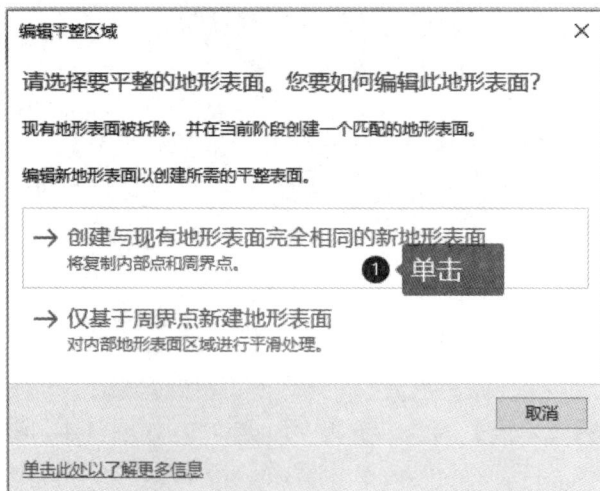

图 3-43   【编辑平整区域】对话框

在【场地】视图中选择地形表面图元，Revit 会进入草图模式，并显示【修改 | 编辑表面】选项卡，如图 3-44 所示。

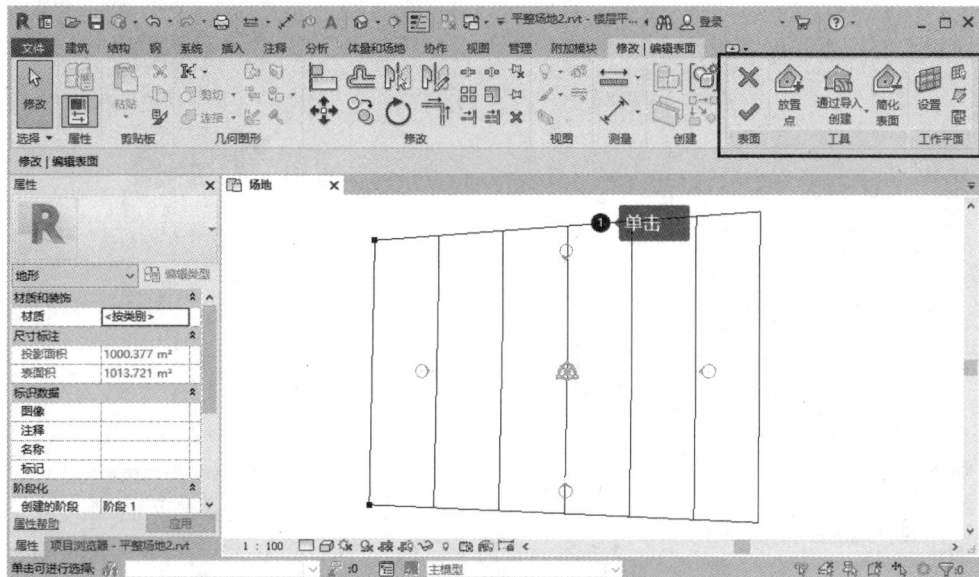

图 3-44　选择地形图元并启动编辑工具

单击鼠标，选择地形表面。此时，用户可以进行如下操作编辑地形：① 通过【放置点】工具添加新的点；② 删除原有点；③ 更改点的高程；④ 通过【简化表面】对地形表面进行简化。

首先，如图 3-45 所示，将点的高程修改为 0.5 m，操作如下：

在【场地】平面单击鼠标，选中边界点→修改高程参数为"500.0"。

然后添加两个点，其高程为 0.5 m，如图 3-46 所示，操作如下：选择【修改 | 编辑表面】选项卡→【工具】面板，单击【放置点】按钮→在【选项栏】中修改高程参数为"500.0"→在【场地】平面绘图区的适当位置单击鼠标，添加点。

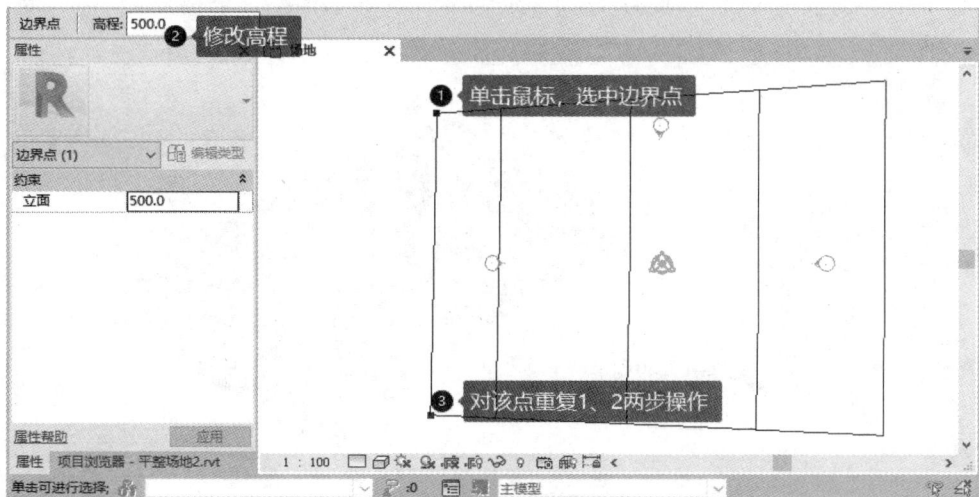

图 3-45　修改点的高程

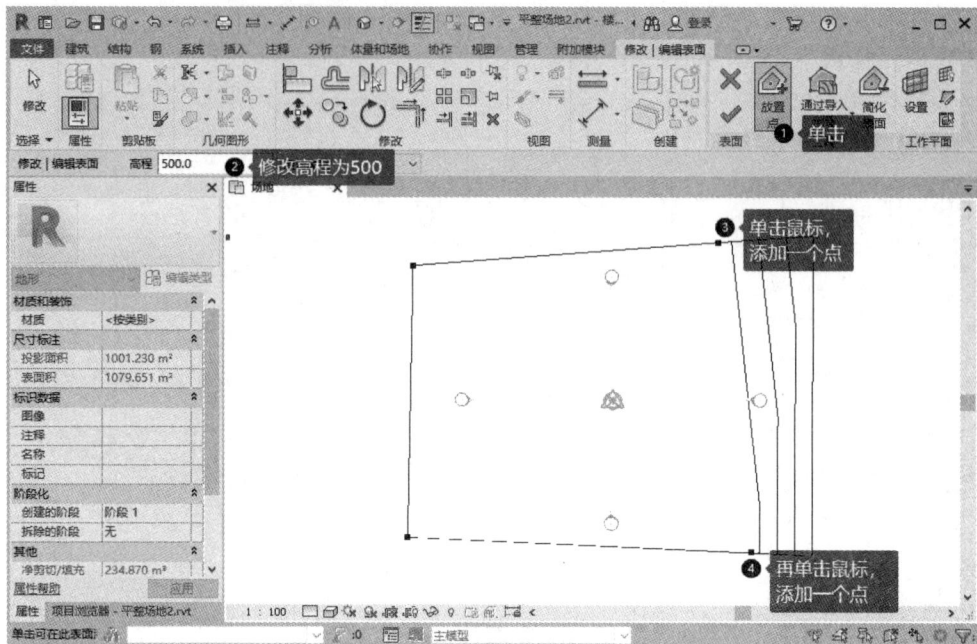

图 3-46　在地形表面中添加新的点

此时，就完成了对地形表面的编辑操作。

单击按钮 ✔，完成操作。

打开【三维】视图，并设置【阶段过滤器】，即可查看原有地形表面和现有地形表面的对比，如图 3-47 所示，操作如下：选择【视图】选项卡→单击【三维视图】按钮 🏠 →【属性】面板，单击【阶段过滤器】下拉菜单设置为"显示拆除＋新建"。

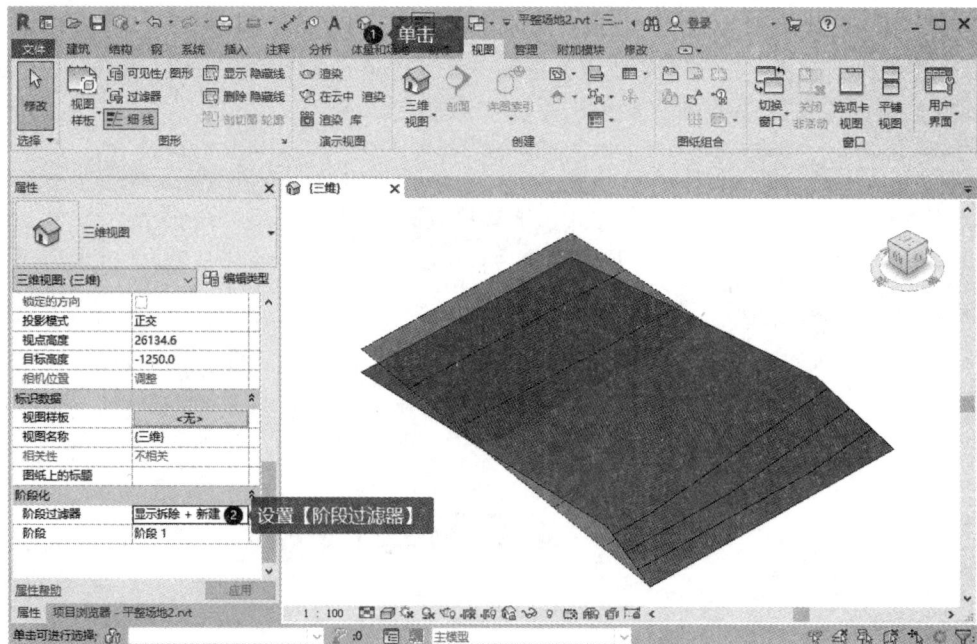

图 3-47　显示地形平整前后对比

此时，选中原有地形，如图 3-48 所示。绘图区单击鼠标，选中原有地形表面图元。在【属性】面板中可以看到，该地形在"阶段 1"被拆除。

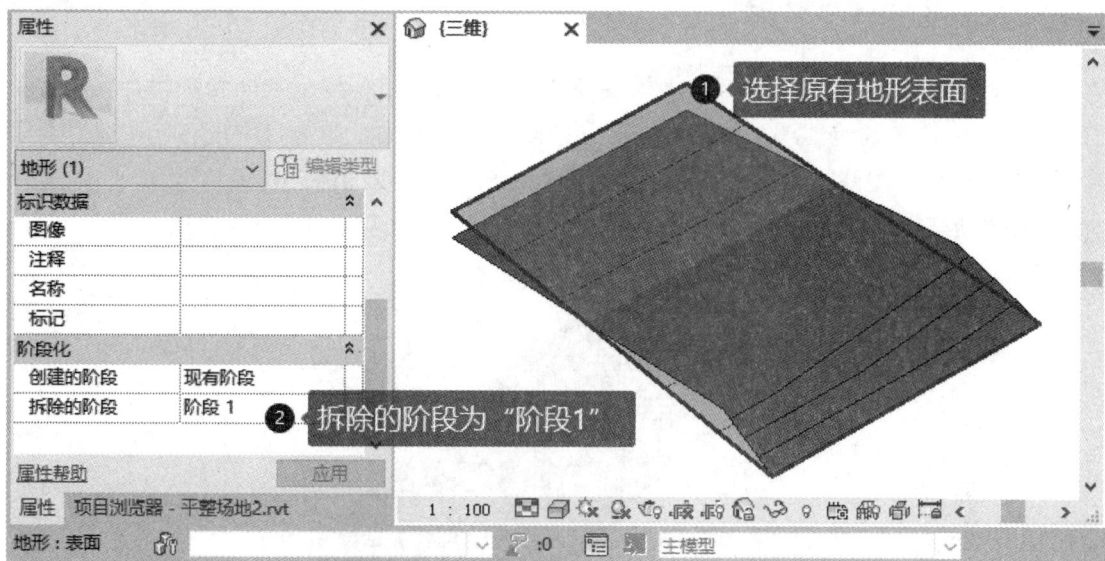

图 3-48　查看原有地形表面的属性

同样，选中编辑后的地形，如图 3-49 所示。在【属性】面板中可以看到，该地形在"阶段 1"被创建。并显示了三个只读属性"净剪切/填充""填充"和"截面"。

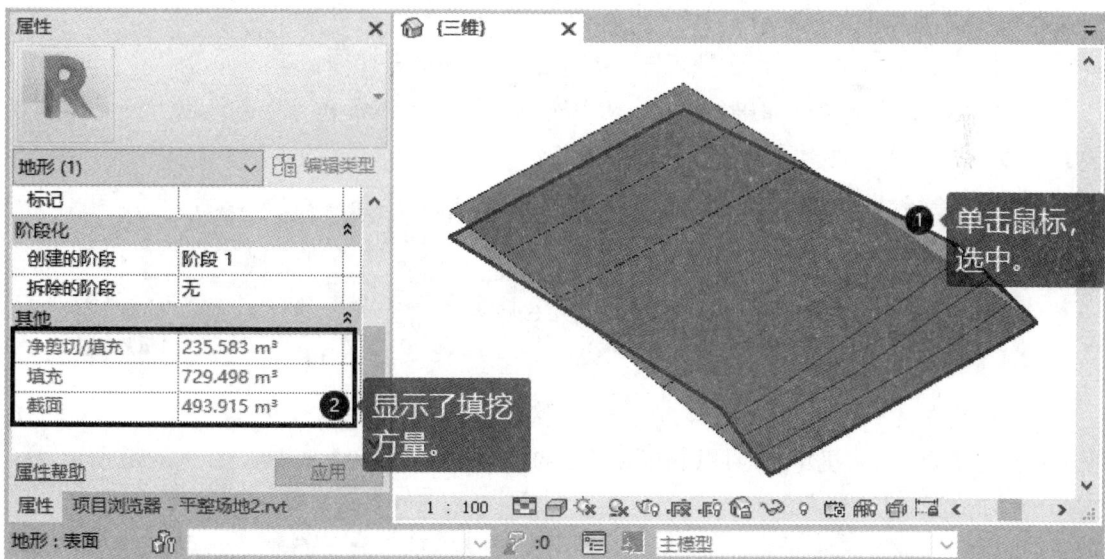

图 3-49　查看平整后场地的属性

"填充"值为 729.498 m³，表示原有地形和新建地形相比需进行 729.498 m³ 的填方；"截面"属性是中文版的翻译错误，对应的英文是"cut"，应翻译为"挖除"，其值为 493.915 m³，表示原有地形和新建地形相比需进行 493.915 m³ 的挖土；"净剪切/填充"属性，是前两者之差。

3.2　　建筑地坪

　　建筑地坪是指建筑物底层与土壤直接接触的部分，通过在地形表面绘制闭合环，可以在地形表面中添加建筑地坪。建筑地坪必须依附于地形表面，当项目中没有任何地形表面时，添加建筑地坪功能不可用(灰显)，建议用户在场地平面视图内创建建筑地坪。如图 3-50 所示，该地形表面中添加了一处建筑地坪。

图 3-50　建筑地坪示例

在地形表面上添加建筑地坪操作如下。

(1) 打开包含地形表面的项目文件，并切换至【场地】视图。

(2) 启动【建筑地坪】功能，如图 3-51 所示，选择【体量和场地】选项卡→【场地建模】面板，单击【建筑地坪】按钮 。

图 3-51　启动【建筑地坪】功能

(3) 在【修改|创建建筑地坪边界】选项卡中，使用【绘制】工具，如图 3-52 所示，绘制闭合环形式的建筑地坪。

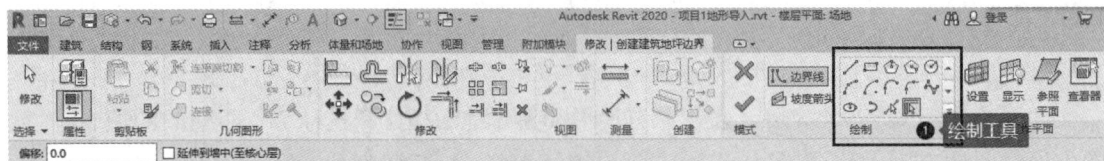

图 3-52　编辑【绘制】工具

　　例如，在【场地】平面，利用【直线】工具可以绘制如图 3-53 所示的闭合边界。

单击【直线】工具 ✐→在边界端点依次单击鼠标绘制→按键盘"Esc"键退出直线绘制。

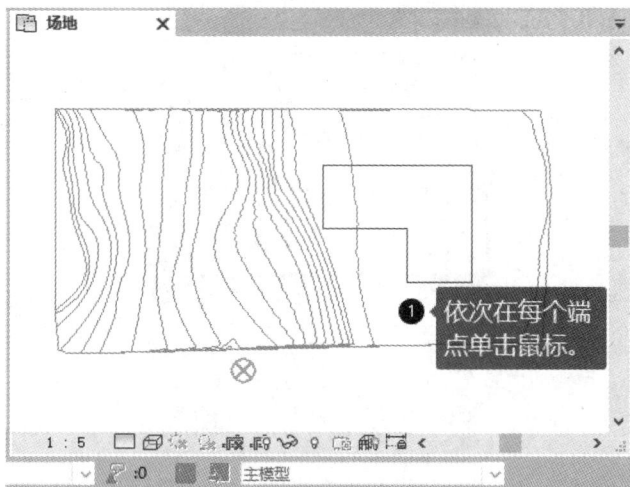

图 3-53　绘制建筑地坪边界

若建筑地坪有坡度，则需要启用【坡度箭头】工具，如图 3-54 所示。

选择【修改 | 创建建筑地坪边界】选项卡→单击【坡度箭头】按钮 ◳。

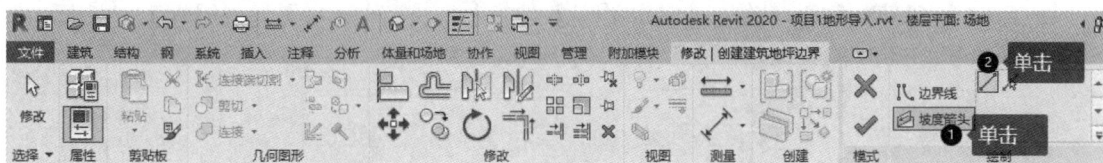

图 3-54　启动【坡度箭头】

在【场地】平面视图中，绘制坡度箭头，如图 3-55 所示，操作如下：

分别在箭尾、箭头单击鼠标。在【属性】面板，调整参数，如图 3-55 所示。

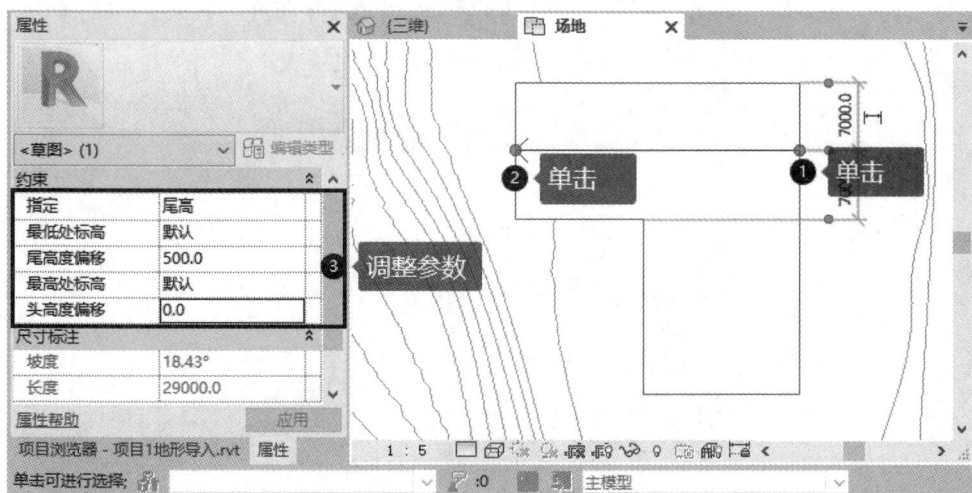

图 3-55　绘制坡度箭头并调整参数

单击按钮 ✔，完成操作。

完成后建筑地坪会自动处于选中状态。在【属性】面板中，根据需要设置"标高"和其他建筑地坪属性，如图 3-56 所示。

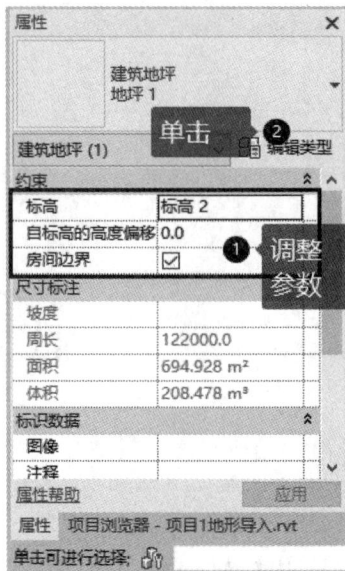

图 3-56　建筑地坪【属性】面板

然后编辑地坪族类型，单击【编辑类型】按钮 ，在弹出的【类型属性】对话框中，启动地坪族类型的结构编辑功能，如图 3-57 所示，操作如下。

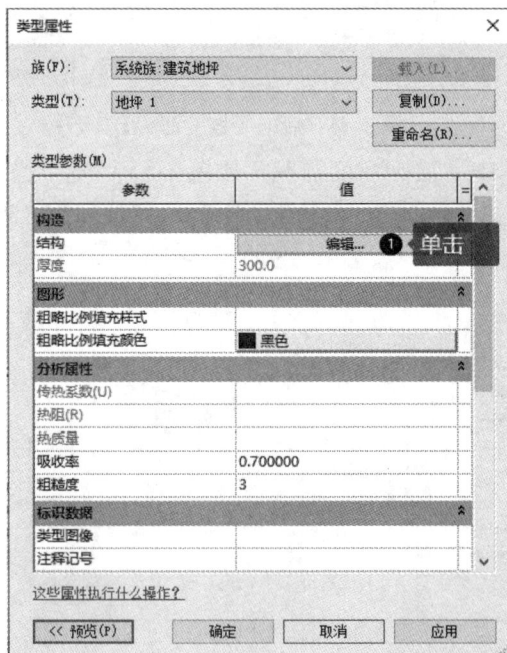

图 3-57　【类型属性】对话框

(1) 单击【编辑】按钮。

(2) 在弹出的【编辑部件】对话框中，按实际情况调整地坪的层结构，如图 3-58 所示。

(3) 单击【确定】按钮，退出所有对话框。

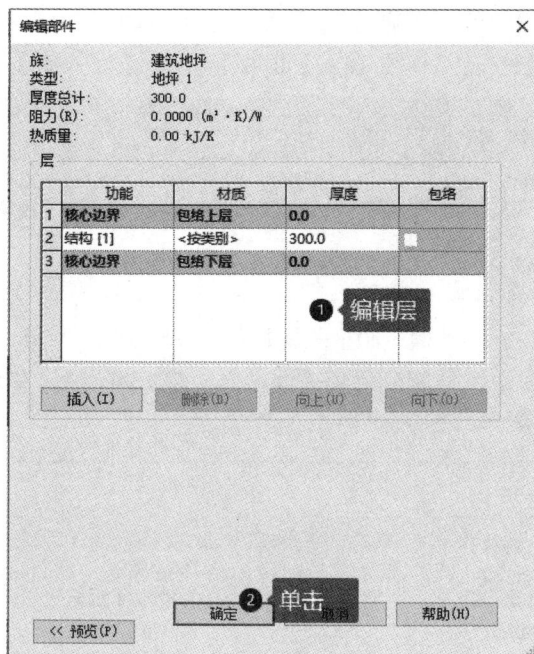

图 3-58 【编辑部件】对话框

完成后的地形表面及建筑地坪如图 3-59 所示。

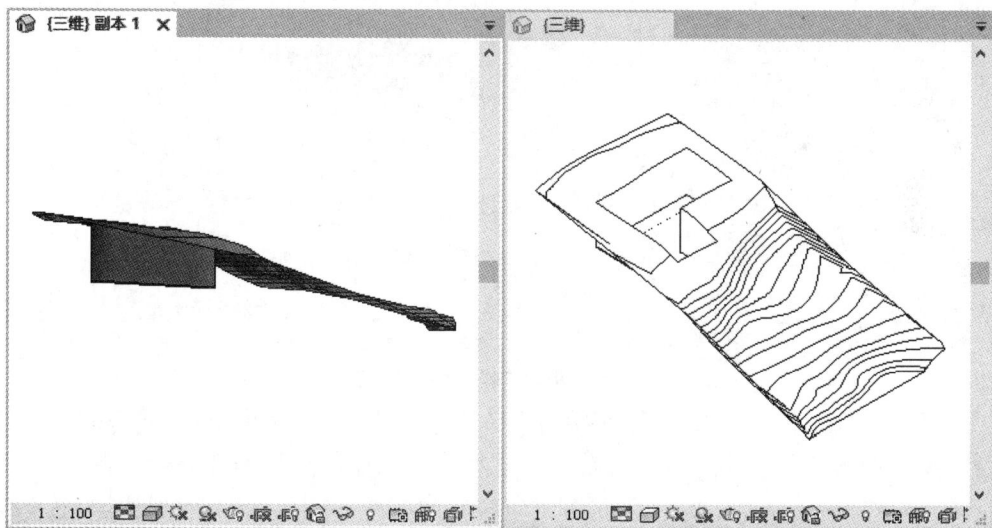

图 3-59 完成后的地形表面及建筑地坪【三维】视图

3.3 停车场构件及场地构件

3.3.1 添加停车场构件

打开项目文件，并切换到【场地】视图，通常停车场族并没有被载入到项目中，因此要在项目中使用停车场相关的族。首先进行载入操作，如图 3-60 所示。

选择【插入】选项卡→【从库中载入】面板，单击【载入族】按钮🖳。

图 3-60　启用【载入族】工具

在【载入族】对话框中，导航到"停车场"族(\建筑\场地\停车场)，双击"停车位.rfa"族文件载入。如图 3-61 所示，载入"停车位"族文件。

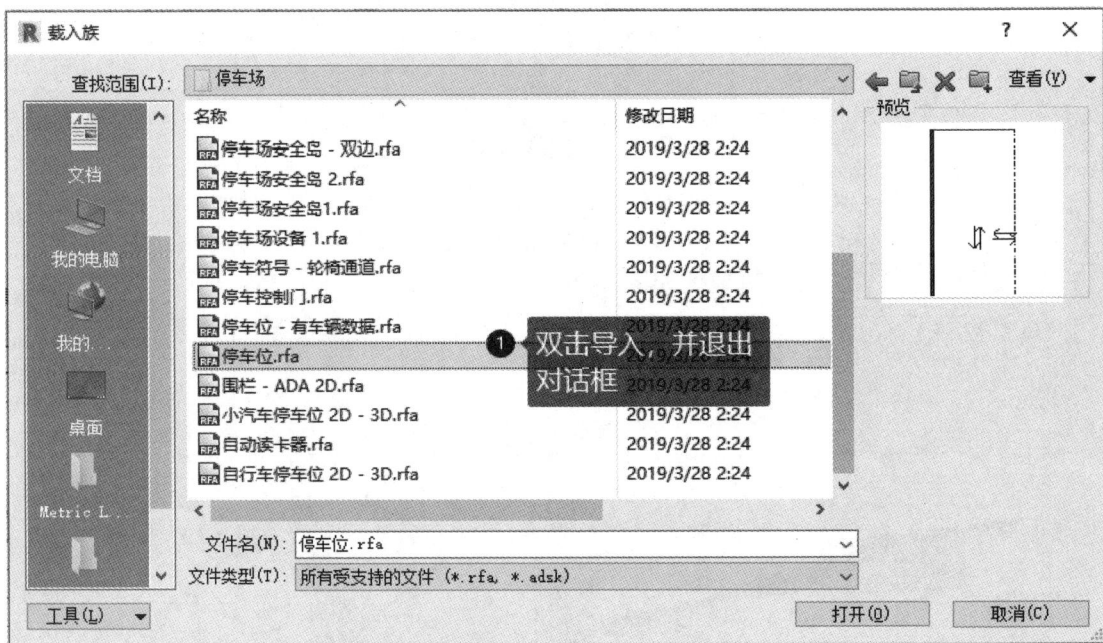

图 3-61　导入"停车位"族文件

成功导入"停车位"族文件后，启用【停车场构件】工具，如图 3-62 所示，操作如下：选择【体量和场地】选项卡→【场地建模】面板，单击【停车场构件】按钮🔢。

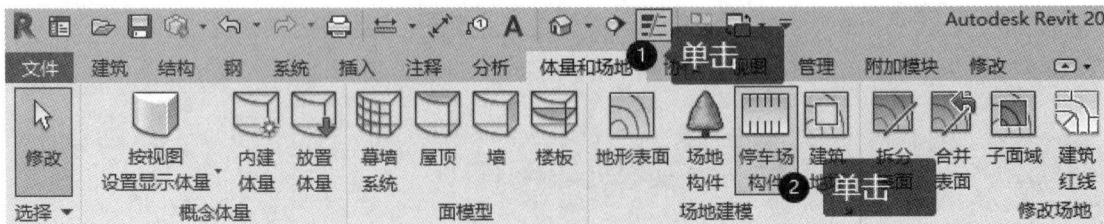

图 3-62　启用【停车场构件】工具

此时，进入到添加停车场构件的状态。在【属性】面板的类型选择器中选择合适的停车位类型，如图 3-63 所示，操作如下：选择【属性】面板→单击类型选择下拉菜单→单击族类型选项。

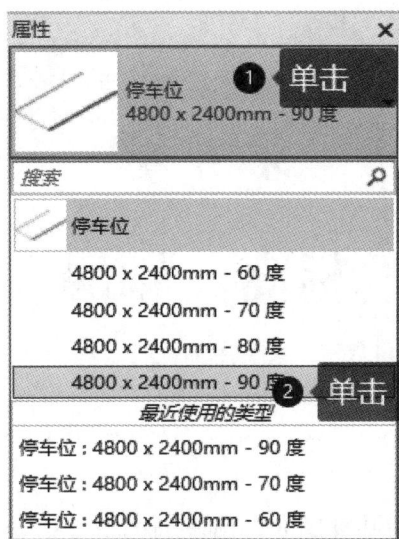

图 3-63　选择的停车场族类型

在【场地】视图中移动鼠标，将停车位放置在合适的位置，如图 3-64 所示。完成放置后，按"Esc"键退出。

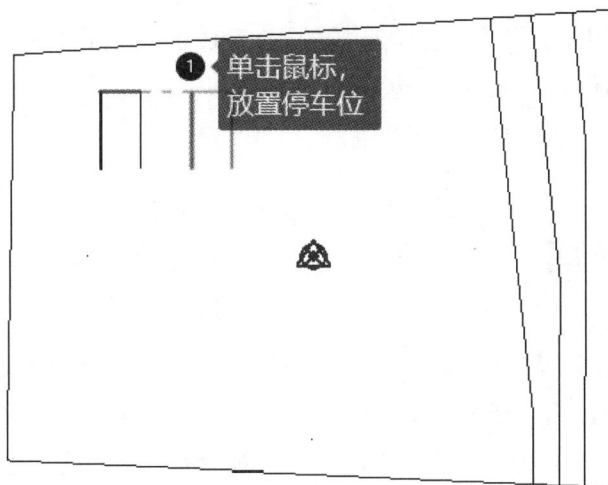

图 3-64　放置停车位

3.3.2　场地构件

在 Revit 的【体量和场地】选项卡中提供了【场地构件】工具按钮，该功能可以在建筑场地内添加树木、人物、设备、道路等构件，只需要在项目中载入相应的族即可[①]。其方法和添加停车场构件类似，此处不再赘述。

[①] 本书第 2 章中已经指出，"族"是 Revit 的核心，载入族的操作在 Revit 中使用非常普遍。用户时常需要创建合适的族文件，并载入到项目中。

第 4 章

标高、轴网

标高和轴网是 Revit 中的基准图元，用于为模型提供参照，是最基础、最重要的参照对象。无论是在设计阶段，还是在施工阶段，标高和轴网都发挥着重要的控制作用。标高作为高度位置的参照，轴网作为平面位置的参照，两者共同为项目构建起三维网格定位体系。

在实际建模过程中，通常首先绘制建筑的标高和轴网，以此为参照，进而建立柱、梁、楼板、墙体等其他构件，最终完成建模工作。

本章重点：标高、轴网的创建和范围。

4.1 标高

在 Revit 中，标高是基准图元，屋顶、楼板、天花板、柱等重要构件的图元，都以标高为参照主体。另外，标高还是一个有限的平面(虽然多数情况下在视图中标高表现为直线)，这一点非常重要，它影响用户在不同视图中对标高可见性的设置。

一般而言，当用户基于样板文件新建一个项目时，项目中会包含若干个标高。新建项目后，切换到立面视图，如南立面，可以查看标高的状态，如图 4-1 所示，具体操作如下：打开【项目浏览器】→【视图】→【立面】，双击【南】。

仔细观察可以发现，有的标高符号为蓝色，有的为黑色。前者有与之关联的平面视图(楼层平面或天花板平面)，一般称为楼层标高；后者为参照标高(非楼层标高)，没有对应的平面视图。在控制窗台高度或女儿墙高度的时候，用户经常使用参照标高。因此在创建标高时，用户需要明确所创建的标高是否需要有对应的平面视图。

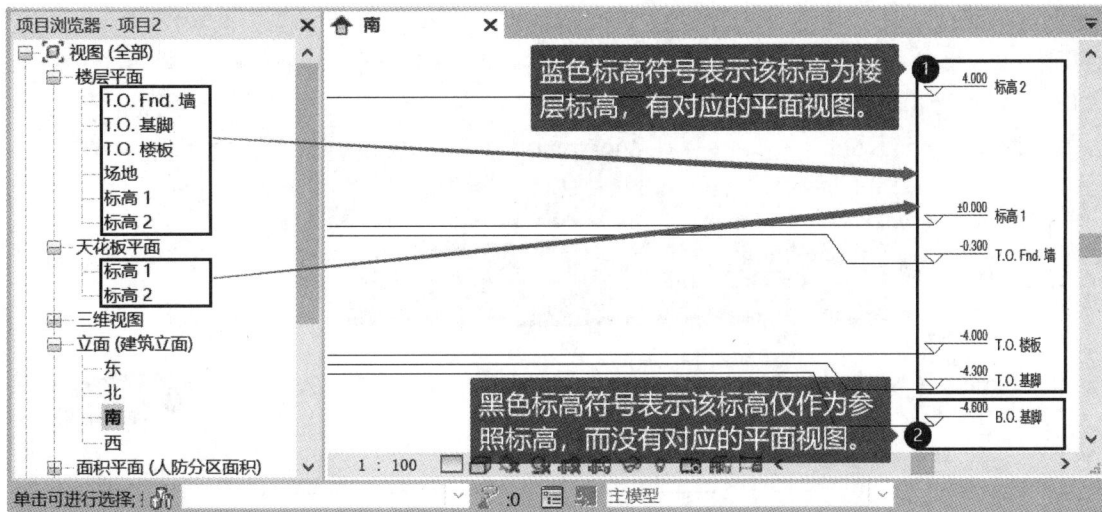

图 4-1　默认的项目标高

4.1.1　添加标高并创建对应平面视图

1. 绘制标高

【建筑】和【结构】选项卡上都提供了绘制标高的功能按钮。要添加标高，应打开合适的立面视图(或剖面视图)，启用【添加标高】工具，如图 4-2 所示，操作如下：选择【建筑】选项卡→【基准】面板，单击【标高】按钮 ⁺⊕。

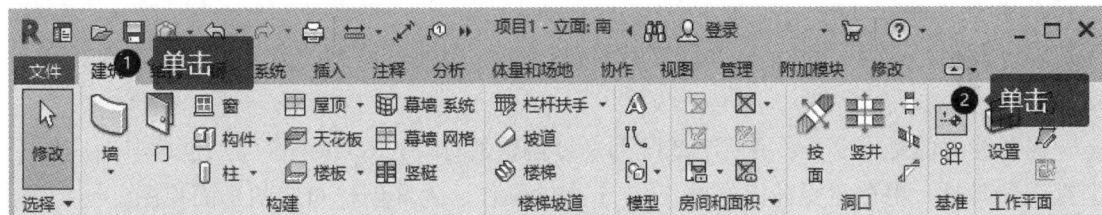

图 4-2　启用【添加标高】工具

在绘图区绘制标高，如图 4-3 所示，操作如下：

(1) 【创建平面视图】复选框默认被选中，若用户创建的是不需要对应平面视图的"参照标高"，可取消复选。

(2) 单击【平面视图类型】按钮，可以选择创建的平面视图类型，包括"天花板平面""楼层平面"和"结构平面"(默认情况下三者都被选中)。

(3) 在绘图区不同的位置，两次单击鼠标，完成一个标高的绘制。

(4) 可重复多次绘制多个标高，全部完成后，按键盘上的"Esc"键退出。

在绘制标高的过程中，如果光标与现有标高线对齐，则光标和该标高线之间会显示一个临时的垂直尺寸标注，帮助用户对标高平面进行控制。

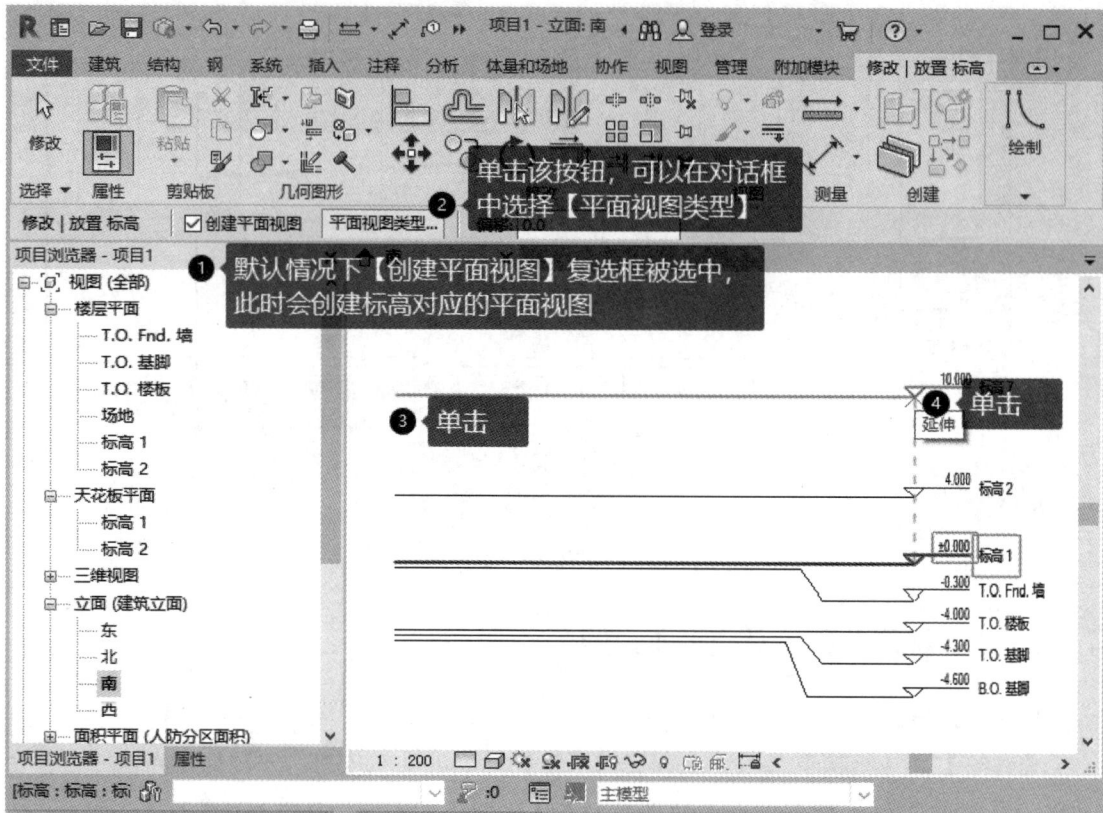

图 4-3　绘制标高

2. 复制、阵列标高

通过复制、阵列已有标高，可以创建新的标高。复制和阵列的方法可以参考本书第 11 章的相关内容。

需要注意的是，对于采用复制或阵列命令创建的标高，Revit 不会自动创建其对应的平面视图。此时，用户需要进行本书 5.1.1 节中的操作，为其创建对应的平面视图。

4.1.2　移动标高及修改名称

若用户需要修改标高的垂向位置，可选中标高后修改对应的数值，如图 4-4 所示，具体操作如下：单击数值→键入新数值→单击视图空白区域(图中所示三种方法等价，只修改一处即可)。

另一种修改标高位置的方法是：单击鼠标选中标高线，再拖曳标高[①]。

在添加标高时，Revit 会自动为新创建的标高命名，如图 4-4 中的"标高 7"。用户同样可以进行修改，操作类似。对标高进行重命名后，系统会询问是否需要对相关联的平面视图进行重命名，用户按需进行选择即可。

---

① 按住"Ctrl"键单击鼠标，可以同时选中多条标高进行拖曳操作。

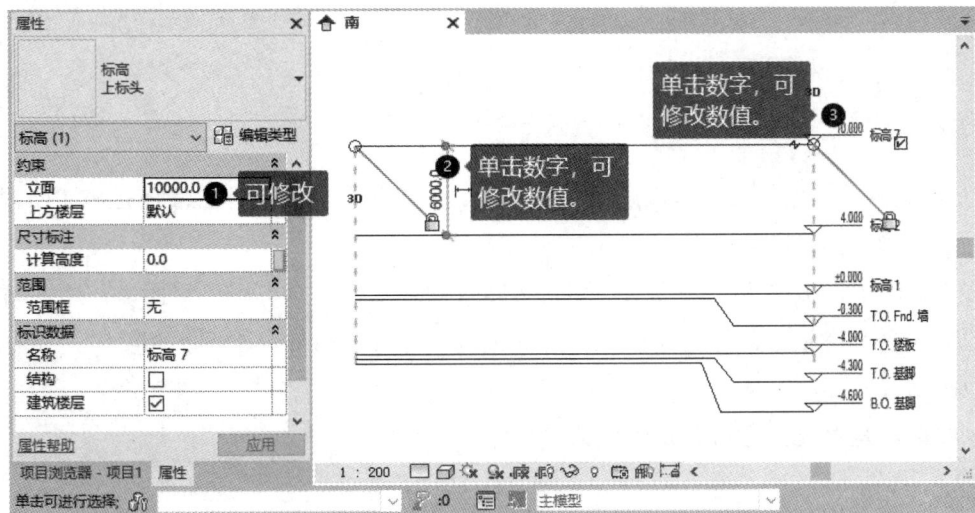

图 4-4　修改标高

4.1.3　为标高添加弯头

从图 4-4 中可以看到，标高线可以弯折，在标高间隔较小时为了保证显示清晰，常需要进行这样的设置，其操作如下：

(1) 在平面视图中选中标高，如图 4-5 所示，单击"添加弯折"标记。

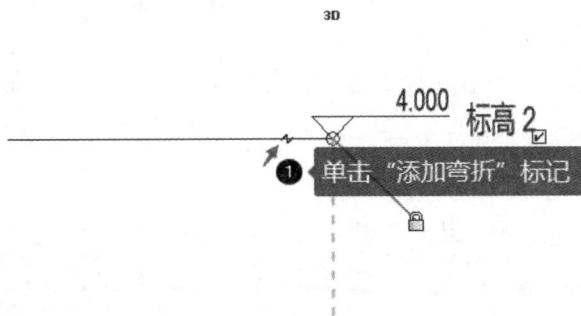

图 4-5　为标高添加弯折

(2) 标高会进行弯折，并显示蓝色夹点，如图 4-6 所示，拖曳蓝色夹点，调整弯折形状。单击视图空白区域，确定调整并退出。

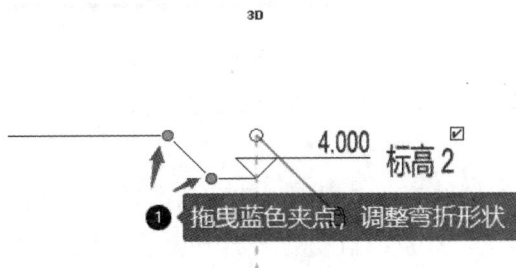

图 4-6　调整弯折形状

4.2　　轴网

Revit 提供了轴网工具，可以用于创建轴线。无论在项目的设计阶段还是施工阶段，轴线都是重要的定位基准。

在 Revit 中，被称为"轴线"的图元实际应被理解为一个有限的平面，该平面与标高平面相交时会产生轴线，可通过拖曳调整其范围。当轴线与标高平面不相交时，则不会产生对应的轴线。

轴线可以是直线，也可以是弧线或多段线。

4.2.1　添加轴网

在【建筑】选项卡和【结构】选项卡中均有【轴网】按钮 ⊞，其功能完全相同。用户可以在平面和立面视图中添加轴网，在三维视图中不能启用该命令(灰显)。多数情况下，在平面视图中创建轴网更为方便。

创建轴网的方法如下：

切换到项目的平面视图，并启动【轴网】命令，操作如下：选择【建筑】选项卡→【基准】面板，单击【轴网】按钮 ⊞。

Revit 会自动显示【修改 | 放置轴网】选项卡，其中包含了四个工具，用以绘制不同的轴网，如图 4-7 所示。这些工具(直线、弧线、多段线)的使用方法，与 AutoCAD 中完全相同，此处不再赘述。

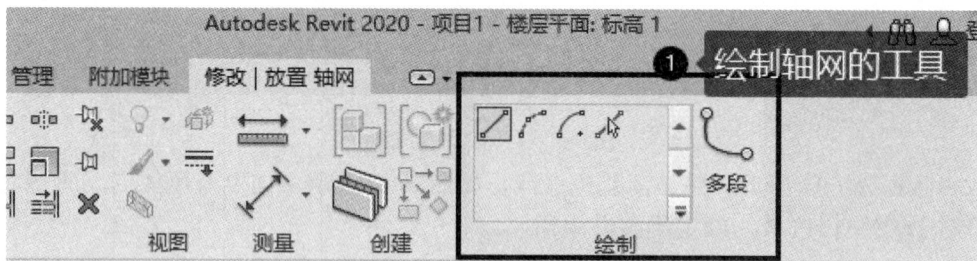

图 4-7　轴网绘制工具

默认情况下，此时的 Revit 自动处于绘制"直线"轴网的状态，如图 4-7 所示。绘制直线轴网的操作如下：

(1) 平面视图中，在直线轴网的两个端点处依次点击鼠标，如图 4-8 所示。

一条直线轴网绘制完成后，该直线自动处于选中状态，勾选轴线端点的复选框，可以显示轴线标号。取消选择该复选框，会隐藏对应的轴线标号。

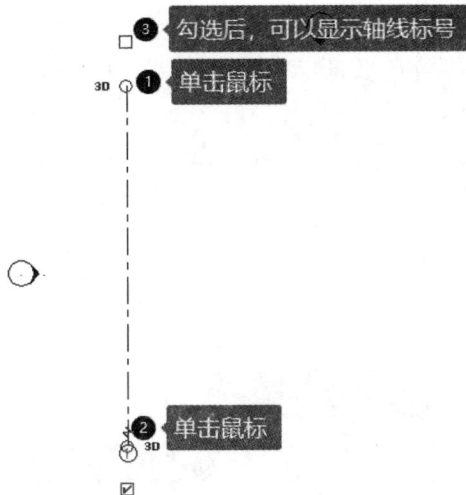

图 4-8　绘制直线轴网

用户可以连续绘制多条轴线，当用户将鼠标移动至合适位置时，Revit 会自动捕捉到与已有轴平齐且与其他轴线距离为整数的位置，如图 4-9 所示。

图 4-9　连续绘制轴线

在图 4-9 中，显示了一个(浅蓝色的)临时尺寸标记"5700"，该标记显示了新轴线与其他轴线的距离。此时，用户可以直接输入数字，如"5500"来指定轴线的距离，见图 4-10，输入数字后点击键盘上的"Enter"键确定。

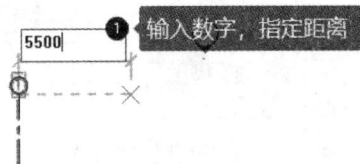

图 4-10　指定轴网间距

Revit 可以按顺序(1，2，3，…或 A，B，C，…)为轴线标号。

(2) 按两次键盘上的"Esc"键，可以退出轴网绘制。

用户可以通过复制和阵列命令创建新的轴网，可以修改轴网的名称，也可以为轴网添加弯折，这些操作与 4.1 节中的方法类似，此处不再赘述。

4.2.2　控制轴网样式

前面已经介绍了显示与隐藏轴线标号的方法。除此之外，用户可能需要对轴线本身进行控制，如轴线的颜色、轴线的样式以及轴线中段的显示和隐藏等。这些都可以通过设置轴网族类型属性完成。

首先，选中轴网进行类型编辑，具体操作如图 4-11 所示。

(1) 单击鼠标选中轴网图元→【属性】面板，单击【编辑类型】按钮。

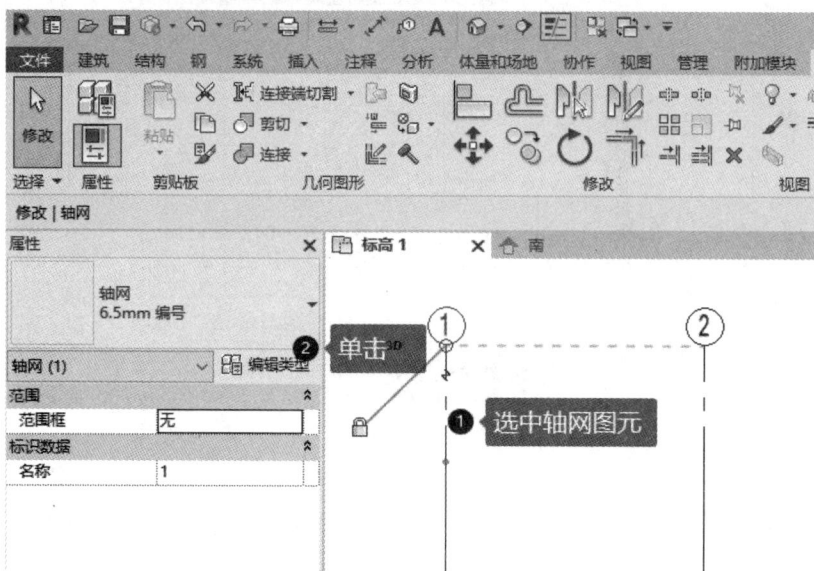

图 4-11　选中轴网进行类型编辑

弹出【类型属性】对话框，如图 4-12 所示。

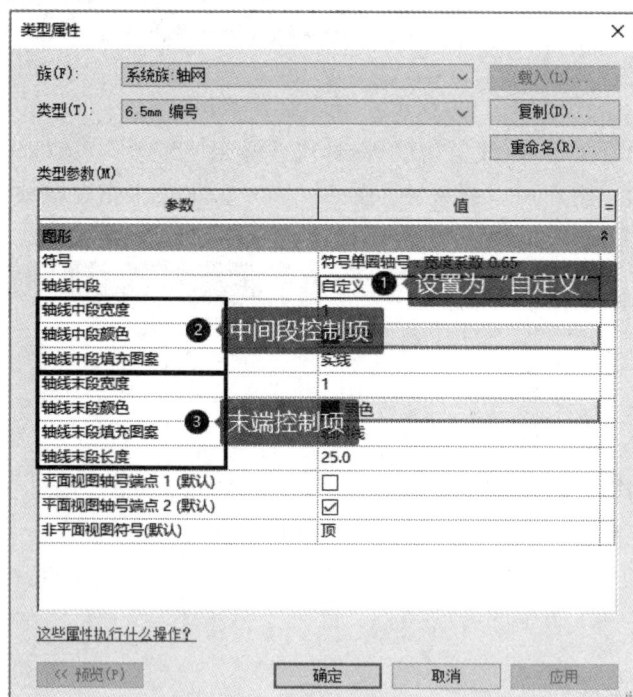

图 4-12　轴网【类型属性】对话框

(2) 将参数"轴线中段"的值设置为"自定义"。

表 4-1 罗列了【类型属性】对话框中重要参数的选项及意义，用户可以根据需要进行相应的设置。

表 4-1　轴网的部分类型属性

属 性 名	用 法 说 明
轴线中段宽度	表示轴线中段的线宽
轴线中段颜色	表示轴线中段的线颜色
轴线中段填充图案	表示轴线中段的填充图案。线型图案可以为实线、虚线和圆点的组合
轴线末段宽度	表示连续轴线的线宽，或者在"轴线中段"为"无"或"自定义"的情况下表示轴线末段的线宽
轴线末段颜色	表示连续轴线的线颜色，或者在"轴线中段"为"无"或"自定义"的情况下表示轴线末段的线颜色
轴线末段填充图案	表示连续轴线的填充样式，或者在"轴线中段"为"无"或"自定义"的情况下表示轴线末段的填充样式
轴线末段长度	在"轴线中段"参数为"无"或"自定义"的情况下表示轴线末段在图纸空间中的长度

4.2.3　标高和轴网的范围和可见性

在进行项目的表达时，并非在所有的视图中都要显示相同的标高或轴网[①]。在不同的视图中，轴网和标高往往是有差异的。用户可通过控制标高和轴网的可见性、范围来实现上述目的。

(1) 只有当基准图元与视图平面相交时，此基准图元才在该视图平面可见，若不相交则在视图平面不可见。

(2) 可以单独修改某一视图中的基准图元的范围，并将该修改应用到基准图元可见的平行视图中。

如图 4-13 所示，由于轴线 1 与标高 Level 3 不相交，因此在 Level 3 视图平面中，轴线 1 不可见，但在 Level 2 和 Level 1 视图平面中，轴线 1 可见。

图 4-13　基准图元的可见性控制

[①] 轴网和标高都是项目的基准图元，参照平面也是基准图元，对基准图元可见性的控制方法类同。囿于篇幅，本书略去了参照平面可见性的控制内容。

下面通过一个例子来说明具体的方法。

某建筑共 25 层，其中首层地面标高为 ±0.0，首层层高 6.0 m，第二至第四层层高 5 m，第五层及以上均层高 4 m。请按要求建立项目标高，并建立每个标高的楼层平面视图。平面视图中的轴网如图 4-14 所示，所有的轴网间距均为 9 m。

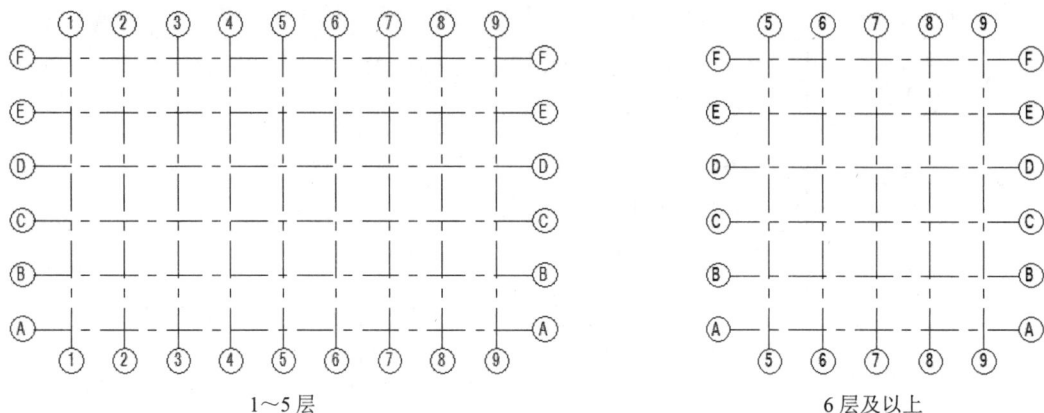

1～5层　　　　　　　　　　　　6层及以上

图 4-14   轴网布置图

步骤 1：在新建的项目中，用阵列的方法按要求创建标高，并创建对应的平面视图。

首先，切换至楼层平面视图"标高 1"，建立如图 4-14 所示的轴网。然后若想要隐藏 6 层及以上平面视图中的 1～4 号轴线，则切换至【南】立面视图，单独移动 1 号轴线的端点至标高 5 与标高 6 之间，如图 4-15 所示。具体操作是：单击选中 1 号轴线，单击【约束标记】将其打开，拖曳轴线端点至合适的位置。

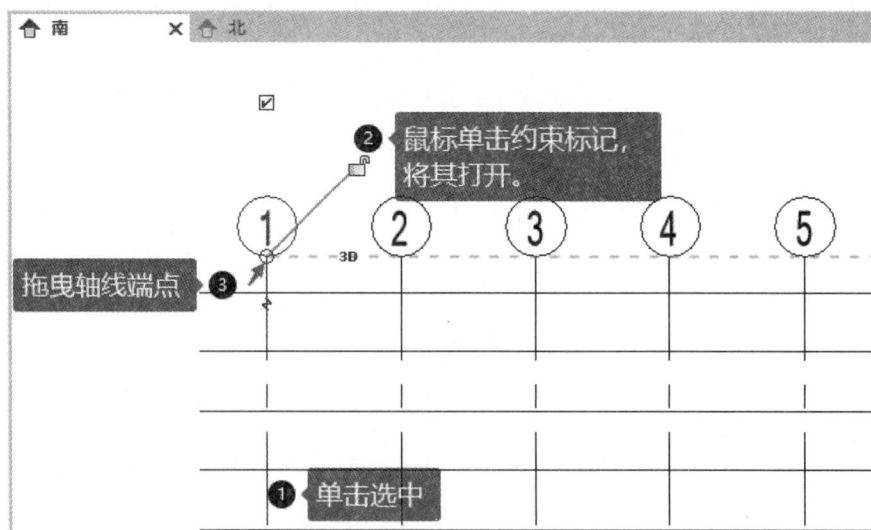

图 4-15   单独移动 1 号轴线的端点

在上面的操作中，当选中 1 号轴线时，轴线标号下方会出现蓝色虚线，该虚线是限制条件，表示 1 号轴线的端点被限制在该虚线上，如图 4-15 所示。

调整后的 1 号轴线如图 4-16 所示。

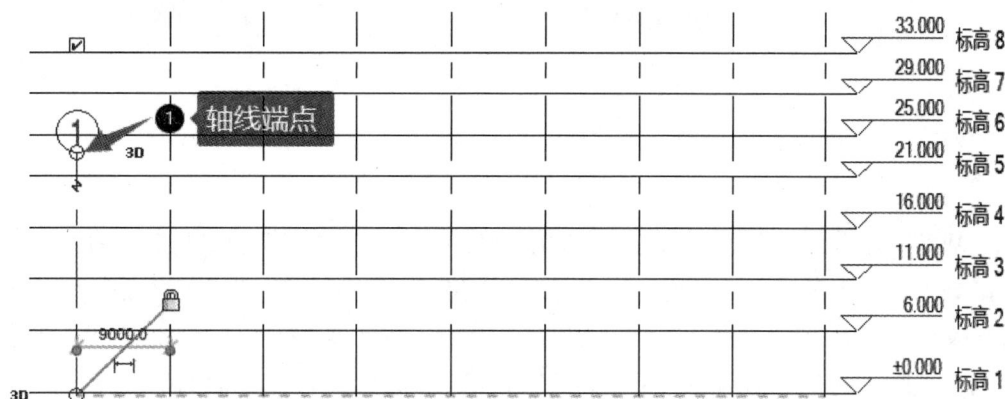

图 4-16　调整后的 1 号轴线

按照同样的方法，将 2～4 号轴线的上端点拖曳到标高 5 和标高 6 之间。此时标高 6
及以上的平面视图中，都不会显示 1～4 号轴线，如图 4-17 所示。

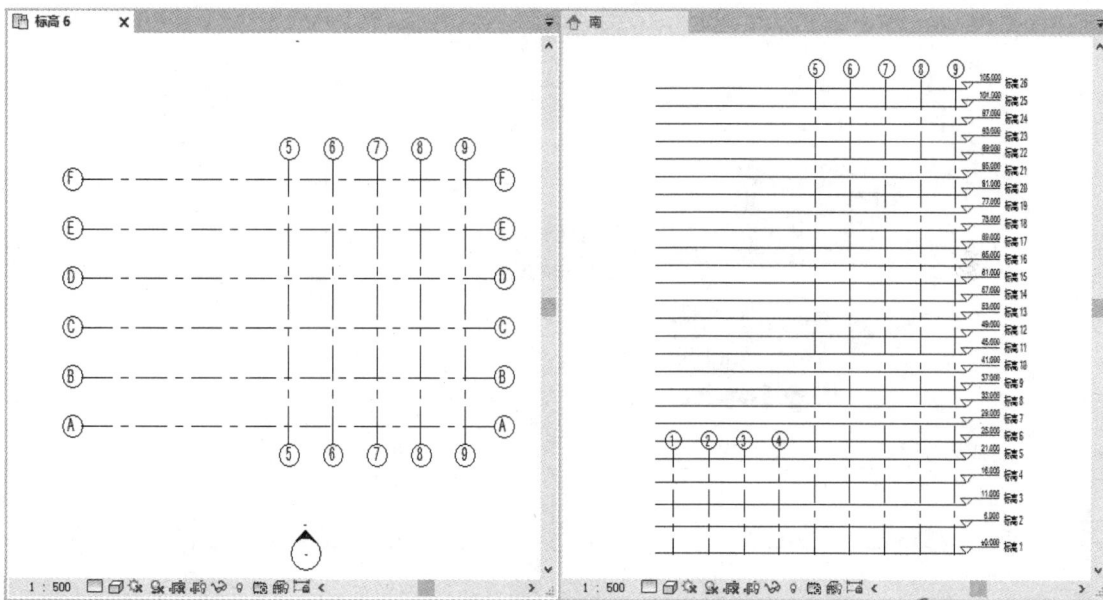

图 4-17　调整 1～4 号轴线的标高 6 平面视图

步骤 2：调整标高 6～26 的平面视图中的轴网。

这里先介绍基准图元的范围。Revit 中有两个工具："模型范围控制柄(3D)"和"视图
专有范围控制柄(2D)"。当用户在平面视图中选中轴网图元时，会显示控制柄，如图 4-18
所示。前者是空心圆，后者是实心圆。当用户点击控制柄旁的文字 3D 或 2D 时，可在两者
间进行切换。

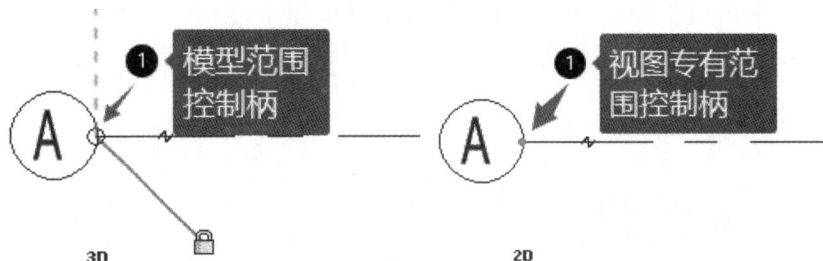

图 4-18　范围控制柄

当基准的端点为"模型范围控制柄(3D)"时，若拖曳该控制柄调整基准范围的大小，不仅会影响本视图中该基准的范围，还会修改所有其他平行视图中相应基准面的范围。

当基准的端点为"视图专有范围控制柄(2D)"时，拖曳该控制柄调整基准范围的大小，只会影响本视图中的基准范围，而不会修改其他平行视图中相应基准面的范围。

首先调整标高 6 的平面视图中的 A～F 轴线，如图 4-19 所示，操作如下：

切换至标高 6 的平面视图→单击鼠标选中 A 轴线→单击【模型范围控制柄】3D 字样切换至 2D 字样→用鼠标拖曳轴线 A 的端点至合适的位置。

此时，若用户查看其他标高的平面视图，可以发现轴线 A 的端点没有发生变化。说明上述操作仅对标高 6 的平面视图产生了影响。

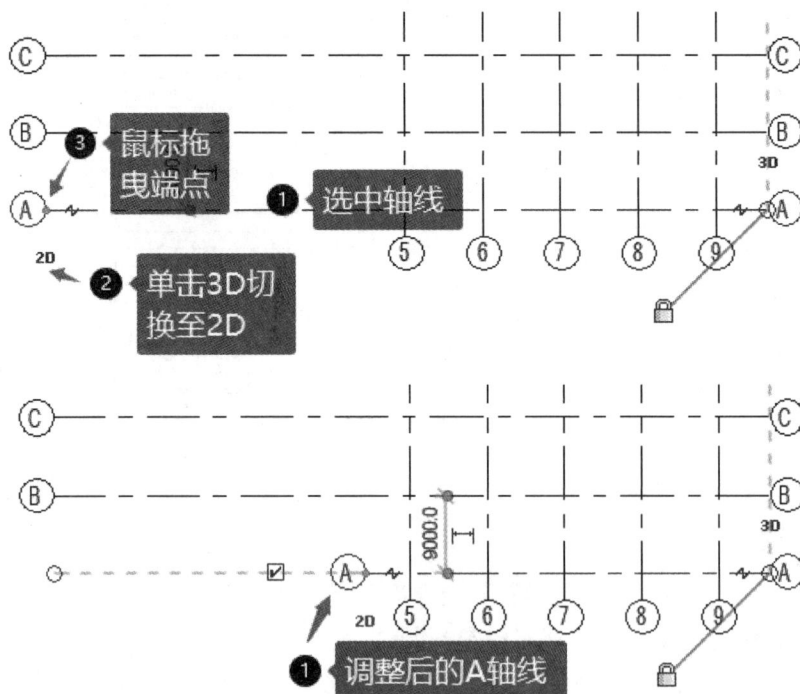

图 4-19　调整 A 轴线的位置

重复上述操作，将标高 6 的平面视图中的轴线 B～F 的端点拖曳至与 A 轴线端点对齐，同样该操作仅对当前标高 6 的平面视图产生影响，如图 4-20 所示。

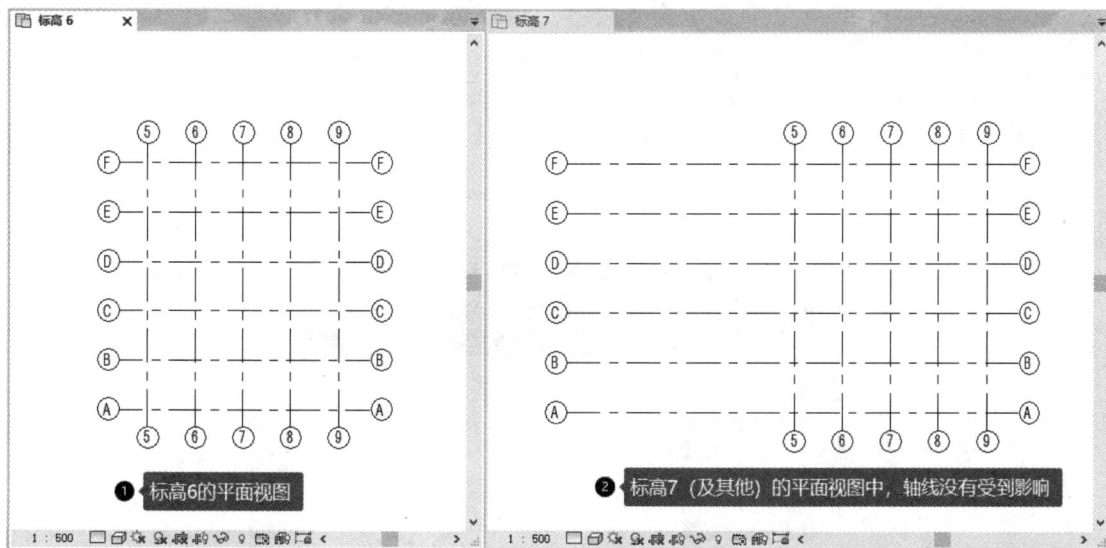

图 4-20 调整后的轴线对比

下面将标高 6 的平面视图中轴线的影响范围扩展至标高 7～26，启用【影响范围】工具，操作如下：将标高 6 的平面视图置为当前视图→同时选中轴线 A～F→选择【修改 | 轴网】选项卡→【基准】面板，单击【影响范围】按钮，如图 4-21 所示。

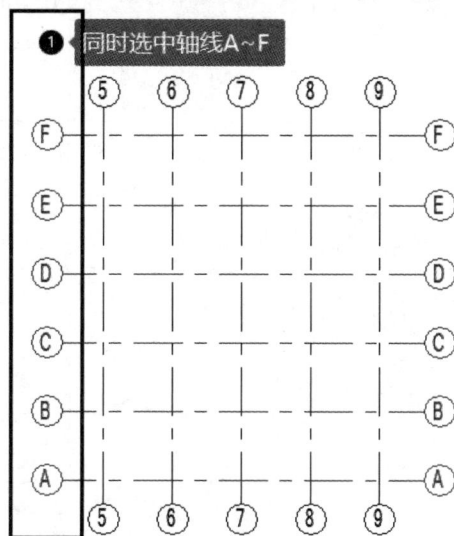

图 4-21 启动影响范围命令

　　在上述操作中，需要同时选中多个图元，可以拖曳鼠标进行框选，或者按住键盘上"Ctrl"键的同时用鼠标进行点选。

　　在弹出的【影响基准范围】对话框中，进行如下操作：

　　勾选"楼层平面：标高 7～26"复选框→单击【确定】按钮，如图 4-22 所示。

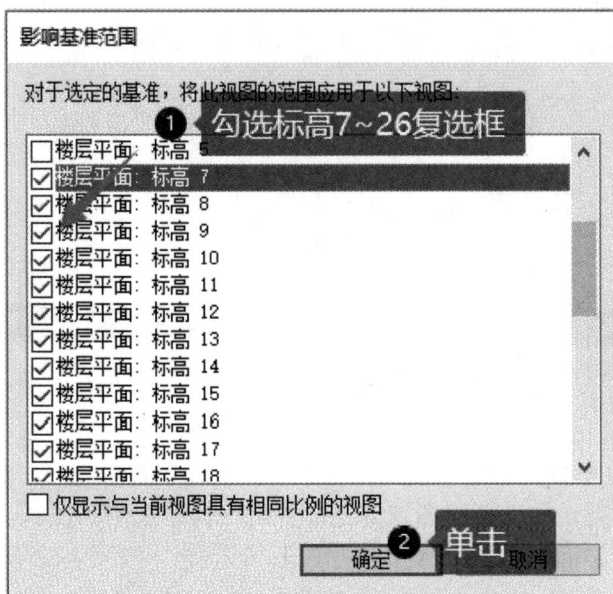

图 4-22　【影响基准范围】对话框

　　此时，标高 6 的平面视图的轴网形式被应用到了标高 7～26 的平面视图中，且没有影响标高 1～5 中的轴网，如图 4-23 所示。

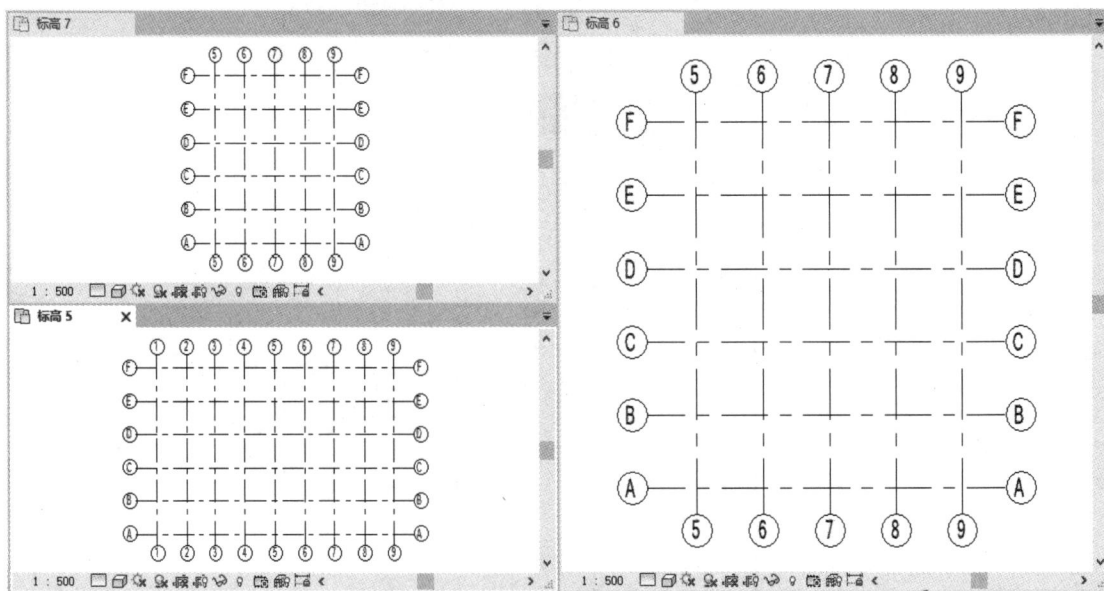

图 4-23　调整影响范围后的轴网

第 5 章

视　图

在 Revit 中可采用多种方式对模型进行展示和表达，包括平面视图、剖面视图、立面视图和三维视图。视图是用户与模型进行交互时最直观的窗口，读者在前面章节已经对视图有了一定的了解。本章将系统地介绍不同视图的创建方法及其显示效果的控制。

本章重点：不同视图的创建。

5.1　平面视图

平面视图是工程技术人员最常用的视图，使用频率最高，在视图中表达的信息也最为丰富。平面视图与标高对应，即创建平面视图应基于某一标高，一个标高可以对应一个或多个平面视图，也可以没有对应的平面视图。

平面视图包括楼层平面、结构平面、天花板投影平面等。

5.1.1　创建平面视图

以创建"楼层平面"为例，在【视图】选项卡中启动相应的命令，具体操作如下：选择【视图】选项卡→【创建】面板，单击【平面视图】下拉列表→单击【楼层平面】按钮，如图 5-1 所示。

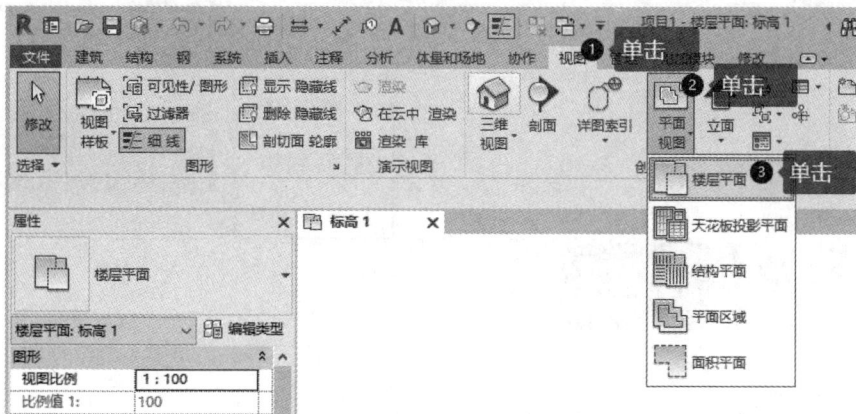

图 5-1　启动新建【楼层平面】命令

在弹出的【新建楼层平面】对话框中选择对应的标高，如图 5-2 所示。用鼠标选择一个或多个要创建平面视图的标高，最后单击【确定】按钮。此时，就完成了为所选择的标高创建对应的平面视图。

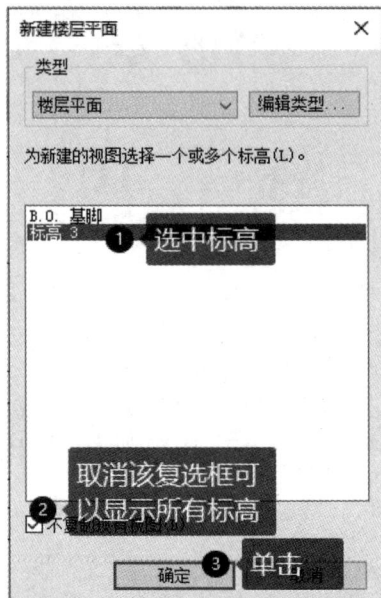

图 5-2　【新建楼层平面】对话框

为已经具有对应平面视图的标高创建新的平面视图时，要取消【不复制现有视图】复选框。在此例中可忽略。

另外，也可以复制平面视图，以建立同一个标高对应的两个不同的视图，具体操作如下：

选择【视图】选项卡→在【项目浏览器】中选择要复制的视图→【创建】面板，单击【复制视图】下拉列表→在下拉菜单中选择需要的复制功能，如图 5-3 所示。

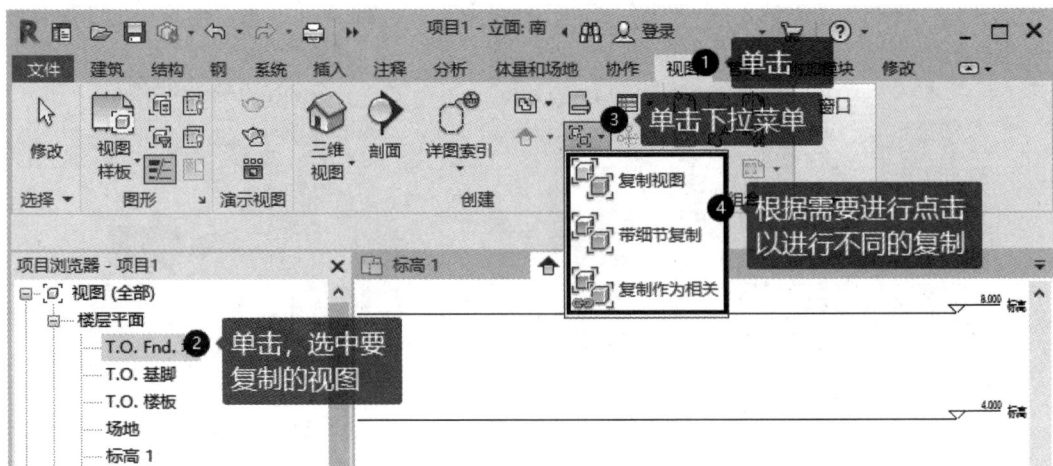

图 5-3　复制平面视图

平面视图的复制功能如下。

复制视图：新视图仅包含原视图中的模型图元，而原视图中的专有图元，如注释、尺寸标注和详图等，不会在新视图中出现。

带细节复制：新视图不仅包括原视图中的模型图元，也包括原视图中的专有图元。

复制作为相关：新视图和原视图始终保持同步。

复制功能可以用于复制各种视图(平面、立面、剖面视图等)。在需要将视图放置在图纸中打印时常用到该功能，例如在出图时需要在平面视图中隐藏立面标记图元。

5.1.2　平面视图范围

根据工程制图的相关要求，平面视图是建筑经水平剖切后投影所生成的，因此用户需要控制不同标高的图元在平面视图中的外观和可见性。在 Revit 中，这种控制由一种被称作"视图范围"的机制实现。Revit 官方将视图范围定义为控制对象在视图中的可见性和外观的水平平面集。虽然此解释不够直观通俗，但是用户应了解，Revit 是用一组水平平面对视图的显示进行控制的。

用户进行如下操作，可以调出【视图范围】对话框：在平面视图空白区域单击鼠标→打开【属性】面板→【视图范围】，单击【编辑】按钮，如图 5-4 所示。

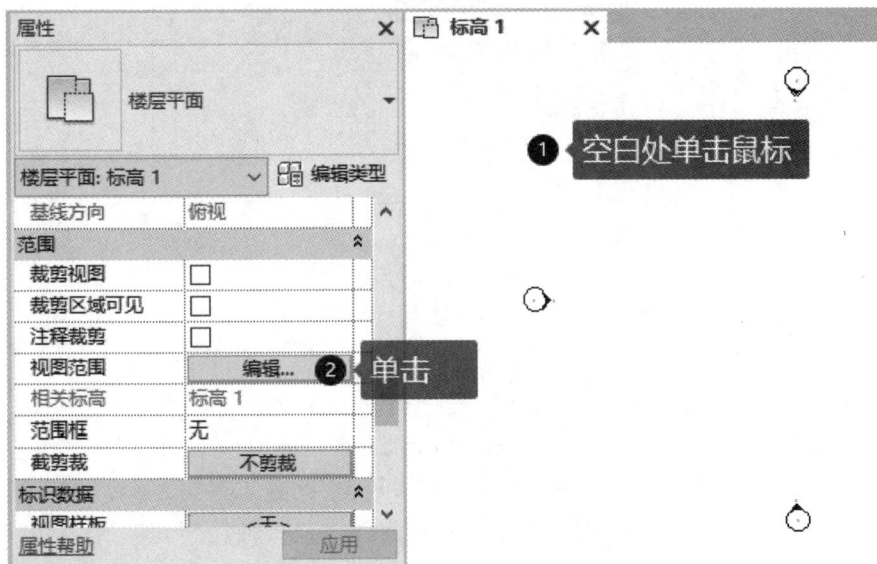

图 5-4　调出【视图范围】对话框

【视图范围】对话框如图 5-5 所示。通过单击【隐藏】按钮可以显示或关闭对话框左侧的"样例视图范围"[①]，默认情况下是不显示的。

[①] 作者认为"样例视图范围"并不是非常准确的说法，应为"视图范围样例"或"视图范围图样"。此处为中文翻译上的瑕疵。本对话框中有几处类似错漏，如在对话框中"顶部主要范围"应记作"视图范围-顶部"等。为方便用户学习，本书尊重中文版软件的说法。

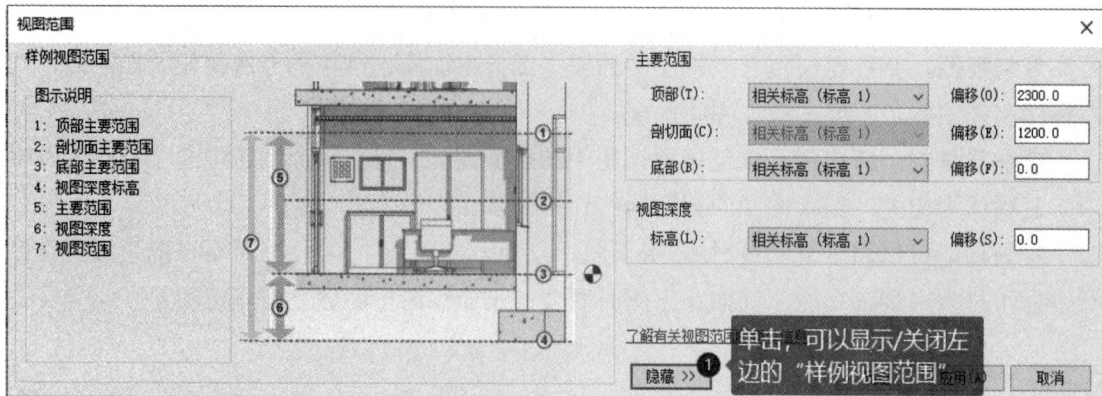

图 5-5　【视图范围】对话框

　　用户可以通过该"样例视图范围"了解视图范围的参数设置，样例如图 5-6 所示。可见，Revit 通过四个水平面对视图范围进行控制，分别为顶部(面)、剖切面、底部(面)和(深度)标高。四个水平面在垂直方向上将空间进行了划分。

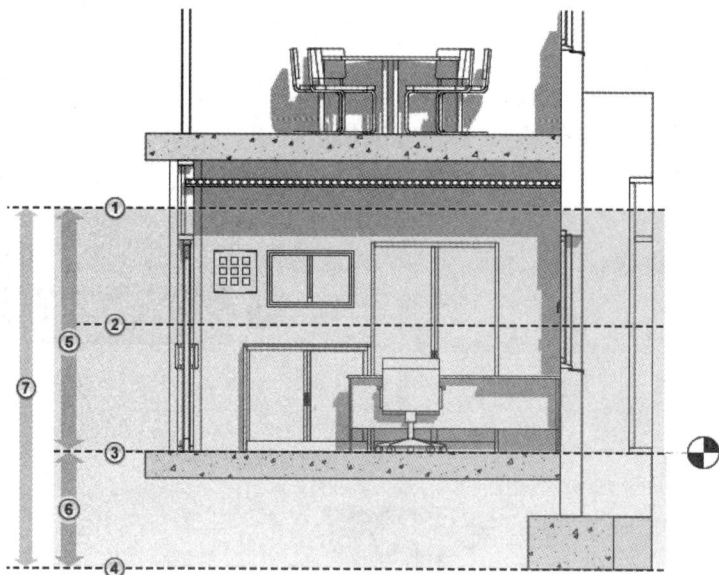

图 5-6　视图范围样例

　　在图 5-5 中，"剖切面"的两个参数为"相关标高(标高 1)""1200"，表示剖切面的位置在标高 1 向上偏移 1200 mm 处。其他面的位置参数与此类似。

　　项目中，图元与视图范围控制平面的关系，决定了图元在视图中的显示方式，简要概括如下。

　　与剖切平面相交的图元：使用其图元类别的剖面线宽绘制。

　　低于剖切面且高于底剪裁平面的图元：使用图元类别的投影线宽绘制这些图元。

　　低于底剪裁平面且在视图深度内的图元：使用超出线样式绘制，与图元类别无关。

　　高于剖切面且低于顶剪裁平面的图元：若是窗、橱柜或常规模型，则使用投影线宽绘制，否则不在平面视图中显示。

5.2　立面视图

在 Revit 的样板文件中，默认为项目建立了四个立面视图，即东、西、南、北四个立面，在平面视图中可以查看立面视图的标记，如图 5-7 所示。

立面标记分为两部分：圆形部分和黑色箭头部分，黑色箭头的方向即为投影方向。

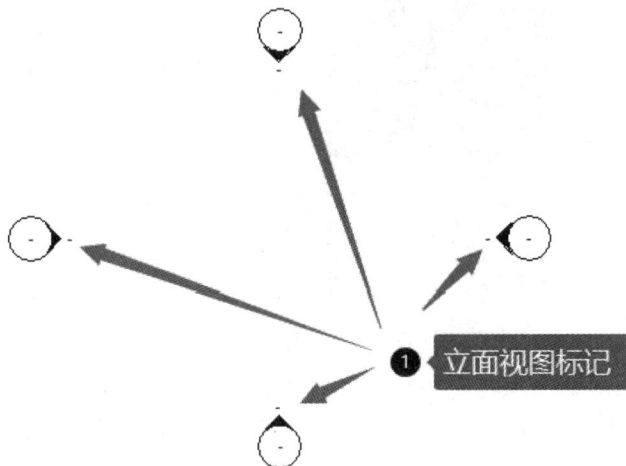

图 5-7　立面视图标记

5.2.1　创建立面视图

可以在平面视图中新建立面视图，通过立面视图可以查看建筑的外部或内部。

下面以 Revit 的样例文件 RAC_basic_sample_project.rvt 为例，在项目的东北角创建新的立面视图。

打开该样例项目，并显示该项目的平面视图 "Level1"，如图 5-8 所示，执行如下操作：选择【视图】选项卡→【创建】面板，【立面】下拉列表→单击【立面】按钮。

图 5-8　启用【立面】工具

在平面视图中鼠标箭头下会显示立面符号，移动鼠标至建筑东北角，立面符号的箭头会自动捕捉到垂直于附近的图元表面。如果需要，用户此时可以按键盘上的 "Tab" 键切换可能的箭头方向。单击鼠标，放置【立面】符号，如图 5-9 所示。

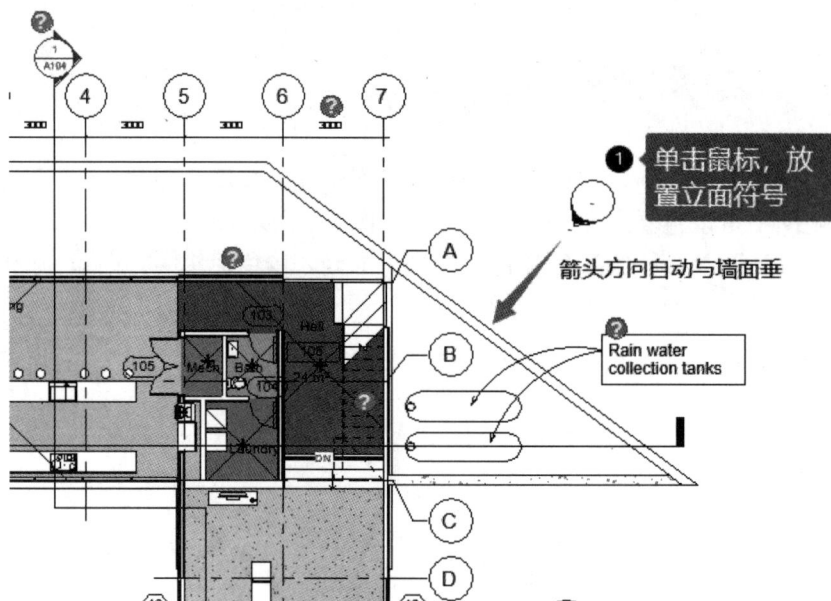

图 5-9   新建立面视图

执行如图 5-10 所示的操作，可以对立面方向进行修改。

(1) 将鼠标悬停在立面标记上(立面符号会高亮显示，如图 5-10 所示的第二个立面标记)，再单击鼠标，选中圆形部分①。

(2) 选中立面标记后，会显示四个方向及其对应的复选框，如图 5-10 所示的第三个立面标记。

(3) 勾选复选框，可新建新的立面视图。

(4) 拖曳箭头，可改变立面的方向。

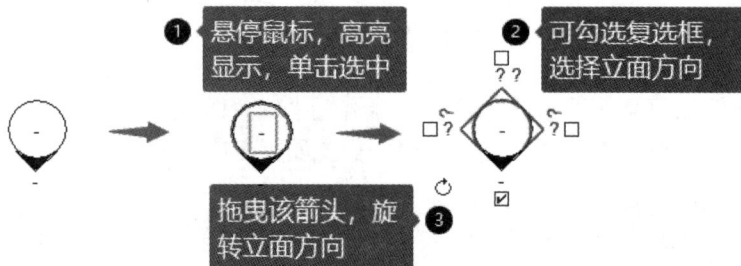

图 5-10   修改立面方向

5.2.2   更改立面视图的剪裁平面

通过拖曳立面视图的剪裁平面，用户可以指定立面视图的范围。具体操作如下：

在平面视图中，选中立面标记的黑色箭头部分(屏幕显示黑色)。立面的剪裁平面会在平面视图中显示，如图 5-11 所示。

_____

① 选中立面标记的圆形部分和黑色箭头部分是有区别的，读者在操作时应注意。

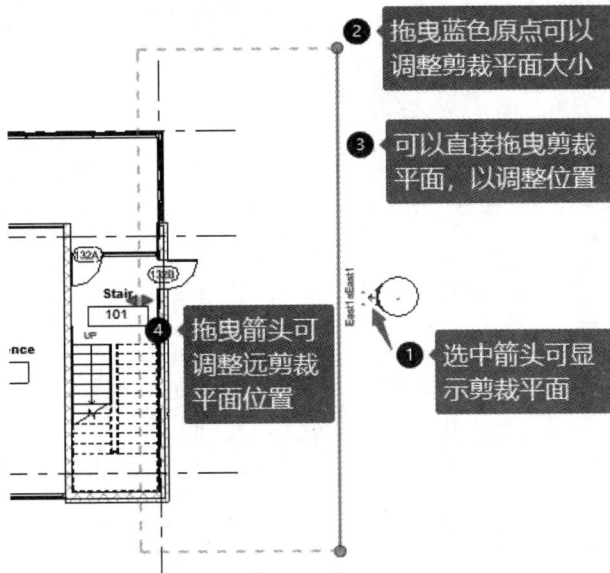

图 5-11　调整立面的剪裁平面

拖曳蓝色原点(屏幕显示蓝色)，可以调整剪裁平面的大小。拖曳蓝色直线(屏幕显示蓝色)，可以调整剪裁平面的位置。拖曳远剪裁平面(屏幕显示绿色虚线)上的箭头，可以调整远剪裁平面的位置。

有时候没有远剪裁平面，可以理解为远剪裁平面在无穷远处。用户可以通过设置【立面】属性上的"远剪裁"参数选项，来显示远剪裁平面，如图 5-12 所示。

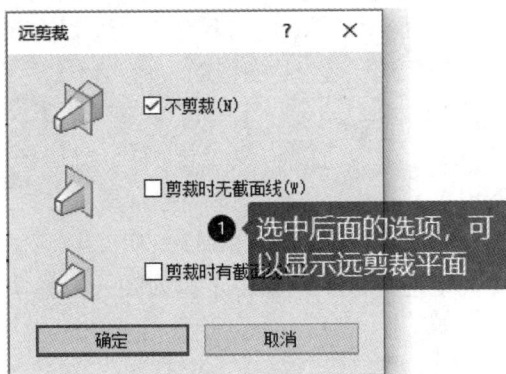

图 5-12　【远剪裁】对话框

5.3　剖面视图

利用剖面视图可以对模型进行剪切。当用户需要表达项目内部结构的竖向关系时，需要用到剖面视图。用户可以在平面视图、立面视图、剖面视图和详图视图中指定剖切位置，以生成对应的剖面视图。在剖切位置处将显示剖面标记。

打开样例文件 Residential_Sample_Project.rvt，并将楼层平面视图 First Floor 置为当前视图，如图 5-13 所示。在该平面视图中，包含了两个剖面视图标记，其中一个为折线剖切。

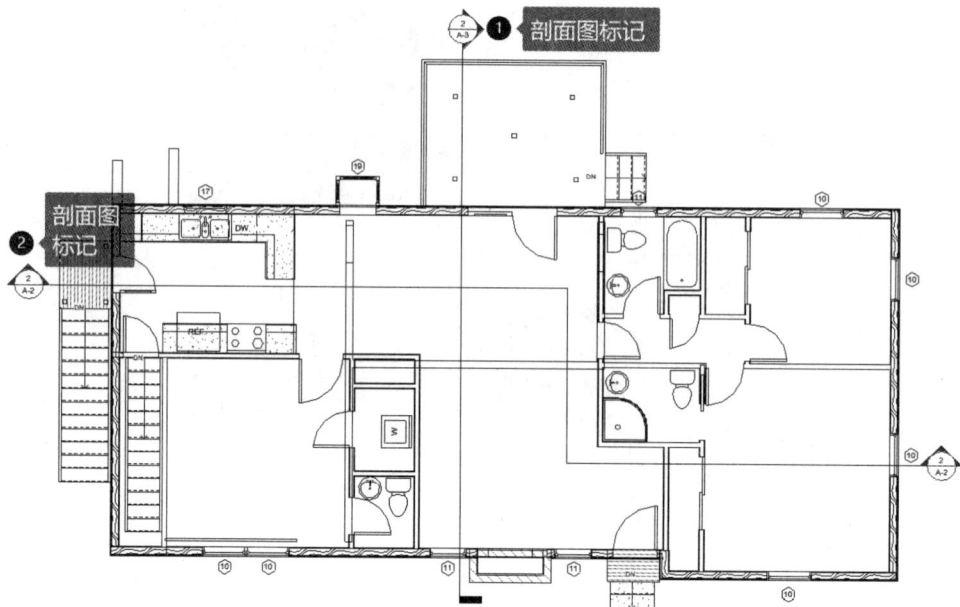

图 5-13　平面视图中的剖面图标记

5.3.1　创建剖面视图

下面介绍如何在上述样例文件的平面视图中创建一个剖面视图，具体操作如下：

选择【视图】选项卡→【创建】面板，单击【剖面】按钮，如图 5-14 所示。

图 5-14　启动创建【剖面】视图工具

选择【属性】面板→【类型选择器】→单击下拉箭头→选择【Building Section】，如图 5-15 所示。

图 5-15　修改类型选择器选项

选择平面视图→在剖切位置的起点和终点分别单击鼠标→拖曳箭头，调节剖面视图的剪裁平面，如图 5-16 所示。

剖面视图中剪裁平面的用法和立面视图中类似。

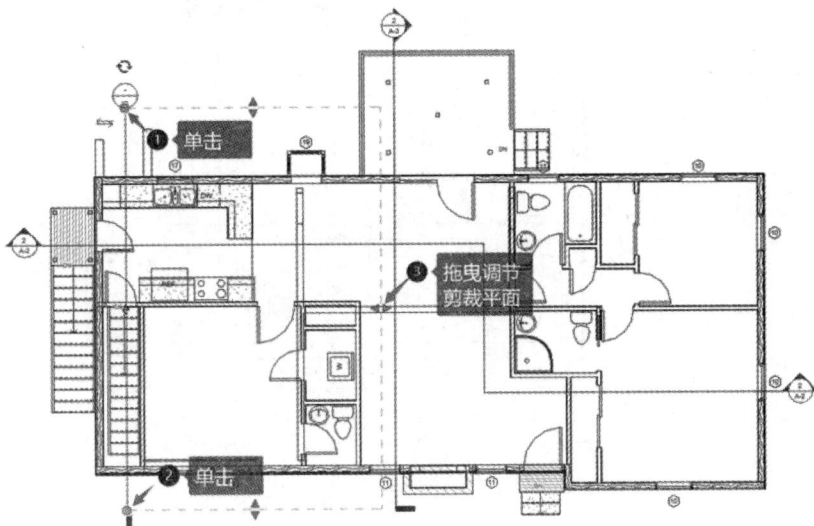

图 5-16 指定剖切面的位置

单击平面视图的空白处，按 "Esc" 键退出。

此时，就成功地创建了一个新的剖面视图。用户可以通过【属性】面板查看和修改该剖面视图的名称，该名称与项目浏览器中的剖面视图名称相对应。

用户有以下两种方式查看剖面视图。

(1) 在【项目浏览器】中找到对应的剖面视图名称，双击打开，如图 5-17(a)所示。

(2) 在平面视图中右键单击剖面图元，在弹出的菜单中选择【转到视图】，如图 5-17(b)所示。

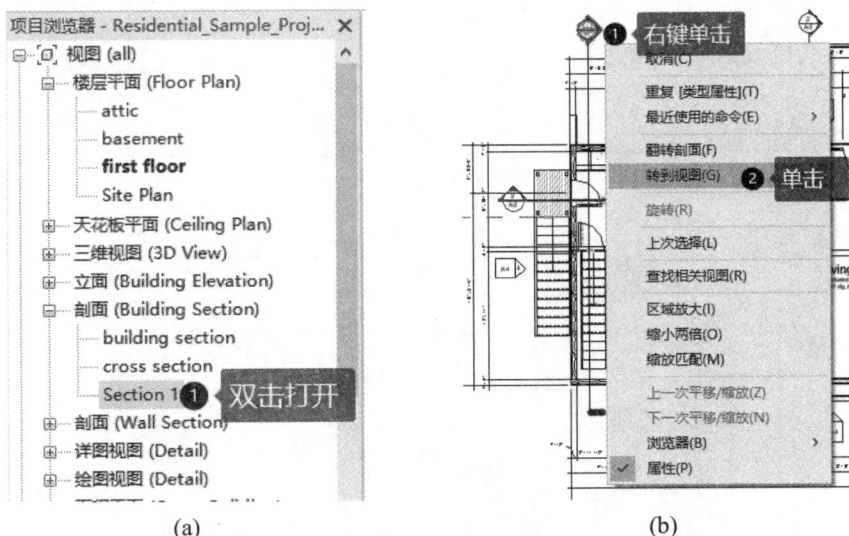

(a)

(b)

图 5-17 查看剖面视图的两种方式

新建的剖面视图如图 5-18 所示。用户可以通过拖曳四个蓝色夹点(屏幕显示蓝色)调节剖面视图的范围。

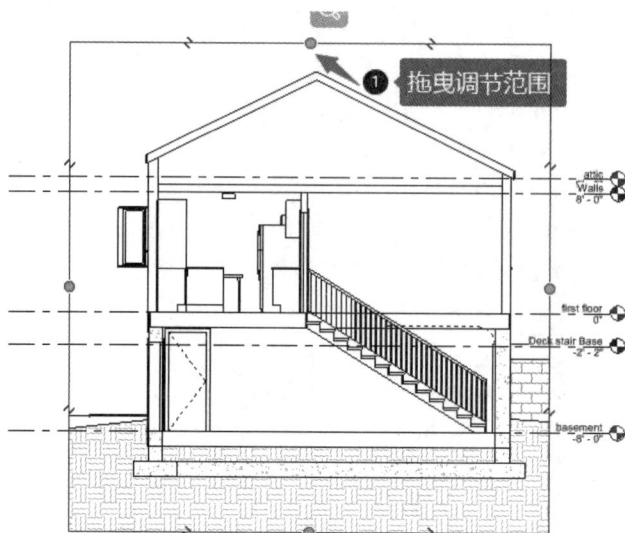

图 5-18　生成的剖面视图

5.3.2　创建折线剖面视图

折线剖面视图在项目的表达中应用广泛，它可以更清晰地展示内部结构。特别当需要表达的部分不在同一个平面时，折线剖面视图的优势更为显著。

用户可以将一个直线剖面视图编辑成折线剖面视图，具体操作如下：

在平面视图中单击鼠标选中剖面视图图元→选择【修改|视图】选项卡→【剖面】面板，单击【拆分线段】按钮 ⌇，如图 5-19 所示。

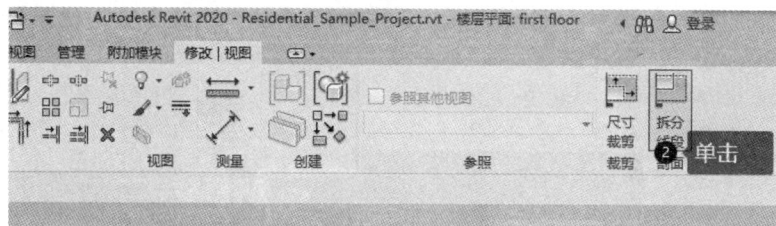

图 5-19　启用【拆分线段】工具

此时，鼠标会变成小剪刀的样式。

在剖面图元的转折处单击鼠标→移动鼠标至新的位置→单击鼠标以确认新的剖面位置，如图 5-20 所示。

至此，该直线剖面视图就变成了折线剖面视图。

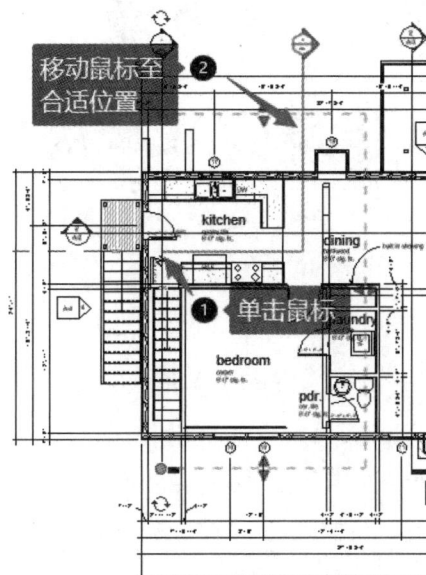

图 5-20　指定新的剖切位置

第 6 章

建筑的基本构件

Revit 软件拥有丰富的族资源，这些资源虽然远不能满足实际项目的需求，但对用户学习而言是不可或缺的。了解、掌握这些族的使用，是灵活应用 Revit 软件的关键。

用户可以利用 Revit 自带的族(包括系统族、可载入族)生成形式多样的图元。从专业角度，图元可以分为建筑图元、结构图元、EMP 系统。本章主要介绍在项目中插入基本的建筑图元和结构图元。

本章重点：复合墙、楼板、楼梯和栏杆等。

6.1　墙

墙体在建筑中主要起承重、围护和分隔空间的作用。按照受力情况分类，墙可以分为承重墙和非承重墙。直接承受上部屋顶、楼板荷载的墙称为承重墙，如剪力墙；不承受上部荷载的墙称为非承重墙，如隔墙、填充墙和幕墙。

在 Revit 中，承重墙和非承重墙分别被称为结构墙和建筑墙。在模型中添加结构墙和添加建筑墙的方法基本相同。

6.1.1　添加建筑墙

在平面视图或者三维视图中都可以添加墙。下面介绍在平面视图中添加建筑墙的方法。

例如，在模型的"标高 1"和"标高 2"之间，添加墙。将楼层平面"标高 1"置为当前视图，启动【墙:建筑】功能，如图 6-1 所示，操作如下：选择【建筑】选项卡→【构建】面板，【墙】下拉列表→单击【墙:建筑】按钮 ▯。

图 6-1　启动【墙:建筑】功能

选择合适的墙类型，如图 6-2 所示。

选择【属性】面板→【类型选择器】下拉列表，单击选择合适的墙类型[①]。

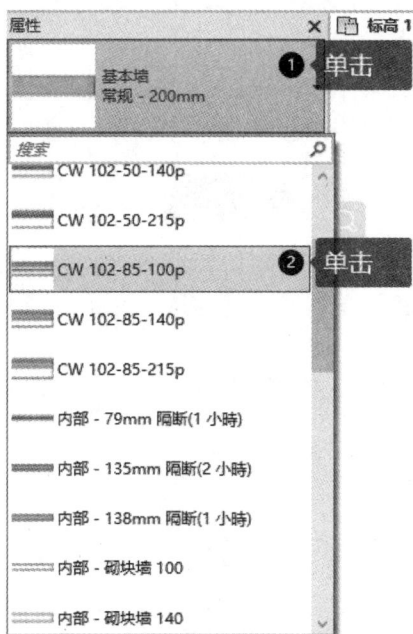

图 6-2　单击选择合适的墙类型

修改【修改 | 放置 墙】选项栏中的参数，如图 6-3 所示，部分参数含义如下。

图 6-3　【修改 | 放置 墙】参数设置

高度/深度：若选择"高度"，则墙从当前平面视图向上绘制；若选择"深度"，则墙从当前平面视图向下绘制。

---

① 用户会在类型选择器中发现三种墙类型：叠层墙、基本墙、幕墙。此处选择一种基本墙。叠层墙和幕墙的相关知识，将在后面进行介绍。

标高/未连接：若选择"标高"，则为墙的顶部标高；若选择"未连接"，则需要指定柱的高度。

定位线：用于指定在绘制时要将墙的哪条定位线[①]与光标对齐。

偏移：输入一个距离，用于指定墙的定位线与光标位置之间的偏移距离。

链：选择此选项，可连续绘制多面首尾相连的墙。

图 6-3 表示，绘制墙时将从当前视图平面"标高 1"，向上绘制至"标高 2"平面，鼠标绘制的线与墙的中心线对齐，且偏移距离为"0"，即不偏移。

在平面视图中单击鼠标若干次，指定定位线的起点、转折点和终点，如图 6-4 所示。

平面视图中单击鼠标，指定墙的定位线位置。

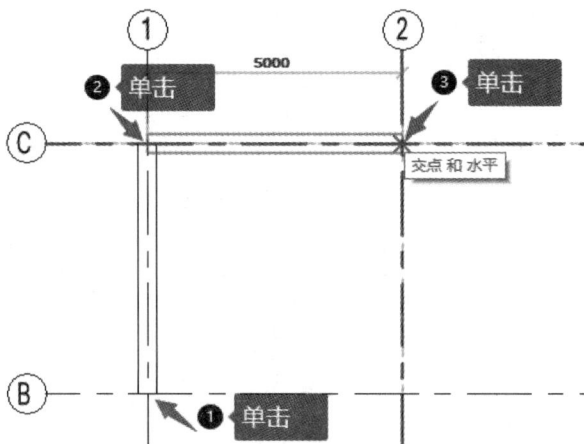

图 6-4   指定墙的定位线位置

绘制完毕后，按"Esc"键退出；若在【修改 | 放置 墙】选项栏中没有勾选"链"，则自动退出。绘制好的墙模型如图 6-5 所示。

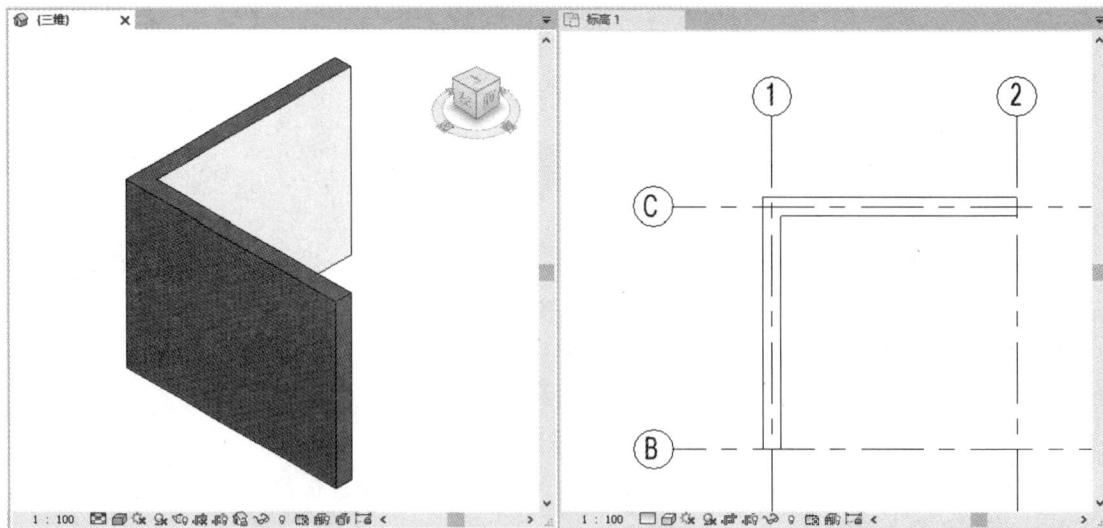

图 6-5   绘制好的墙

---

① 墙的定位线在后面进行介绍，此时选择容易理解的"墙中心线"。

若需要修改墙的内外侧方向，可在平面视图中选中该墙图元，并单击翻转箭头 ⇕，如图 6-6 所示。

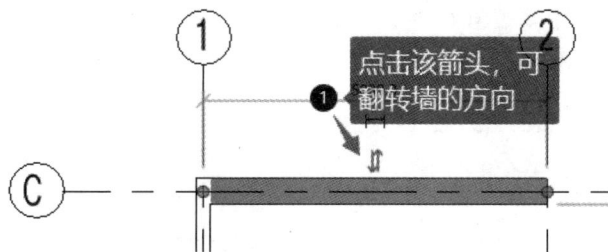

点击该箭头，可翻转墙的方向

图 6-6　翻转墙的方向

6.1.2　基本墙的复合结构

在前面的内容中，介绍了在项目中添加墙的方法，但还有明显的不足。因为墙需要有不同的厚度，并且包含一个或多个垂直层或区域，如图 6-7 所示，这些区域由不同的材质构成，作用也不尽相同。由于墙具有复合结构的特征，在 Revit 中将基本墙族类型称为"复合墙"。

在 Revit 中实现对墙的厚度、层或区域的编辑，是通过【编辑部件】对话框来进行的。

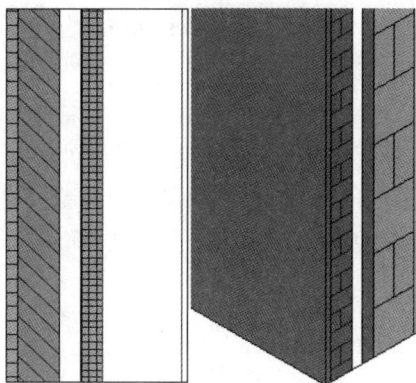

图 6-7　墙的分层

1．编辑墙的分层

若需要对某种墙类型的分层进行编辑，应在选中该类型墙的图元后，单击工具栏中【类型属性】按钮，如图 6-8 所示。

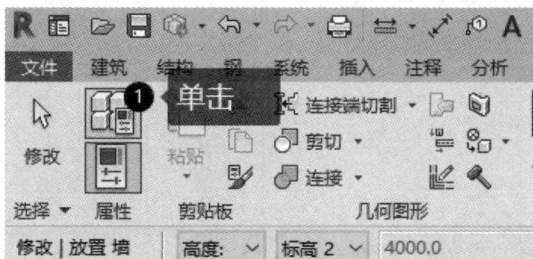

图 6-8　编辑墙的类型

弹出【类型属性】对话框，如图 6-9 所示，用户进行如下操作。

(1) 单击【预览】按钮打开左方视图→将【视图】下拉列表设置为"楼层平面：修改类型属性"→单击结构【编辑】按钮。

提醒注意，此时修改类型名是"常规 - 200mm"，用户也可以通过点击【复制】按钮来新建一个墙类型，然后进行编辑。

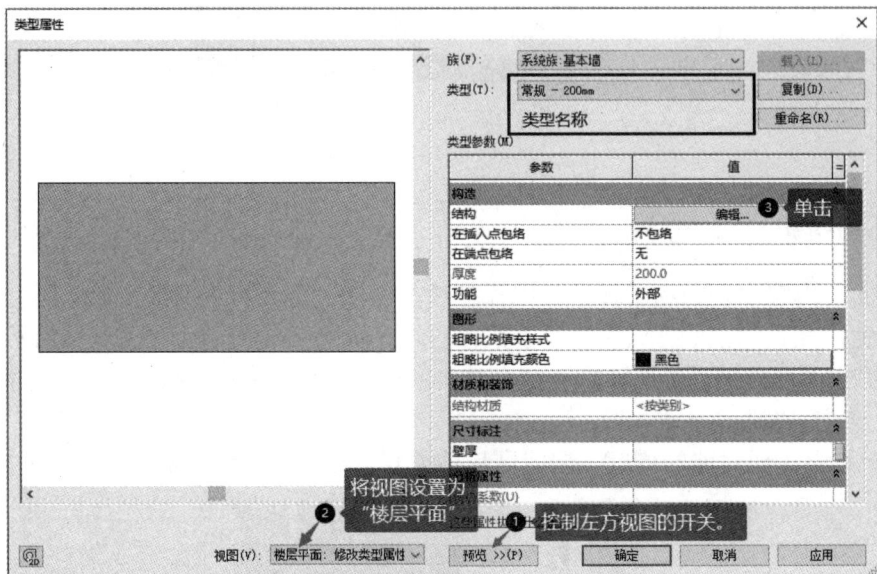

图 6-9　墙的【类型属性】对话框

(2) 单击结构【编辑】按钮后，Revit 进入【编辑部件】对话框，如图 6-10 所示。对话框右边的"层"列表中显示了当前墙类型的层结构。该墙类型仅包含一个结构层，厚度为 200 mm。"层"列表的上下方标明了"外部边"和"内部边"，确定了墙的层结由内至外的方向。

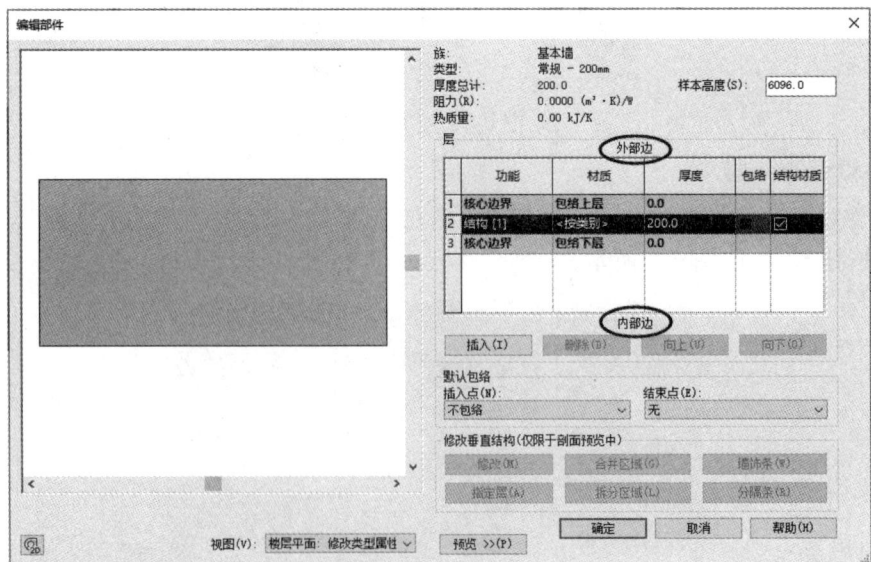

图 6-10　【编辑部件】对话框

若需要将该墙类型的核心层变为 170 mm 厚，外部添加 20 mm 厚的瓷砖面层，内部添加 10 mm 厚的粉刷面层，其方法如下。

首先，修改结构层厚度：选择"结构[1]"→将厚度"200"改为"170"。

添加外部面层并进行调整，如图 6-11(a)所示，具体操作如下。

(1) 单击【插入】按钮，在列表中生成新的层。

(2) 调整新层的功能为"面层 1[4]"→将厚度设为"20"。

(3) 单击列表前数字，选中该层→单击【向上】按钮，向外部移动该层→设置层的材质。

调整后的层列表，如图 6-11(b)所示。

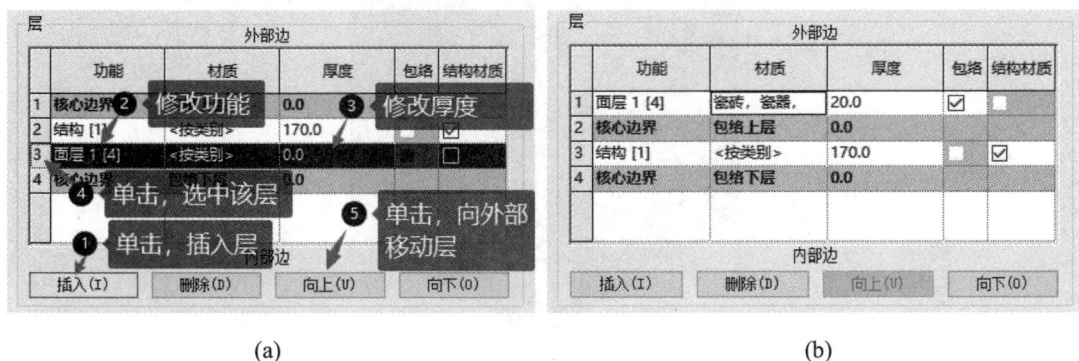

(a)　　　　　　　　　　　　　　　　　(b)

图 6-11 添加墙的外部面层

用同样的方法，再添加一个新的面层，厚度为 10 mm，将该面层置于内部边，如图 6-12所示。

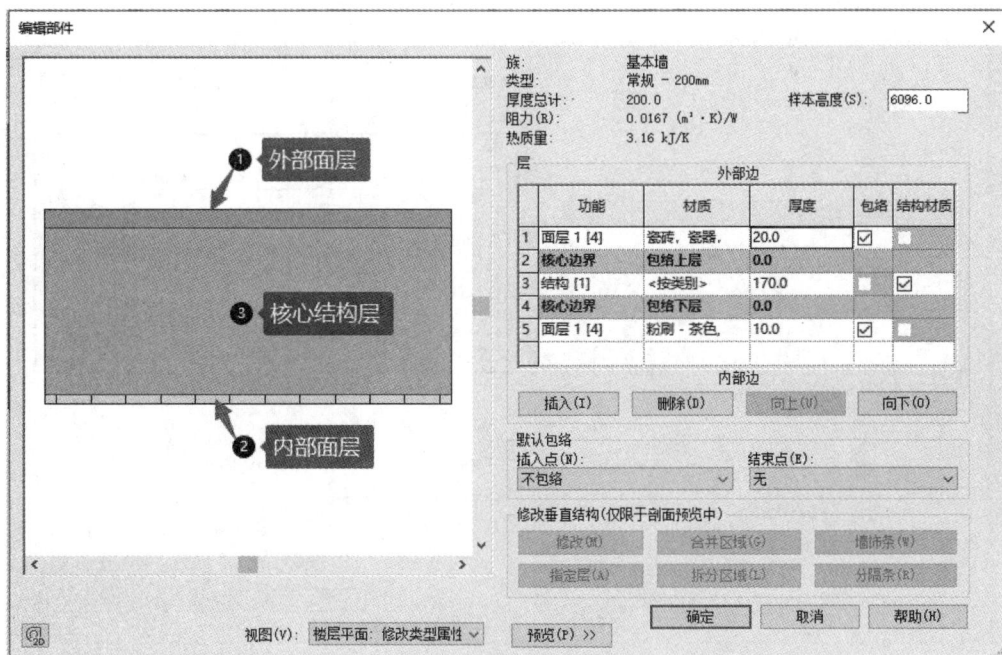

图 6-12 添加两个面层后的效果

设置完毕后，点击对话框中的【确定】按钮，即可保存编辑并退出编辑状态。

在项目中，墙的结构分层更多，但添加(或删除)层的方法不变，只需依次添加并调整设置即可。

2. 拆分复合墙的区域

很多时候，复合墙的某一层在垂直方向上材质不同，这需要对复合墙的区域进行拆分。如图 6-13 所示，墙的一侧表面被分为上下两部分，下部是 900 mm 高、20 mm 厚的瓷砖部分，上部是 20 mm 厚的粉刷部分。下面介绍如何生成满足该要求的墙族类型。

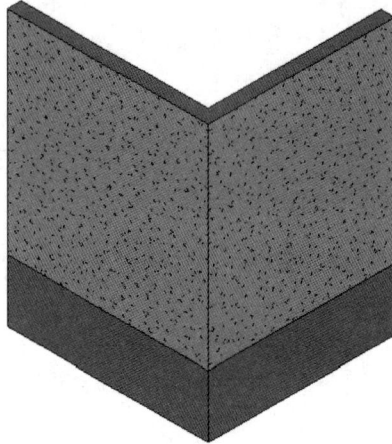

图 6-13　完成区域分割后的墙面效果

首先，按照前面的方法编辑墙的层结构：打开墙的【类型属性】对话框，再进入墙的【编辑部件】对话框，如图 6-14 所示，注意墙的层结构信息。

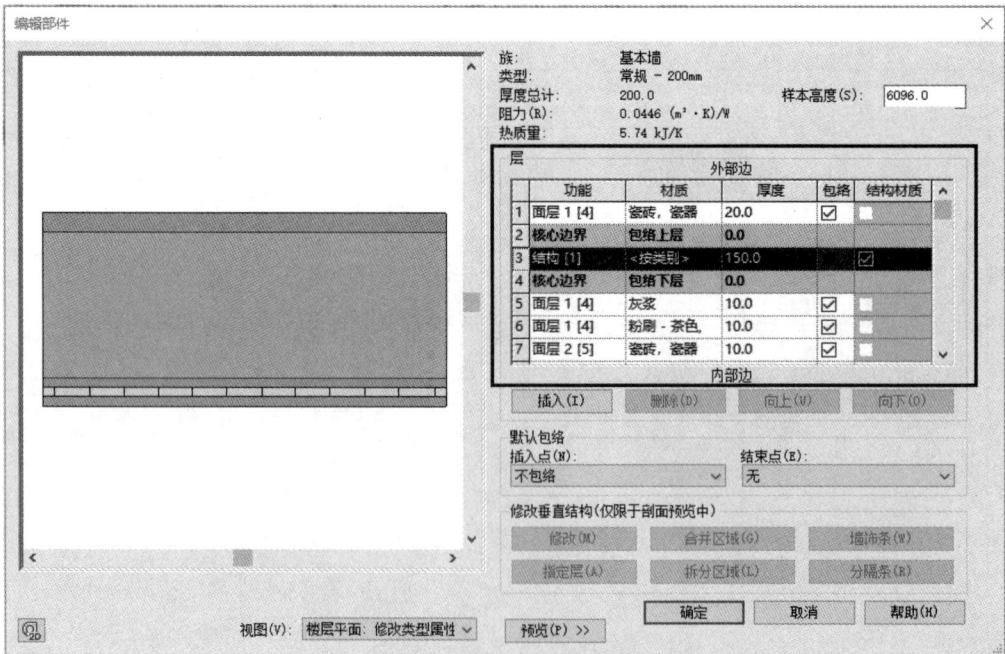

图 6-14　【编辑部件】对话框

将【编辑部件】对话框中的【视图】切换为"剖面：修改类型属性"，如图 6-15 所示，具体操作如下。

(1)【编辑部件】对话框→【视图】下拉列表→单击选择"剖面：修改类型属性"。

(2)【编辑部件】对话框→视图区滚动、拖曳鼠标滚轮，调整视图位置。

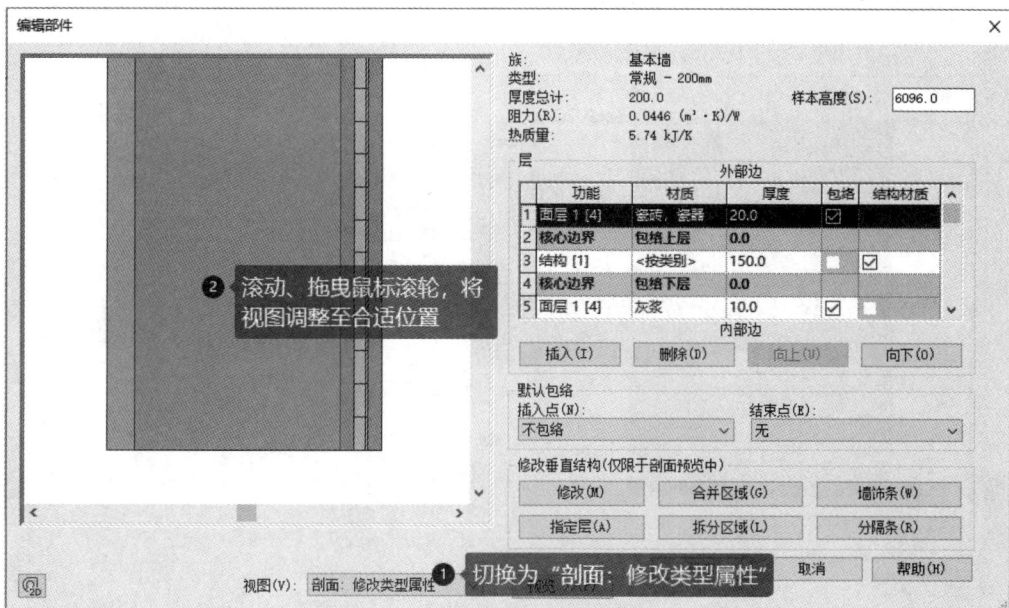

图 6-15　【编辑部件】对话框设置

利用"修改垂直结构"命令，对墙的"面层 2"进行拆分，如图 6-16 所示，具体操作如下。

单击【拆分区域】按钮→剖面视图区单击鼠标，对"面层 2"进行拆分。

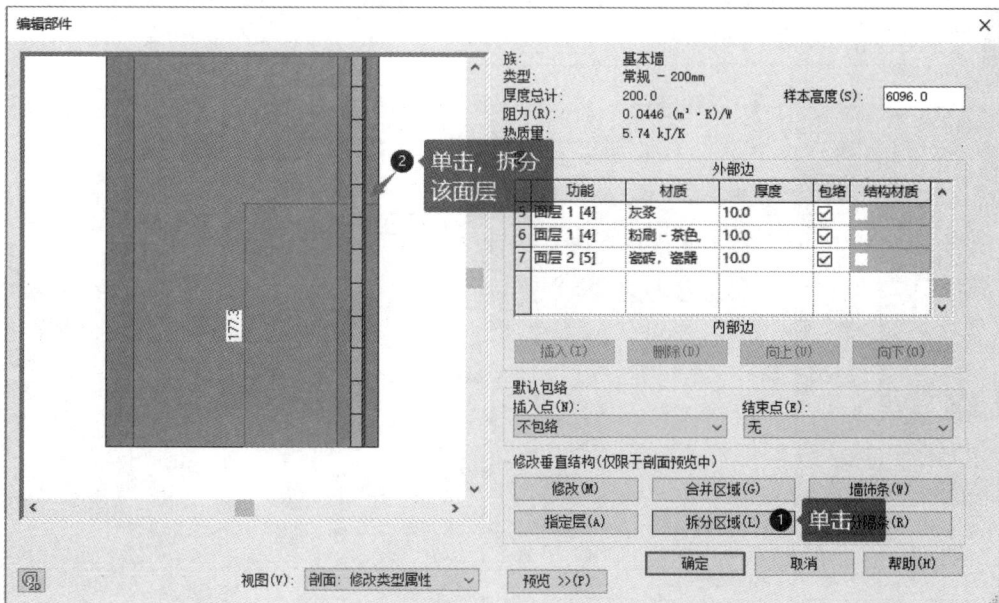

图 6-16　拆分墙的面层

在上一步的操作中，对拆分的位置没有进行精确定位，下面编辑修改分割线的位置，如图 6-17 所示，操作如下。

单击【修改】按钮→剖面视图区单击选中分割的边界线→单击临时尺寸标注→修改尺寸值为"900"→单击空白区域，确认操作。

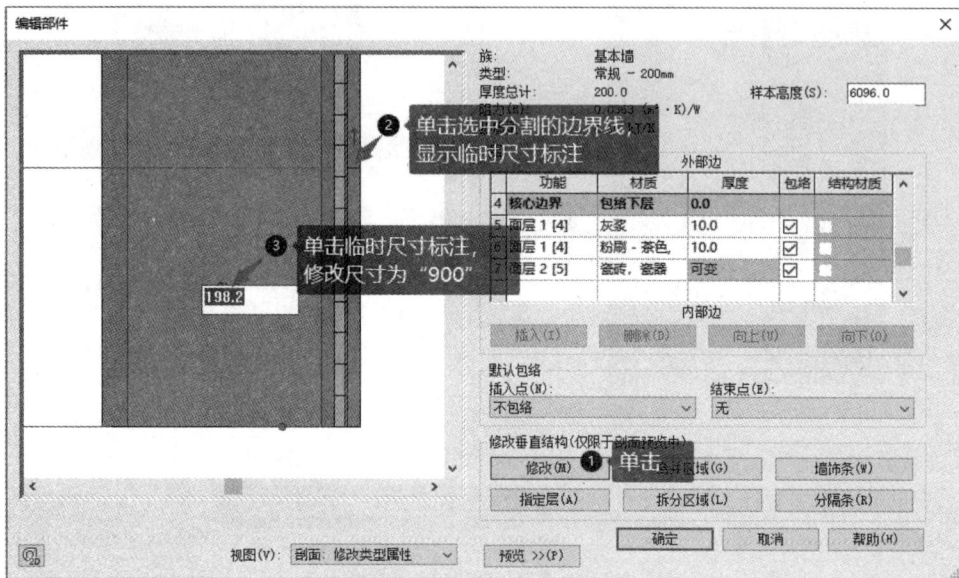

图 6-17　修改分割线位置

对拆分后的区域进行合并，将墙上部分(900 mm 高以上)的瓷砖材质面层与粉刷材质面层合并，如图 6-18(a)，操作如下。

单击【合并区域】按钮→移动鼠标至剖面视图区分界线处→单击鼠标合并区域。合并完成后的层结构如图 6-18(b)所示。

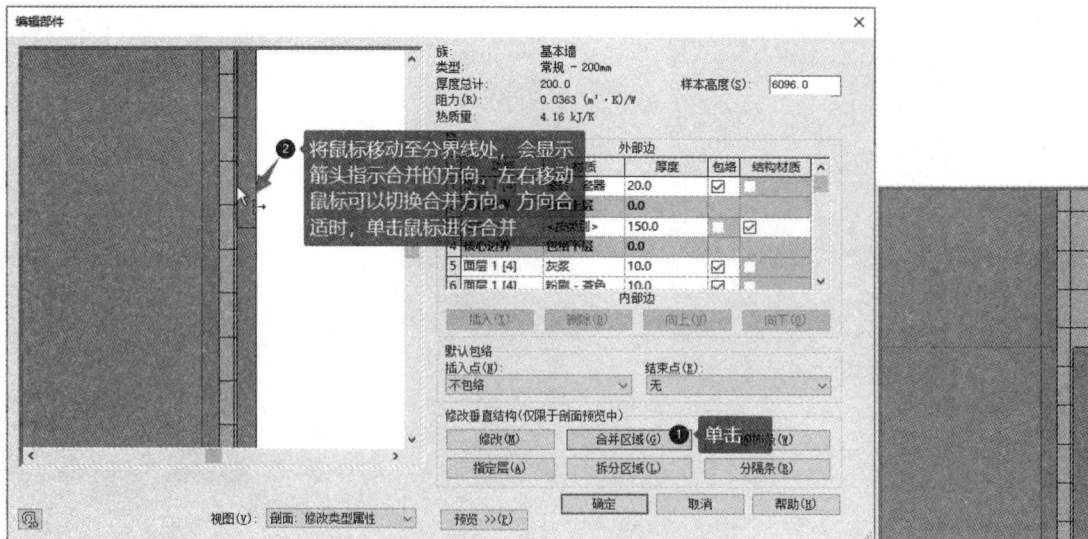

(a)　　　　　　　　　　　　　　　　　　(b)

图 6-18　合并区域的操作及合并后的结果

采用同样的操作，对粉刷层再次进行分割，见图 6-19(a)，然后进行合并，合并后的结果见图 6-19(b)。操作步骤略。

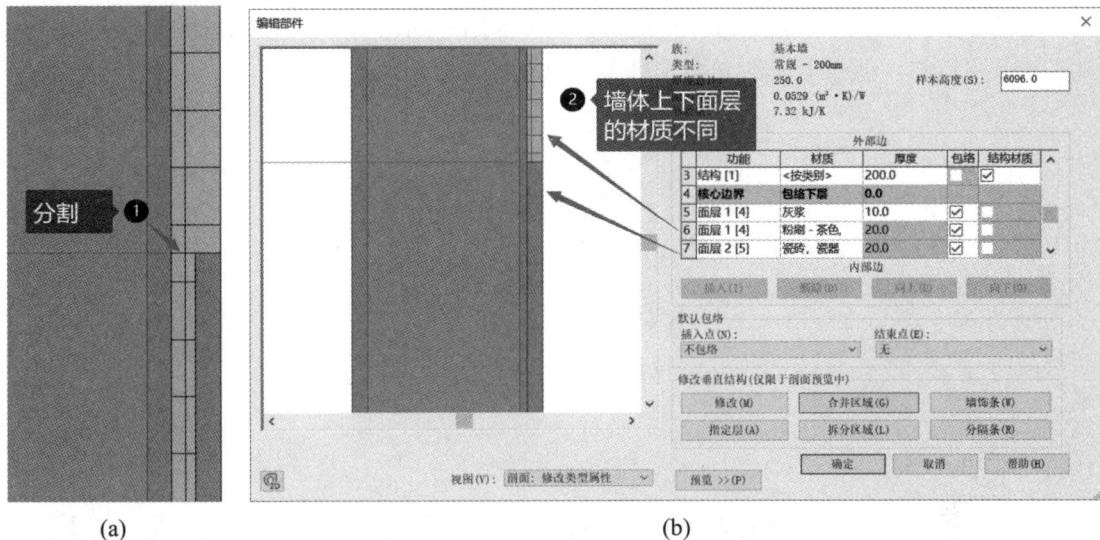

(a)　　　　　　　　　　　　　　　　　　　(b)

图 6-19　再次进行分割及合并后的结果

点击【确定】按钮关闭对话框后，查看三维视图观察墙的效果，可以发现墙面的上下区域是不同的材质。

用上述方法可以编辑样式更复杂的层结构，但是墙面必须是平齐的。若需要墙面有部分凸起或凹陷，则需要用【墙饰条】工具或【分隔条】工具。

6.1.3　叠层墙

叠层墙是由两个或两个以上的基本墙(即复合墙)垂直叠放组成的墙。叠层墙中的基本墙被称为"子墙"，子墙的厚度可以不同，如图 6-20 所示。

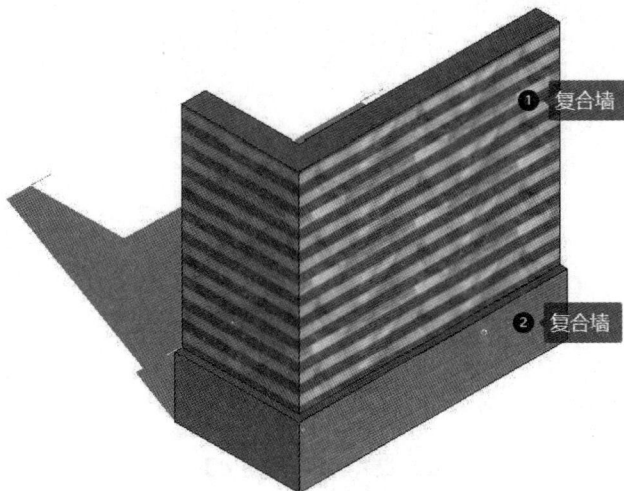

图 6-20　叠层墙示例

6.1.4　编辑墙的轮廓

在很多情况下，墙并非矩形并有洞口，如图 6-21 所示，用户可以通过编辑墙的立面轮廓达到上述目的，但弧形墙的立面轮廓无法进行编辑。

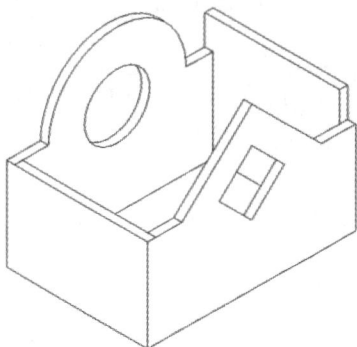

图 6-21　非矩形平面墙

用户应根据需要激活合适的立面视图或剖面视图，若墙的方向与项目南北方向平行或正交，则可以直接选择相应的默认立面视图，否则需要用户新建一个合适的立面或剖面视图(具体方法参考本书 5.2.1 节和 5.3.2 节)。编辑轮廓的具体操作如下。

首先，启动编辑墙命令，如图 6-22 所示。

在平面视图单击鼠标选中墙→选择【修改 | 墙】选项卡→【模式】面板，单击【编辑轮廓】按钮。

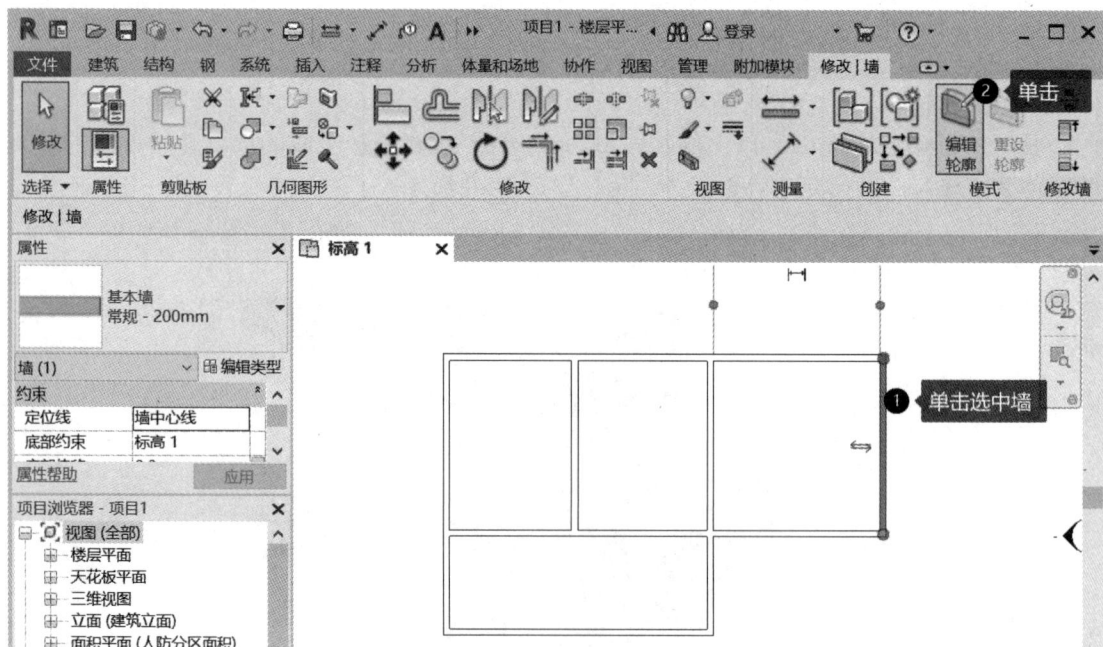

图 6-22　启动【编辑轮廓】工具

系统自动弹出【转到视图】对话框，在对话框中选择合适的立面或剖面视图，如图 6-23所示。

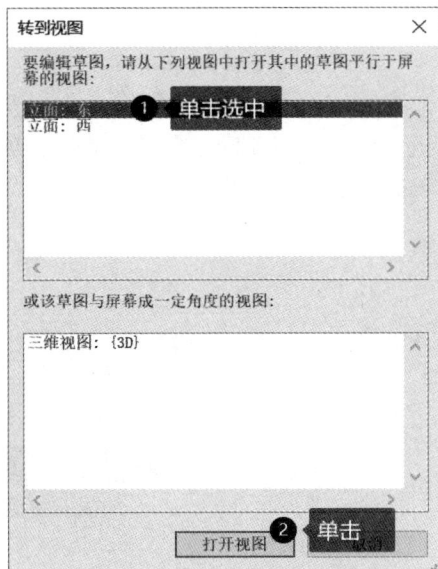

图 6-23 【转到视图】对话框

【转到视图】对话框→单击选中"立面：东"选项→单击【打开视图】按钮。软件绘图区将切换至"立面：东"视图，并进入草图编辑模式，墙的轮廓以洋红色线条(屏幕显示洋红色)突出显示，如图 6-24 所示。

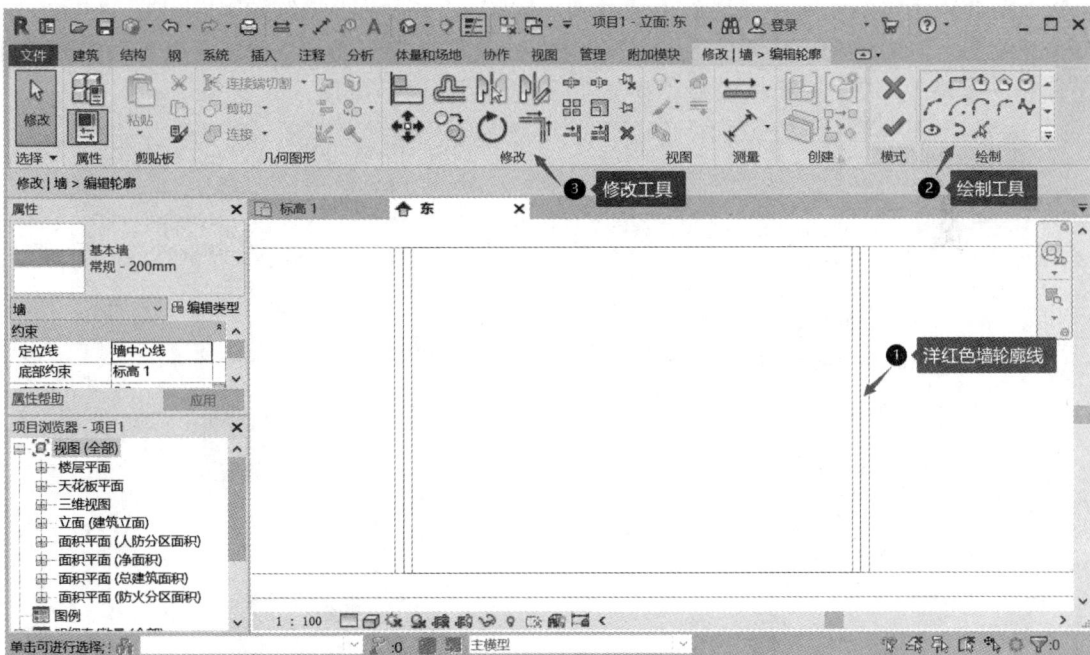

图 6-24 编辑墙轮廓

此时可以使用【修改】面板和【绘制】面板中的工具对轮廓进行编辑。绘制工具的使用方法可参考本书 11.3 节。编辑后的轮廓线必须闭合。

完成编辑后，退出编辑模式。

单击【完成编辑模式】按钮 ✔，退出草图编辑模式。

6.1.5　墙的附着与分离

当用户在模型中选择一个墙的实例时，Revit 会显示【修改 | 墙】选项卡，其中【修改墙】面板中包含两个功能按钮：【附着顶部/底部】、【分离顶部/底部】。附着功能可以将墙的顶部或底部附着至其他的图元，如图 6-25 所示，墙的顶端应延伸至屋顶。

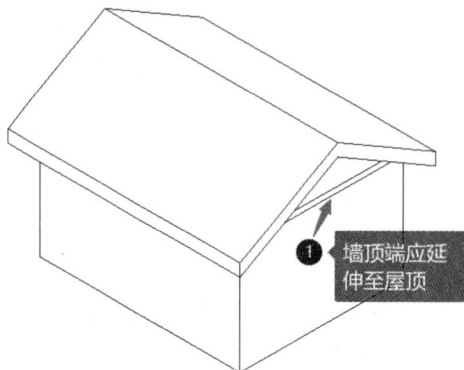

图 6-25　墙的顶端应延伸至屋顶

当然，用户可以采用 6.1.4 节中的方法编辑墙的轮廓来完成该效果，但墙的形状与屋顶的位置和形状之间没有建立起内在的联系，当用户修改屋顶时，墙的顶端位置需要进行人为修改。

下面介绍用墙的附着功能达到上述目的，如图 6-26 所示，操作如下。

在绘图区选中墙图元→【修改 | 墙】选项卡→【修改墙】面板，单击【附着顶部/底部】按钮→【修改 | 墙】选项栏选择"顶部"→在绘图区选中屋顶。

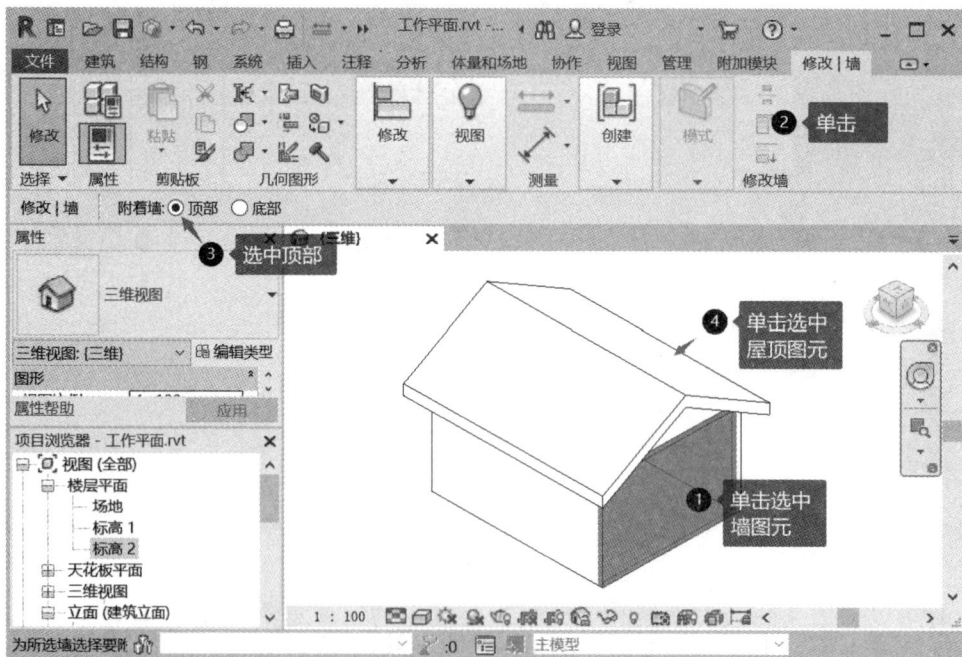

图 6-26　墙的顶部附着操作

附着成功后，墙的上边缘将"始终"与屋顶对齐，当用户编辑了屋顶图元的形状后，墙的顶部位置会自动发生改变，无需用户进行干预。

在进行上述操作时，若在【修改|墙】选项栏中选择"底部"，可以将墙的底部边缘附着至其他图元。

若用户需要取消墙与其他图元之间的附着关系，应采用【分离顶部/底部】工具。方法如下。

在绘图区选中需分离的墙图元→【修改|墙】选项卡→【修改墙】面板，单击【分离顶部/底部】按钮→选中需要分离的图元(如屋顶)。

在进行上述操作时，选项栏中有【全部分离】按钮，单击该按钮可以取消所有与该墙图元有关的附着关系。

6.2　柱

在 Revit 中，柱被分为两种不同的族类型，建筑柱和结构柱。这两种柱在功能上有所区别，在使用上又相互关联。一般而言，建筑师提供的模型会包含轴网和建筑柱，结构工程师可以将结构柱放置于建筑柱中。

结构柱主要用于承重，因此具备可用于数据交换的分析模型，并能在其中添加钢筋；建筑柱主要起装饰作用，因此建筑柱可包围结构柱并继承连接到其他图元的材质，如复合墙。

6.2.1　建筑柱

1. 添加建筑柱

在平面视图和三维视图中都可以进行添加柱的操作。本书主要介绍在平面视图中添加建筑柱的操作方法。对一根柱进行建模，需要指定的数据主要包括截面尺寸、下部标高、上部标高、平面位置、平面旋转角度。添加建筑柱的过程，就是向 Revit 输入上述参数的过程。

例如，某项目轴网如图 6-27 所示，轴线的交点处均有矩形截面柱，要求：柱的下部标高为"标高 1"(±0.000 m)、上部标高为"标高 2"(4.000 m)，4 个角柱和 6 个边柱的尺寸为 500×500，2 个中柱的尺寸为 500×400。

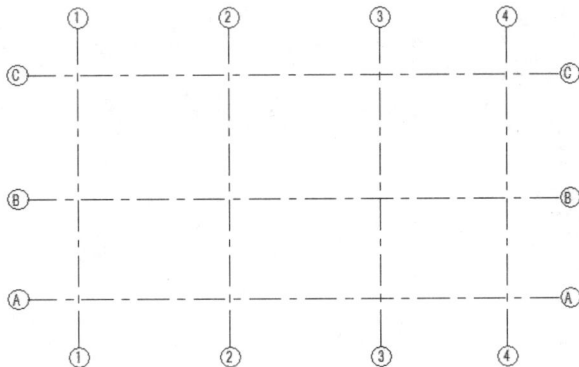

图 6-27　项目的轴网

将标高 1 平面视图置为当前视图，启用【柱:建筑】工具，如图 6-28 所示。

选择【建筑】选项卡→【构建】面板，单击【柱】下拉列表→单击【柱:建筑】按钮。

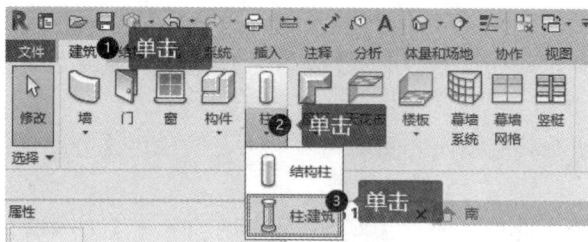

图 6-28   启用【柱:建筑】工具

软件默认添加矩形柱。此时用户无法在【属性】面板的【类型选择器】中找到要求的截面尺寸，如图 6-29 所示。因此，用户需要建立新的族类型。

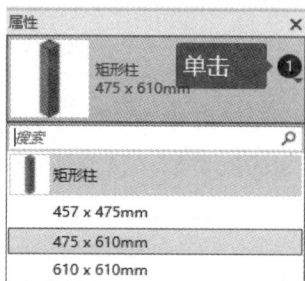

图 6-29   矩形柱默认的截面尺寸

选择【属性】面板→单击【编辑类型】按钮 ，弹出【类型属性】对话框→单击【复制】按钮。

弹出【名称】对话框→修改名称为"500 × 500 mm"，如图 6-30 所示。

单击【确定】按钮。

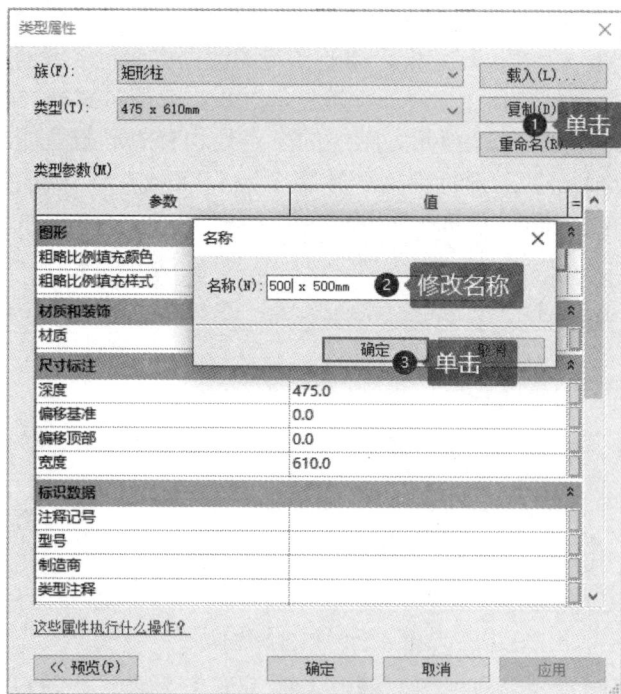

图 6-30   【类型属性】对话框

上述操作在项目中新建了一个名称为"500×500 mm"的矩形柱族类型，但是并没有输入正确的截面尺寸。注意"500×500 mm"只是族类型的名称，与实际尺寸并不相关。

修改族类型的尺寸执行操作如下。

在【类型属性】对话框中，输入正确的深度(500)和宽度(500)，单击【确定】按钮，如图 6-31 所示。

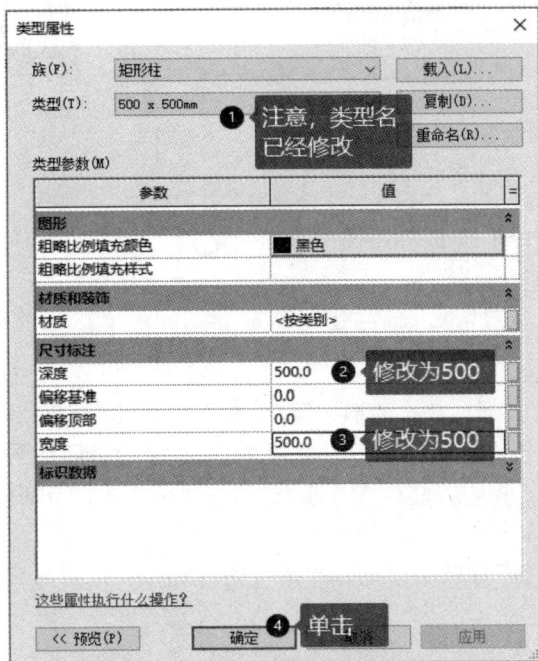

图 6-31 修改深度、宽度

用同样的方法，新建截面尺寸为 500×400 的族类型，并命名为"500×400 mm"。

在模型中添加"500×500 mm"的柱，首先在类型选择器中选中合适的族类型，如图 6-32 所示。

在【属性】面板中单击【类型选择器】→单击选中"500×500 mm"。

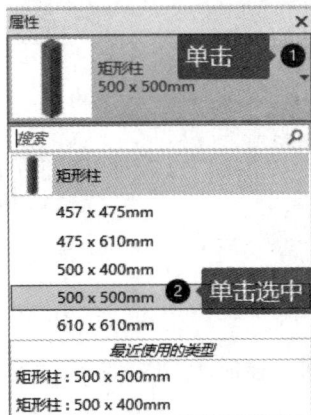

图 6-32 选择合适的族类型

修改合适的命令参数，并放置柱，如图 6-33 所示，操作如下。

在【修改|放置 柱】选项栏中选择"高度"和"标高 2"→鼠标移至绘图区，点击键盘空格键→绘图区合适的轴线交点处单击鼠标。

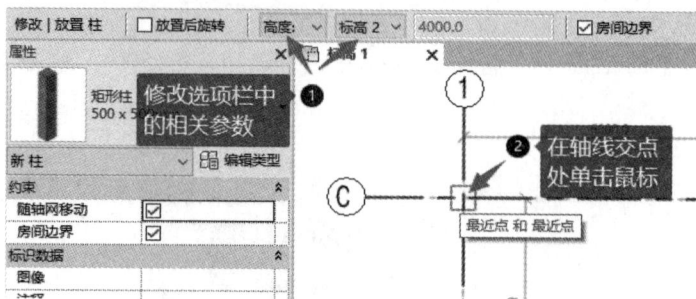

图 6-33　修改参数并放置柱

上述【修改|放置 柱】选项栏中的参数含义如下。

放置后旋转：选中该选项，可以在放置柱后立即将其旋转。

高度/深度：若选择"高度"，则柱从当前平面视图向上绘制；若选择"深度"，则柱从当前平面视图向下绘制。

标高/未连接：柱的顶部标高；选择"未连接"，需指定柱的高度。

房间边界：选择此选项可以在放置柱之前将其指定为房间边界。

因此，上面的操作表示从当前视图平面(标高 1 平面)向上绘制柱，柱的顶部标高为"标高 2"。

在视图中的合适位置重复单击鼠标，在所有边柱和角柱位置放置柱"500×500 mm"，如图 6-34 所示。

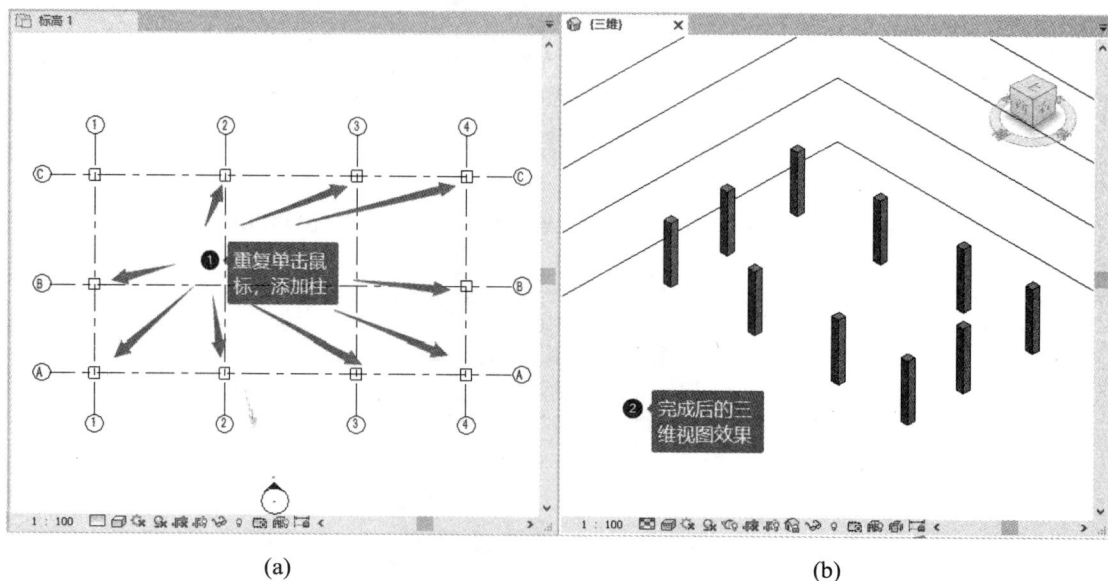

(a)　　　　　　　　　　　　　　　　　(b)

图 6-34　添加"500×500 mm"矩形柱

添加两个中柱的方法类似。

在【属性】面板中选择【类型选择器】→单击选中"500×400 mm"。

在【修改|放置 柱】选项栏中选择"高度"和"标高 2"→鼠标移动至绘图区，点击键

盘空格键→绘图区合适的轴线交点处单击鼠标。

上述操作中，点击键盘空格键可以将柱进行 90° 旋转，旋转合适后再进行放置。完成柱的绘制后，点击键盘"Esc"键退出。

2．建筑柱的实例属性

在绘图区选中某柱图元，可以在【属性面板】中查看该图元的实例属性。常用的实例属性含义如下。

底部标高：指柱底部基准所在的标高。

底部偏移：指柱的底部与柱底部基准之间的距离。正值向上，负值向下。

顶部标高：指柱顶部基准所在的标高。

顶部偏移：指柱的顶部与柱顶部基准之间的距离。正值向上，负值向下。

随轴网移动：指当轴网移动时，该柱图元是否移动。

6.2.2　结构柱

1．添加结构柱

添加垂直结构柱的方法和添加建筑柱的方法类似，因此不再赘述。

需要说明的是，"构造样板"中仅包含一个结构柱族"热轧 H 型钢柱"，若用户需要使用其他柱，如矩形混凝土柱，可参照本书 7.1.2 节的内容，将对应的族文件载入项目中即可。

2．倾斜结构柱

在平面视图中，通过两次单击鼠标放置倾斜结构柱：首次单击鼠标指定柱的起点位置，第二次单击鼠标指定柱的终点位置。

下面演示如何在"标高 1"和"标高 2"之间添加倾斜柱。

首先启动【结构柱】工具：选择【结构】选项卡→【结构】面板，单击【柱】按钮。将命令切换至"倾斜柱"状态，如图 6-35 所示。

单击【修改|放置结构柱】选项卡→【放置】面板，单击【斜柱】按钮。

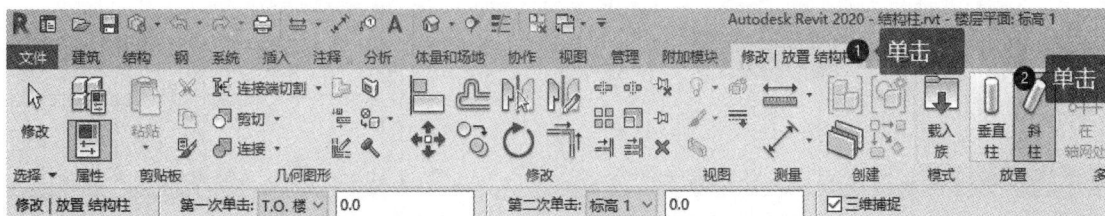

图 6-35　设置为放置斜柱模式

在选项栏中设置两次单击的参数，并取消选择"三维捕捉"，如图 6-36 所示，参数意义如下。

第一次单击：选择柱起点所在的标高(此处设置为"标高 1")，在文本框中指定柱起点的偏移距离(此处设置为"0.0")。

第二次单击：选择柱终点所在的标高(此处设置为"标高 2")，在文本框中指定柱终点的偏移距离(此处设置为"0.0")。

上述两个参数仅用于在平面视图中添加倾斜柱，它们分别确定了倾斜柱的端点标高。若需要在剖面、立面或三维视图中进行放置倾斜柱，应勾选"三维捕捉"复选框。勾选该选项后，起点和终点都会捕捉到现有的图元。

在平面视图中添加倾斜柱，应取消"三维捕捉"复选框。

| 修改 \| 放置 结构柱 | 第一次单击：标高 1 ▾ | 0.0 | 第二次单击：标高 2 ▾ | 0.0 | □三维捕捉 |

图 6-36　倾斜柱命令选项栏参数设置

下面通过在平面视图中两次单击鼠标确定倾斜柱端点的平面位置，如图 6-37 所示，操作如下：一层平面视图→在柱的起点位置单击鼠标→在柱的终点位置单击鼠标。

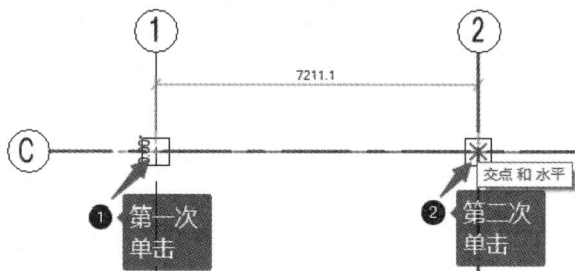

图 6-37　在倾斜柱的端点处点击鼠标

至此就完成了一个倾斜柱的创建，其三维视图和平面视图如图 6-38 所示。

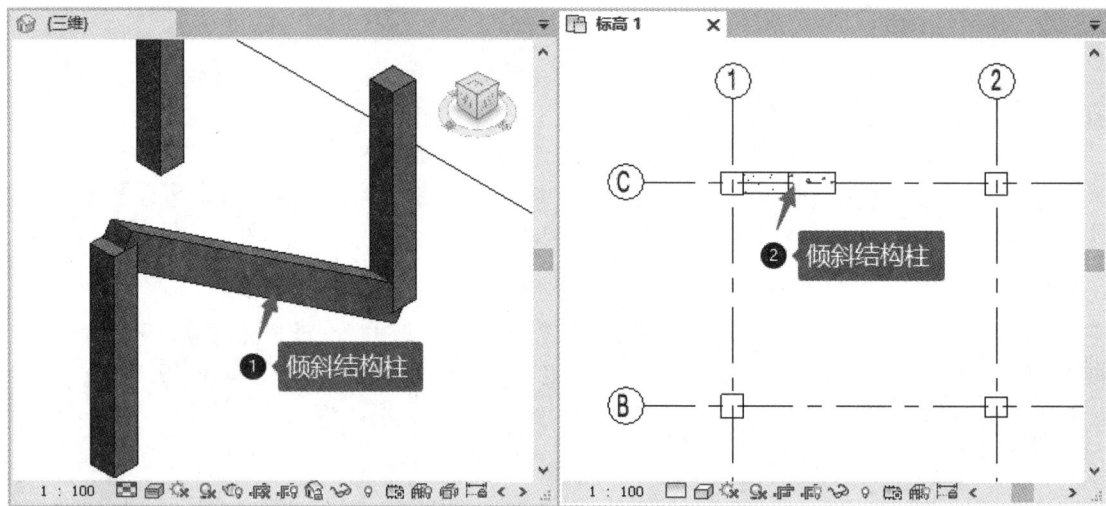

图 6-38　创建倾斜柱

3. 结构柱的实例属性和分析属性

结构柱的实例属性主要包括结构柱的位置、端点截面样式、阶段化数据等参数。其中对位置的控制参数与建筑柱类似，倾斜结构柱的"构造"参数较为特殊，功能介绍如下。

当结构柱的顶部或底部没有被指定附着到参照或图元时，下面四个构造参数可以对端点进行控制。

顶部截面样式、底部截面样式：可选"垂直于轴线""水平"或"竖直"。"垂直"指顶部(底部)截面与柱的轴线垂直，"水平"和"竖直"指顶部(底部)截面是水平的或是竖直的。

顶部延伸：指柱的顶部偏移距离。

底部延伸：指柱的底部偏移距离。

图 6-39 显示了截面样式修改后的效果，底部截面样式为"水平"、顶部延伸为"1000.0"、顶部截面样式为"竖直"、底部延伸为"0.0"。

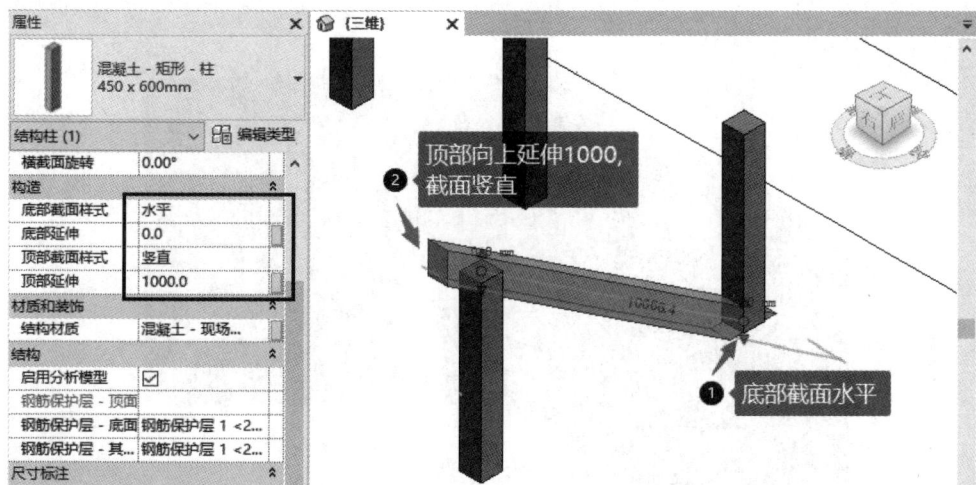

图 6-39　修改结构柱的构造参数

结构柱提供了力学分析所需的参数，要查看结构柱的分析属性，可以进行如下操作。

单击鼠标选中结构柱→【属性】面板→属性过滤器选择"分析柱"[①]。此时，【属性】面板中显示的就是结构柱的分析属性，如图 6-40 所示。该方法适用于所有的结构图元。

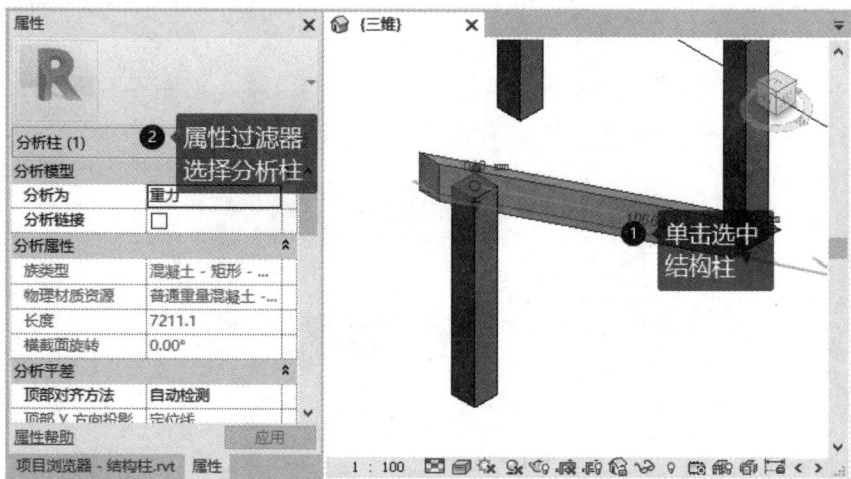

图 6-40　查看结构柱的分析属性

分析属性用于对结构进行力学分析，分析过程需要借助其他的软件进行；另外要正确设置分析属性，需具备较多的力学知识，本基础教程不做深入介绍。

___

① 建筑柱没有该选项。

6.2.3　建筑柱、结构柱和墙

当建筑柱和墙连接时，墙体的复合结构会延伸到柱，墙核心边界会自动延伸至柱的边界，填充建筑柱的截面。

图 6-41 中，当建筑柱和墙连接时，柱的边界材料发生变化。需要提醒读者的是，一个建筑柱的族类型只能适应一种墙体，当一个族类型的柱实例与不同的墙连接时，柱的边界材料不会同时适应不同的墙。

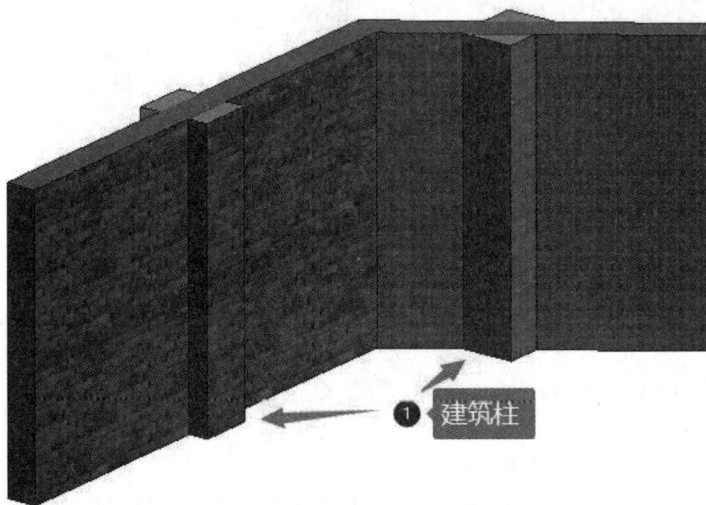

图 6-41　建筑柱与墙连接

结构柱没有建筑柱的上述特性，与墙相连接时，柱的材料不会发生变化。很多时候，结构柱会被放置在建筑柱的内部。用户可以手动在建筑柱内逐个放置结构柱，建筑柱和结构柱会自动连接；也可以批量在建筑柱中心放置结构柱。

首先，将平面视图设置为当前视图，然后启用【柱】工具，如图 6-42 所示，操作如下：选择【结构】选项卡→【结构】面板，单击【柱】按钮 。

图 6-42　启用【柱】工具

在【属性】面板的【类型选择器】中，选择所需的柱类型，并将添加结构柱的方法切换至"在柱处"，如图 6-43 所示，具体操作如下。

(1) 选择【属性】面板→【类型选择器】→在下拉列表中选择合适的柱类型。

(2) 对【修改|放置 结构柱】选项栏进行必要的设置，详细操作见本章添加结构柱部分。

选择【修改|放置 结构柱】选项卡→【多个】面板，单击【在柱处】按钮 。

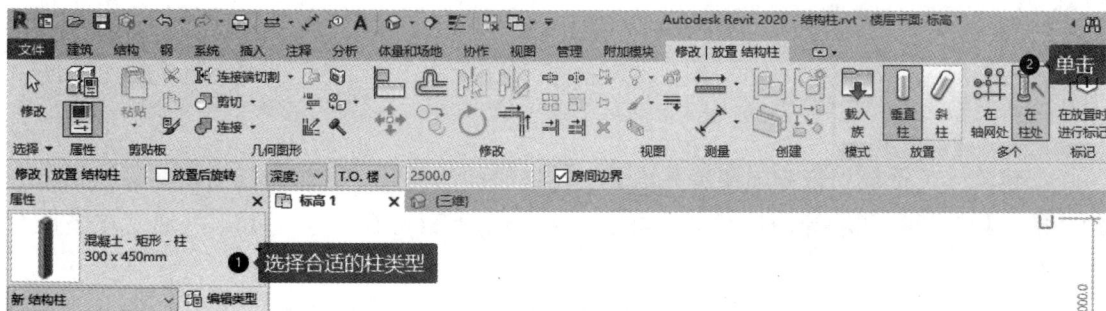

图 6-43 切换添加结构柱的方法

在平面视图中选择建筑柱，如图 6-44 所示，操作如下。

(1) 在视图中拖曳鼠标，用拾取框选择多个建筑柱(也可以单击鼠标，逐个选择建筑柱)。

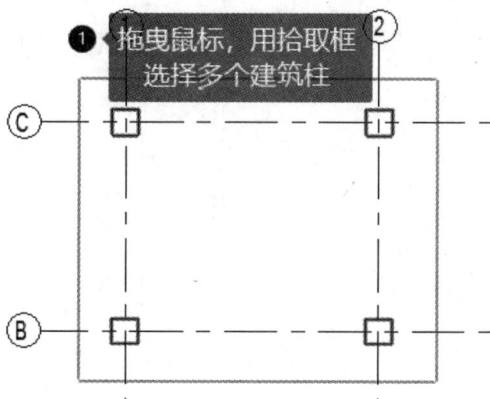

图 6-44 用拾取框选取建筑柱

(2) 完成添加后，退出命令。

单击【修改|放置 结构柱】→【多个】面板→【在柱处】，单击【完成】按钮 ✔。

完成后的效果如图 6-45 所示。

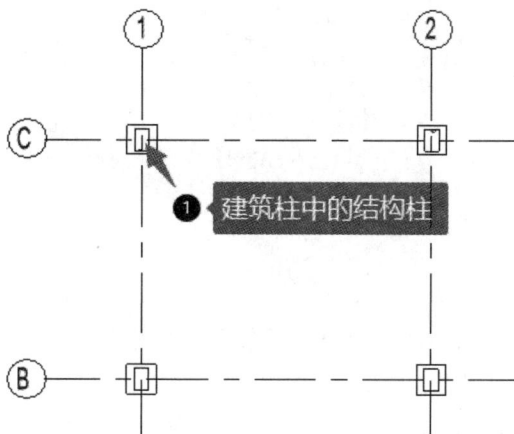

图 6-45 完成添加结构柱后的效果

6.3　楼板

在建筑中，楼板用来分隔楼层并承受、传递楼面的荷载，同时兼具隔热、隔声和防水的功能。相对于柱和墙等构件而言，楼板在水平面展开(可有一定坡度)，并通常在竖直方向上分为若干层。

系统提供了四个关于楼板的工具，如图 6-46 所示，分别是【楼板:建筑】【楼板:结构】【面楼板】和【楼板:楼板边】。

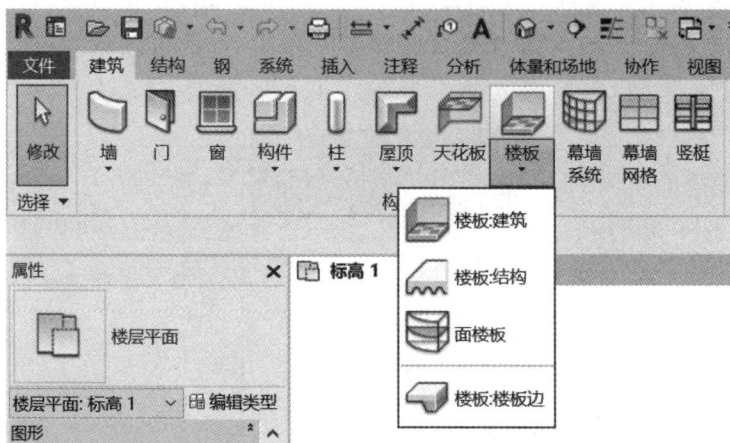

图 6-46　关于楼板的四个工具

【面楼板】工具用于从体量实例创建楼板；【楼板:楼板边】工具主要用于在楼板的边缘增加厚度或添加型钢，如图 6-47 所示。这两项功能本书不做详细讲解。下面主要介绍【楼板:建筑】工具和【楼板:结构】工具。

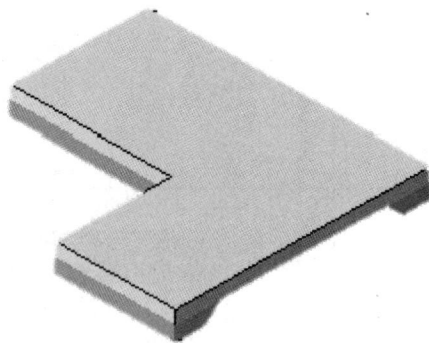

图 6-47　楼板边缘加厚

6.3.1　添加水平楼板

一般情况下，建议在平面视图中创建楼板。若需要在"标高 2"处创建楼板，需将"标高 2"设为当前视图，并启用【楼板:建筑】工具，如图 6-48 所示。

选择【建筑】选项卡→【构建】面板，单击【楼板】下拉列表→单击【楼板:建筑】按钮 。

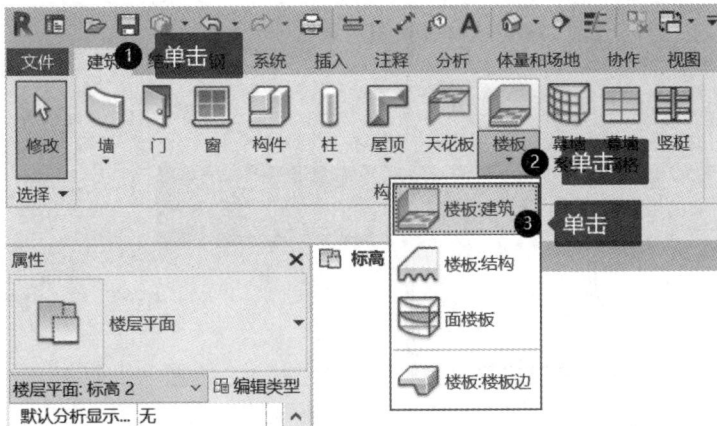

图 6-48　启用【楼板:建筑】工具

Revit 会自动进入【修改 | 创建楼层边界】选项卡，并默认为【拾取墙】功能，如图 6-49 所示。

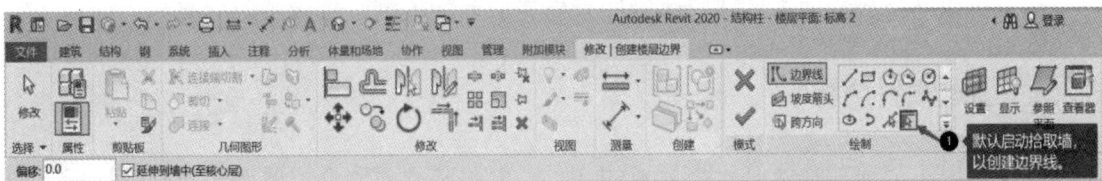

图 6-49　默认启动拾取墙功能

在选项栏中用户可设置偏移量，也可对边缘进行相应距离的偏移操作，默认偏移量为"0"，即不偏移，如图 6-50 所示。

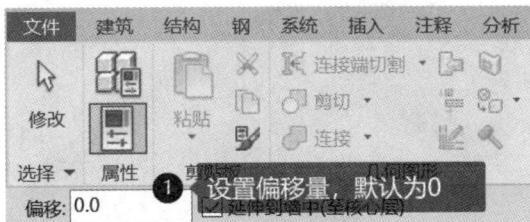

图 6-50　设置楼板边界偏移量

然后，用户需要确定楼板的边界。边界必须闭合，否则无法生成楼板。

有两种类型的工具可以帮助用户完成该操作。

拾取墙：该功能默认被激活，用户可以直接在绘图区单击鼠标，选择墙，将其作为楼板的边界，如图 6-51 所示。

绘制边界：利用【绘制】面板中的【绘制】工具，可绘制楼板的轮廓。绘制工具的使用方法在本书 11.3 节中进行介绍。

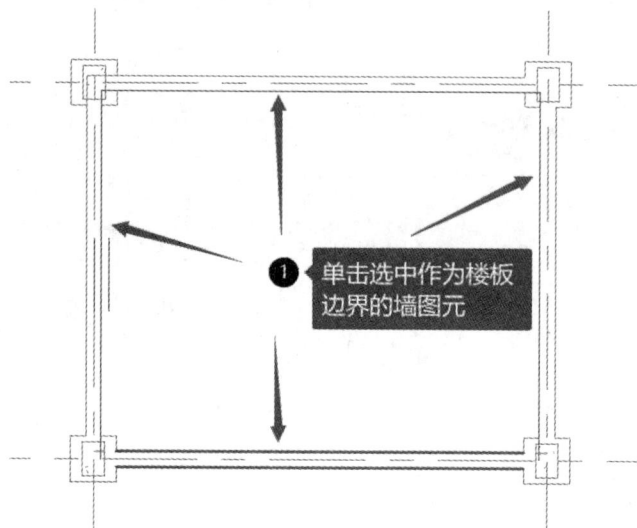

图 6-51   选择墙作为楼板边界

边界绘制(或选择)完毕后,单击【完成】按钮 ✔,确认操作完成。

用户可以切换到立面视图或三维视图查看完成后的模型,楼板顶部标高为"标高 2"。

6.3.2   创建倾斜楼板

默认情况下创建的楼板是水平放置的,上表面与基准面重合。若要创建倾斜楼板,如图 6-52 所示,有以下三种方法可以实现,使用坡度箭头、使用平行边缘线、定义单条边界线的坡度属性。具体方法参考本书 11.4 节中的内容。

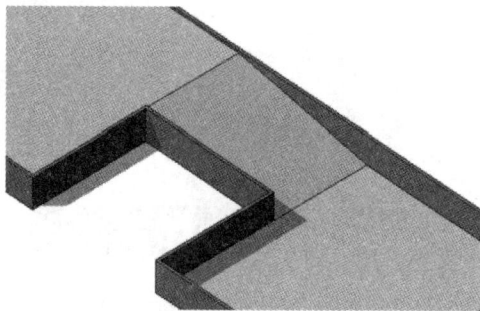

图 6-52   倾斜楼板

6.3.3   楼板的属性及结构楼板

在绘图区选中某楼板图元,在【属性】面板中查看该楼板的实例属性。常用的实例属性含义如下。

标高：基准标高，默认情况下楼板顶面与该标高平面重合。

自标高的高度偏移：指楼板顶部相对于基准标高的偏移距离。

结构：用【楼板:建筑】 创建的楼板属于建筑楼板，建筑楼板和结构楼板之间的区别仅在于结构楼板包含"结构属性"，在建筑楼板图元的实例属性中，勾选"结构"复选框可以将建筑楼板转换为结构楼板，如图 6-53 所示。结构楼板默认启用了分析模型，并包含了钢筋保护层厚度的信息。只有在结构楼板中才能添加钢筋。

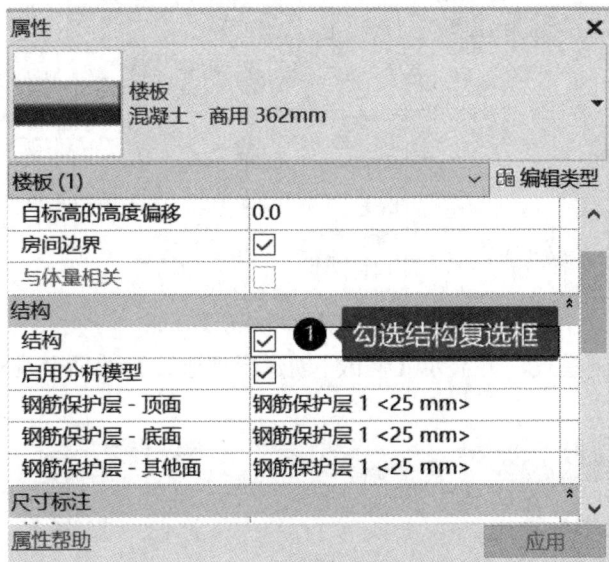

图 6-53　启用楼板的"结构属性"

楼板与墙都属于复合结构，因此同样也可以修改"类型属性"的"结构"项来指定楼板的分层形式，具体操作请参考本书 6.1.2 节。

6.4　屋顶

Revit 提供了以下三个工具完成屋顶的建模：【迹线屋顶】 、【拉伸屋顶】 和【面屋顶】 。这三个工具都在【建筑】选项卡中的【屋顶】下拉菜单中。【迹线屋顶】最为常用，而【面屋顶】用于从一个体量面创建模型。本节主要介绍【迹线屋顶】和【拉伸屋顶】。

从图标可以看出，迹线屋顶使用屋顶的轮廓创建屋顶[1]，拉伸屋顶依据屋顶的侧轮廓创建屋顶，用户可根据需要进行选用。

---

[1] 在英文版 Revit 中，迹线屋顶的表达是 Roof by Footprint，因此迹线应理解为足迹线，即轮廓线。

6.4.1 按迹线创建屋顶

建议用户在平面视图中完成迹线屋顶的创建，用户需要在合适的标高平面绘制屋顶轮廓，并指定屋顶坡度。

将视图切换至屋顶所在平面视图，进行如下操作，如图 6-54 所示。

选择【建筑】选项卡→【构建】面板，【屋顶】下拉列表→单击【迹线屋顶】按钮 ▣。

图 6-54 启用【迹线屋顶】工具

程序进入草图绘制模式，并显示【修改|创建屋顶迹线】选项卡及对应的选项栏，如图 6-55 所示。

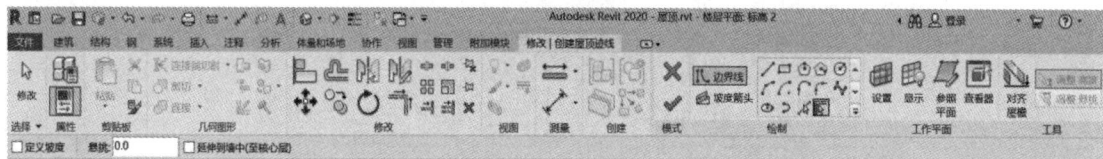

图 6-55 【修改|创建屋顶迹线】选项卡

用户在【绘图】面板选择合适的工具(绘制或拾取墙)创建屋顶的轮廓，绘制工具的使用方法见本书 11.3 节。默认情况下，程序启动【拾取墙】 ▣ 工具来绘制屋顶，此时选项栏可定义悬挑距离。屋顶轮廓必须为闭合图形。绘制屋顶轮廓，如图 6-56 所示。

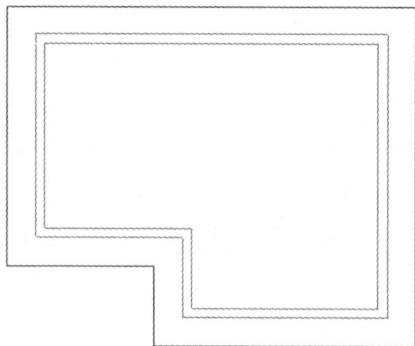

图 6-56 绘制屋顶轮廓

最后，定义屋顶的坡度。用户可以采用以下两种方法对坡度进行指定。

(1) 修改边界线属性，如图 6-57 所示，具体方法见本书 11.4.1 节。

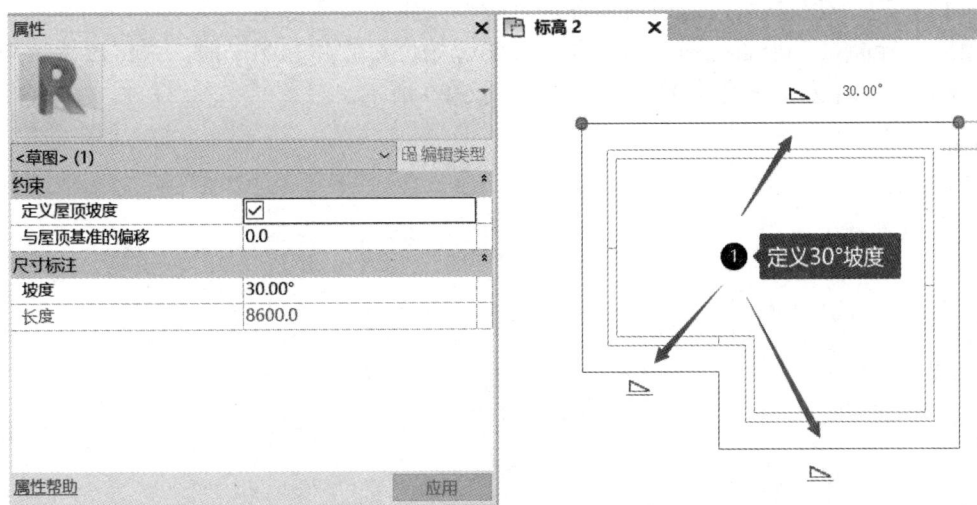

图 6-57　定义屋顶轮廓的坡度属性

(2) 使用坡度箭头，具体方法见本书 11.4.3 节。

单击【完成编辑模式】按钮 ✔，退出屋顶编辑。

大多数时候软件会自动显示如图 6-58 所示的提示框，若选择"是"则墙自动将顶部附着到屋顶，若用户不需要，可以选择"否"。

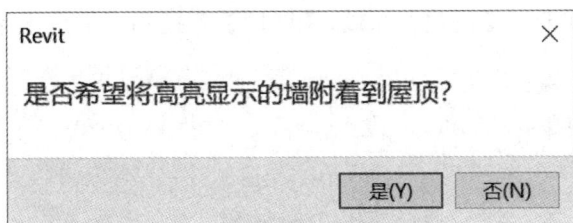

图 6-58　【墙附着到屋顶】提示框

打开三维视图，屋顶模型如图 6-59 所示。

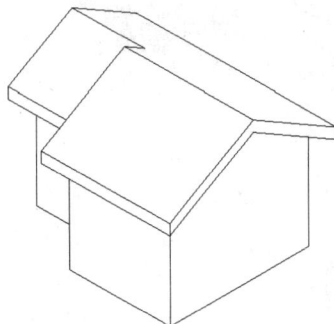

图 6-59　屋顶模型

6.4.2　按拉伸创建屋顶

迹线屋顶通常用来创建倾斜平面屋顶，如果用户需要创建曲面屋顶，则可以借助【拉伸屋顶】工具，该工具可以通过对草图进行拉伸来生成一个屋顶。

激活"标高 1"平面视图，在屋顶拉伸的起始位置创建参照平面，并将该参照平面命名为"R1"，具体方法参考本书 11.5 节，如图 6-60 所示。

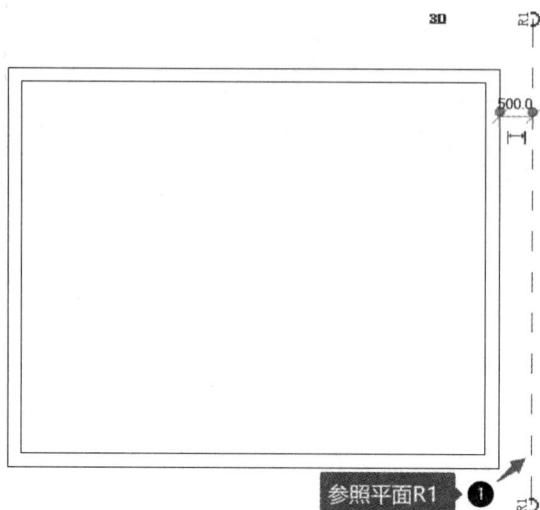

图 6-60　添加参照平面

激活"西"立面视图，并启用【拉伸屋顶】工具，如图 6-61 所示，操作如下。

选择【建筑】选项卡→【构建】面板，【屋顶】下拉列表→单击【拉伸屋顶】按钮 。

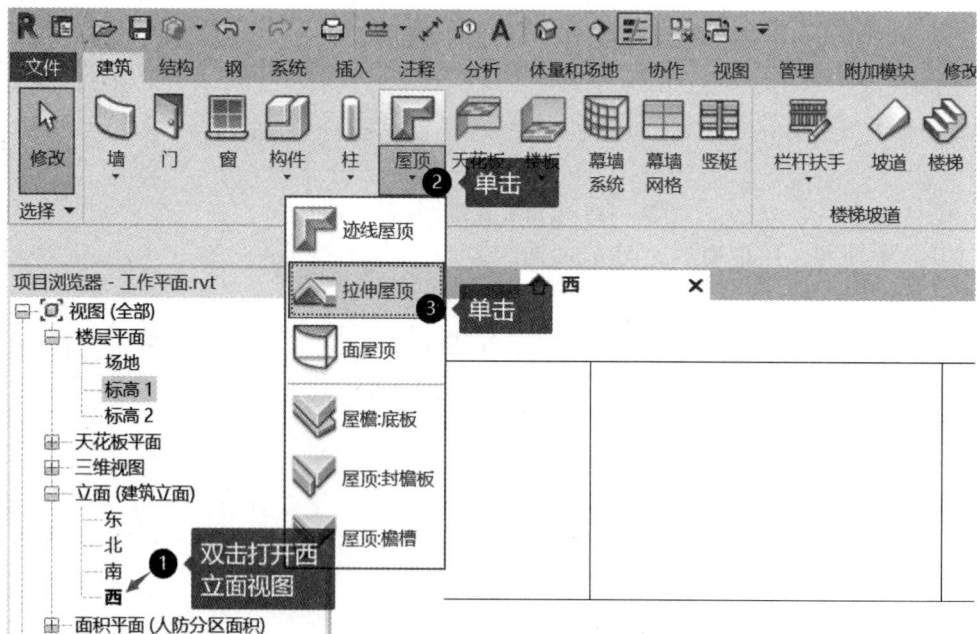

图 6-61　启用【拉伸屋顶】工具

Revit 弹出【工作平面】对话框，将"名称"设置为"参照平面：R1"，操作如下：选中"名称"单选框→选择"参照平面：R1"→单击【确定】按钮，如图 6-62 所示。

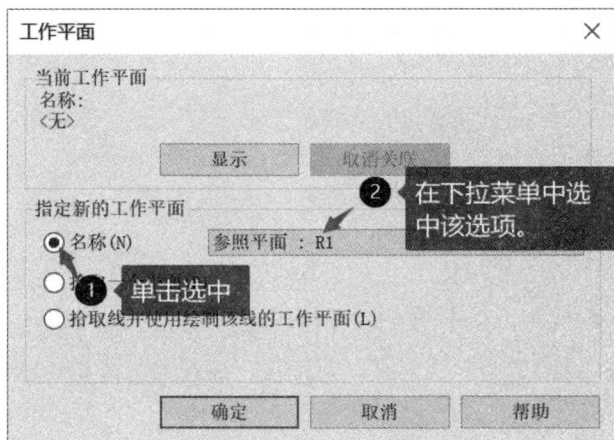

图 6-62　【工作平面】对话框

Revit 弹出【屋顶参照标高和偏移】对话框，如图 6-63 所示，"标高"值设为"标高 2"，单击【确定】按钮。

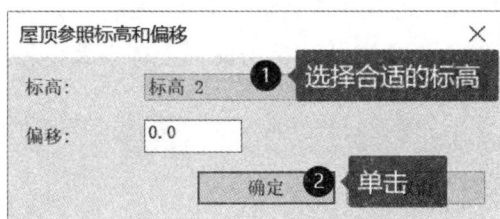

图 6-63　设置屋顶参照标高

Revit 进入草图编辑模式，并显示【修改 | 创建拉伸屋顶轮廓】选项卡，利用【绘制】面板中的工具绘制屋顶轮廓，如图 6-64 所示。【绘制】面板中的工具使用方法见本书 11.3 节。

绘制完毕后，单击【完成编辑模式】按钮 ✔，退出草图编辑模式。切换至三维视图将墙附着到屋顶(见本书 6.1.5 节)后，如图 6-65 所示。

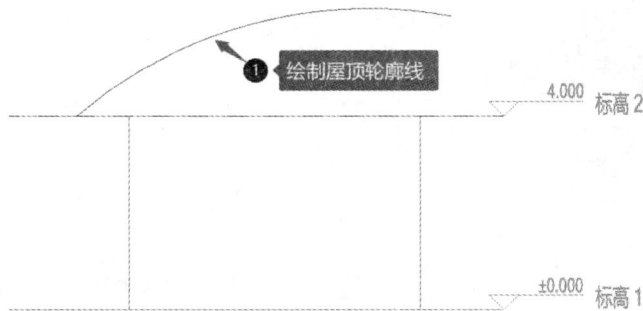

图 6-64　绘制屋顶轮廓

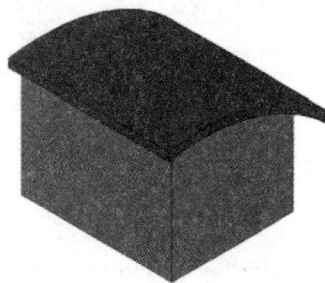

图 6-65　完成拉伸屋顶的创建

6.5　洞口

在墙面、楼板、天花板等图元上用户经常需要开设洞口或竖井，【洞口】面板中的五个工具可以完成此类操作。另外，在屋顶设置老虎窗的功能也在该工具面板中，如图 6-66 所示。

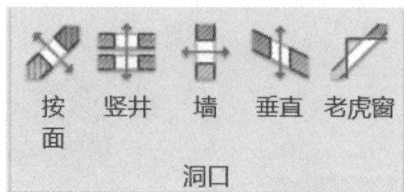

图 6-66 【洞口】面板

【按面】 和【垂直】 工具都可以在楼板、屋顶或天花板上设置洞口，两者之间的区别如下。

(1) 【按面】 工具创建的洞口方向与面的法线方向平行。

(2) 【垂直】 工具创建的洞口方向总是铅垂方向(即与标高平面垂直)。

下面以在坡屋顶创建铅垂方向洞口为例，对本功能进行演示。

首先，激活屋顶所在标高平面视图，启动【垂直】 工具，如图 6-67 所示，操作如下。

(1) 单击【垂直】按钮 →在视图区单击鼠标，选中坡屋顶图元。

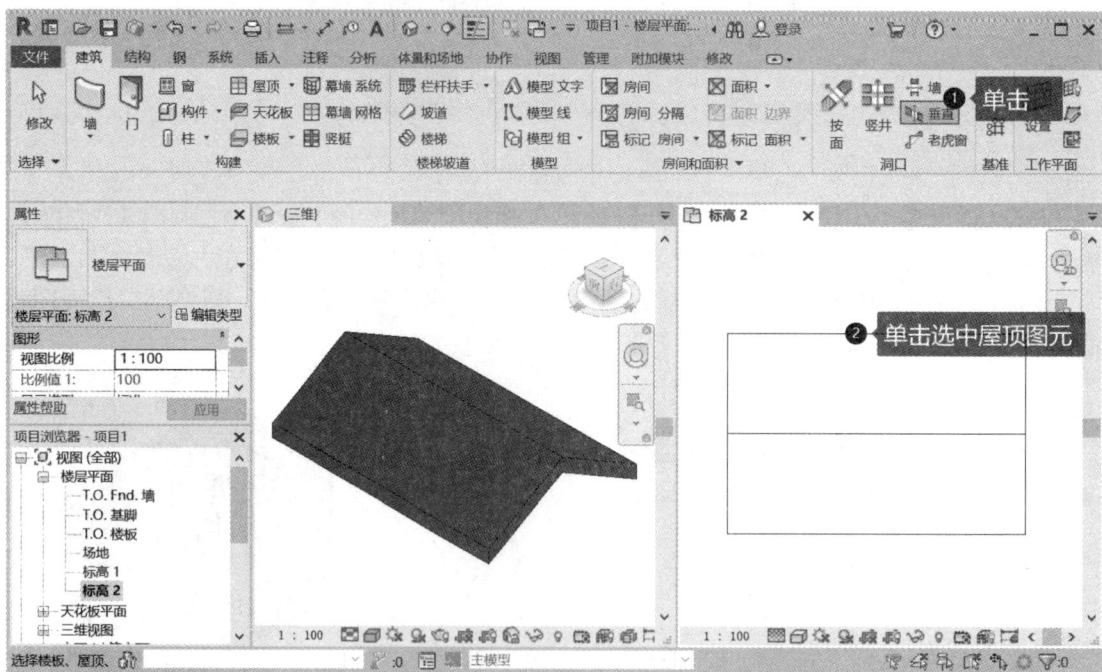

图 6-67 启用【垂直洞口】工具

此时，Revit 会进入草图模式，用户在此模式下用【绘图】面板中的工具绘制[①]洞口的平面形状，如图 6-68 所示。

---

① 绘制工具的使用见本书 11.3 节。

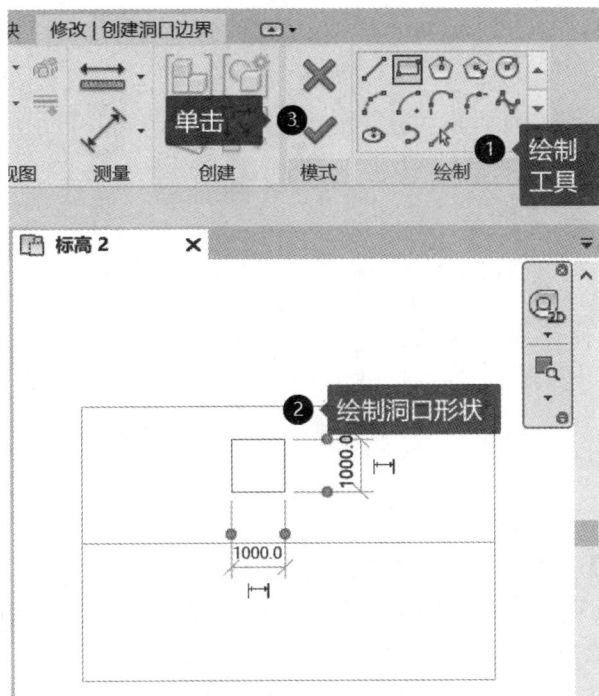

图 6-68　绘制洞口形状

(2) 绘制完毕后，单击【完成】按钮 ✔，退出草图编辑模式。

6.6　门窗

门窗是建筑中常用的构件，它们都依附于墙体，在模型中新建门与窗的方法基本相同。在【建筑】选项卡的【构件】面板上可以找到【门】 🚪 和【窗】 ▦ 工具，如图 6-69 所示。

图 6-69　【门】、【窗】工具

6.6.1　新建门窗

以窗为例，介绍在模型中添加窗的方法，门的添加方法类似。

打开模型并激活楼层平面视图，启动【窗】 ▦ 工具，如图 6-70 所示，操作如下。

激活平面视图→选择【建筑】选项卡→【构建】面板，单击【窗】按钮 ▦。

图 6-70　启用【窗】工具

在【类型选择器】中选择合适的窗族类型(若有必要可参照本书 7.1.2 节的方法载入合适的窗族)，将鼠标移至绘图区合适的位置，在模型中新建一个窗，如图 6-71 所示，操作如下：移动鼠标至目标墙体附件→单击鼠标。

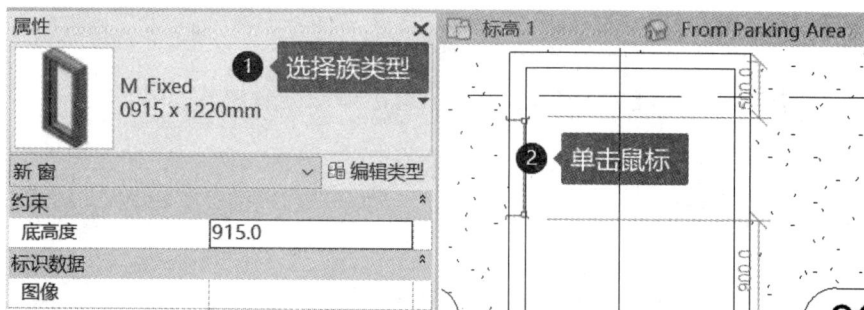

图 6-71　新建窗实例

6.6.2　调整门窗位置

对门窗的位置、开启方向可以进行调整，如图 6-72 所示。选中需要修改的门实例，通过修改临时尺寸标注的数值，可以精确调整门的位置；通过单击方向箭头(即翻转控制柄)，可以调整门的开启方向。窗实例的修改方法与此类似。

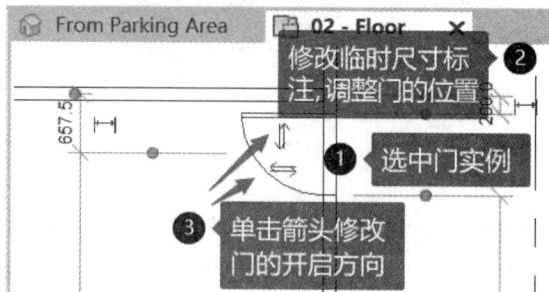

图 6-72　修改门的位置及开启方向

通过修改门和窗的实例属性"底高度"可以改变门和窗在竖直方向上的位置。"底高度"的值表示门窗洞口和约束标高之间的差。如图 6-73 所示,"底高度"为"0"表示门洞口的底部与约束标高平齐,若修改值为"200",该门实例将向上移动 200 mm。

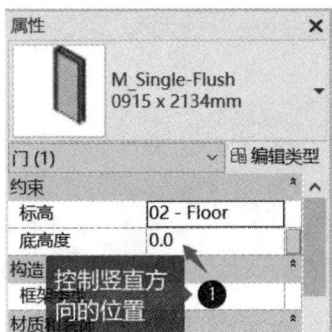

图 6-73　【属性】面板中的参数设置

6.7　楼梯

一个完整的楼梯包含以下几个方面的内容,梯段、平台、支撑和栏杆扶手,用户通过装配常见梯段、平台和支撑等构件来创建楼梯。在【建筑】选项卡的【楼梯坡道】面板上有创建楼梯的功能按钮【楼梯】。

6.7.1　基于部件创建楼梯

一般而言,用户按照以下顺序创建楼梯:① 创建梯段;② 创建平台构件;③ 创建支撑构件。

下面以转折楼梯为例,介绍创建楼梯的一般方法。

首先激活合适的平面视图,该平面视图将成为楼梯默认的底部控制标高,然后启用【楼梯】工具,如图 6-74 所示,操作如下:

选择【建筑】选项卡→【楼梯坡道】面板,单击【楼梯】按钮。

图 6-74　启用【楼梯】工具

Revit 将显示【修改|创建楼梯】选项卡，并进入绘制直梯段的状态，【构件】面板上【梯段】处于选中状态。用户可根据需要修改【梯段】选项栏参数，如图 6-75 所示，具体操作如下。

修改"定位线"参数为"梯段：左"→调整"实际梯段宽度"参数为"1500.0"→取消"自动平台"复选框的勾选[1]。

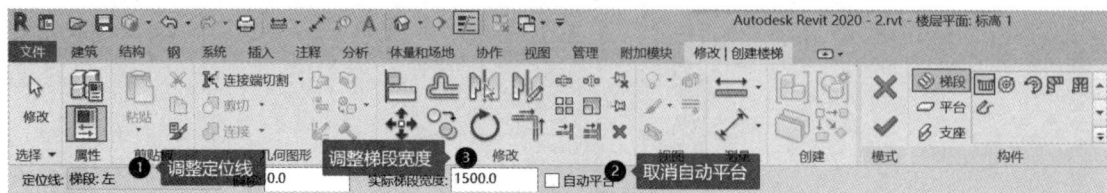

图 6-75　调整【梯段】选项栏参数

在属性栏中，选择楼梯类型，并调整楼梯的约束标高、踏板深度、踢面数量[2]等参数，软件将依据约束标高计算楼梯高度，根据踢面数量计算踢面高度，如图 6-76 所示，操作如下。

【类型选择器】选择"整体浇筑楼梯"→调整约束标高→输入踢面数"23"→调整踏板深度。

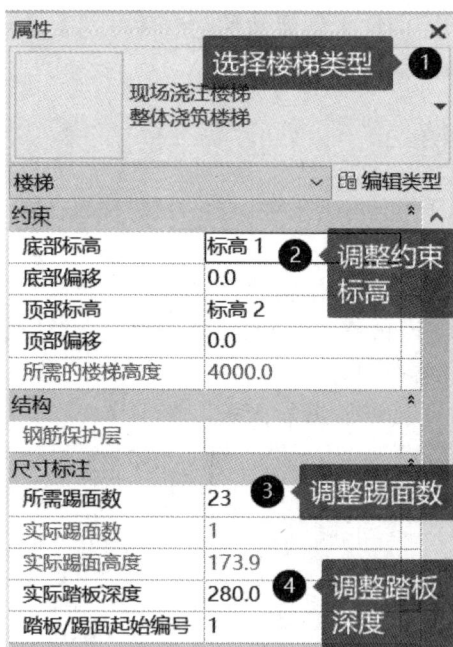

图 6-76　调整楼梯属性

在绘图区通过若干次单击鼠标，指定梯段的起点和终点[3]，如图 6-77 所示。

---

[1] 很多时候用户不需要取消自动平台选项，此处取消是为了清晰说明软件的使用步骤。

[2] 踏板数＝踢面数－1。

[3] 推荐用户在绘制楼梯之前，绘制参照面(线)作为定位的基准。

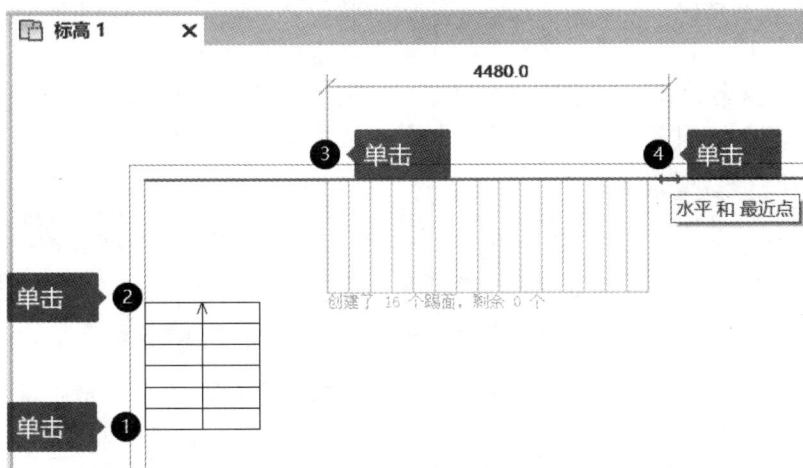

图 6-77　绘制楼梯的梯段

　　梯段绘制完毕后，应为楼梯添加平台，将程序的状态切换至创建平台的模式，并创建平台，如图 6-78 所示，具体操作如下。

　　选择【修改 | 创建楼梯】选项卡→【构件】面板，单击【平台】按钮 ⬭ →绘图区单击选中两个梯段。Revit 将自动创建合适的平台连接两个梯段。

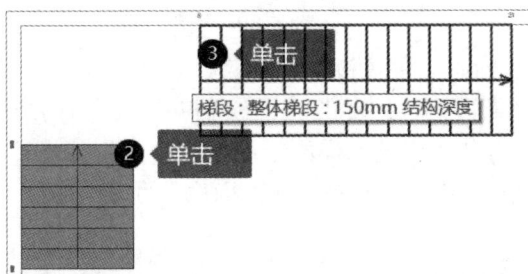

图 6-78　创建楼梯平台

　　最后，单击按钮 ✔，完成楼梯的建模。用户可以发现楼梯栏杆也被自动添加至楼梯两侧了，用户还可以手动删除不合适的楼梯。在本书 6.8 节将介绍如何自定义栏杆并附着在相应的楼梯上。

6.7.2　基于草图绘制楼梯

　　当用户需要创建更加个性化的楼梯时，可以采用 Revit 提供的楼梯草图绘制功能，创建各种不同形式的楼梯。基于草图绘制楼梯的步骤也可以遵循先绘制梯段再绘制楼梯平台的顺序进行，当用户熟悉了操作逻辑后，可以交叉进行。

首先，切换至楼梯所在楼层的平面视图，启用【模型线】工具，如图 6-79 所示。

选择【建筑】选项卡→【模型】面板，单击【模型线】按钮 ⌐。

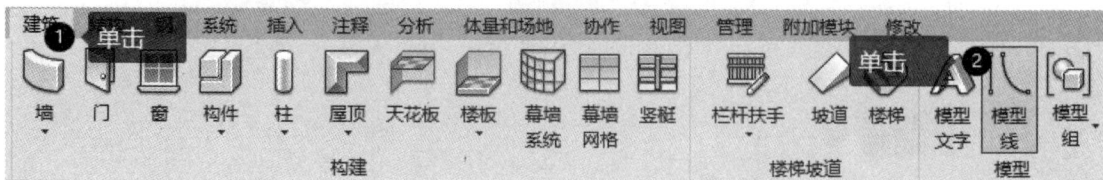

图 6-79　启用【模型线】工具

用绘制工具在平面视图中绘制楼梯的平面视图，包括楼梯的边界和踢面，如图 6-80 所示。具体操作步骤略，绘制工具的用法参考本书 11.3 节。

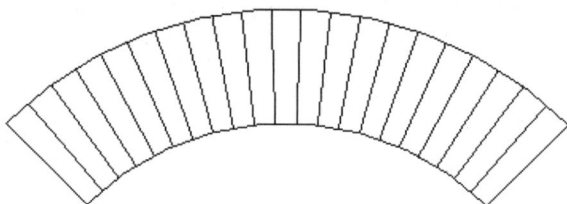

图 6-80　绘制楼梯平面

和 6.7.1 节中相同，启用【楼梯】工具，在【类型选择器】中选择合适的楼梯族类型，设置楼梯的控制标高以及踢面数(与上面绘制的平面图一致)。

激活【楼梯】工具后，进入梯段草图绘制模式，如图 6-81 所示，操作如下。

选择【修改|创建楼梯】选项卡→【构件】面板，单击【梯段】按钮 ◎ →单击【创建草图】按钮 ◢。

图 6-81　启动梯段草图创建命令

Revit 将显示【修改|创建楼梯 > 绘制梯段】选项卡，激活【拾取线】工具，在视图中选择两条圆弧作为楼梯的边界，如图 6-82 所示，操作如下。

选择【修改 | 创建楼梯 > 绘制梯段】选项卡→【绘制】面板，单击【边界】按钮 → 单击【拾取线】按钮 →在绘图区单击选择两条圆弧。

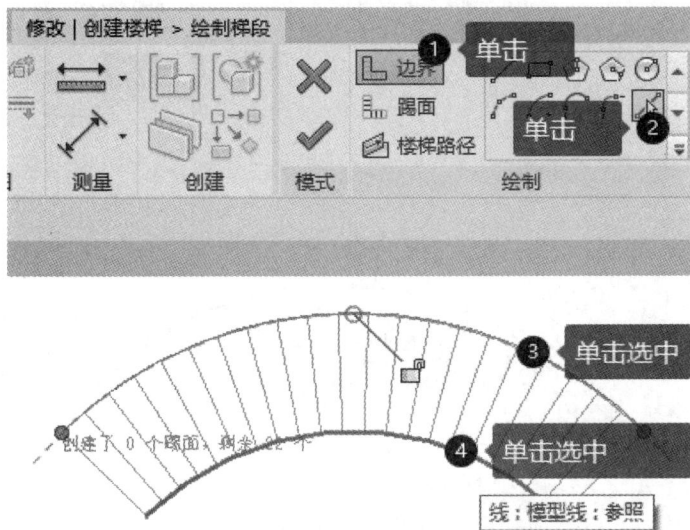

图 6-82　选择楼梯边界

切换至绘制踢面的状态，再次使用【拾取线】工具选择踢面，如图 6-83 所示，操作如下。

选择【修改 | 创建楼梯 > 绘制梯段】选项卡→【绘制】面板，单击【踢面】按钮 → 单击【拾取线】按钮 →在绘图区单击选择所有的踢面。

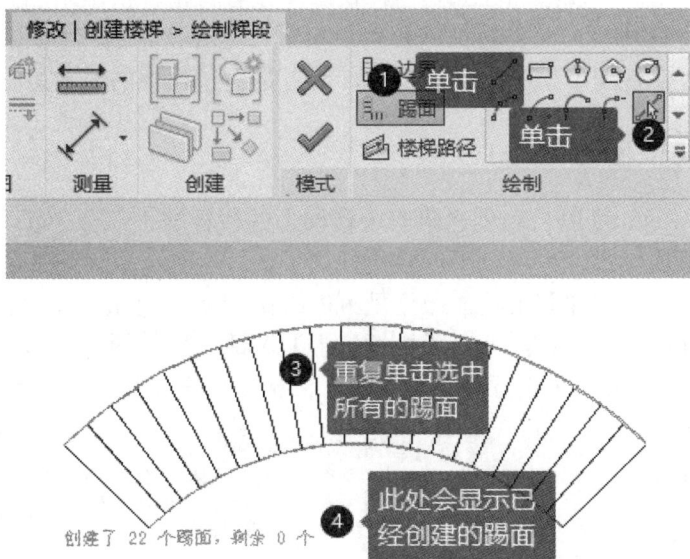

图 6-83　选择楼梯踢面

切换至楼梯路径的编辑状态，用绘制工具绘制楼梯的方向线，如图 6-84 所示，操作如下。

选择【修改 | 创建楼梯 > 绘制梯段】选项卡→【绘制】面板，单击【楼梯路径】按钮 → 单击【圆心-端点弧】按钮 →在绘图区绘制弧形路径[1]。

---

[1] 绘制圆弧参见本书 11.3.5 节。

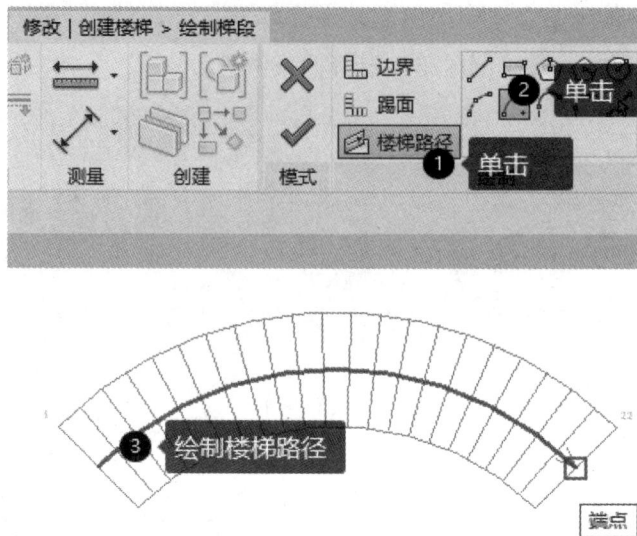

图 6-84　绘制楼梯方向线

最后，单击按钮 ✔，完成楼梯的建模。切换至三维视图，将模型线删除。

6.8　　栏杆扶手

在 Revit 中，用户可以添加独立式栏杆扶手，或者将栏杆扶手附加到楼梯、坡道和其他主体上。创建栏杆扶手，两类数据需要用户指定，栏杆扶手的路径(位置)和栏杆扶手的形式。前者是通过在视图中绘制路径确定的，后者是通过属性的修改进行定义的。

6.8.1　自动创建楼梯栏杆扶手

绘制楼梯时，Revit 可以自动创建附着于楼梯上的栏杆扶手，用户可以修改栏杆扶手的族类型以改变栏杆的样式，也可以不创建栏杆扶手。

首先，激活【创建楼梯】工具，操作见 6.7.1 节。Revit 将显示【修改 | 创建楼梯】选项卡，单击【栏杆扶手】按钮，调出【栏杆扶手】对话框，如图 6-85 所示，操作如下。

选择【修改 | 创建楼梯】选项卡→【工具】面板，单击【栏杆扶手】按钮 🔳。

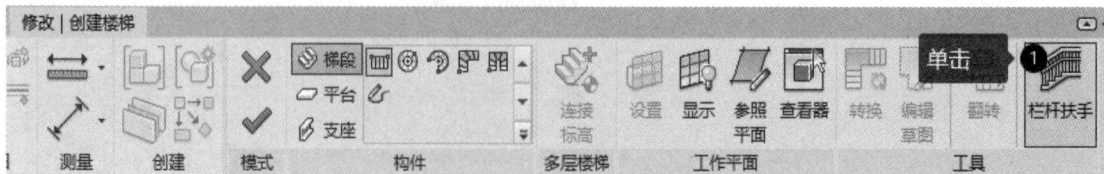

图 6-85　点击【栏杆扶手】按钮

在弹出的【栏杆扶手】对话框中，用户可在下拉列表中选择栏杆扶手族，列表中列出了当前项目中所有的栏杆扶手族类型[①]，如果不需要同步创建栏杆扶手，可选择"无"。如

_____

① 用户可以创建新的栏杆扶手族类型，方法见 6.8.3 节，Revit 会自动将其罗列到下拉列表中。

图 6-86 所示。

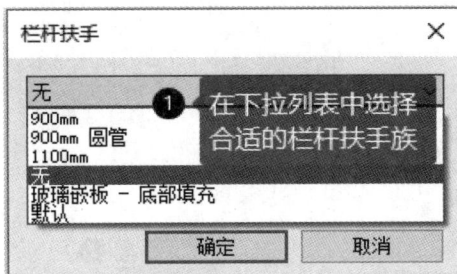

图 6-86 【栏杆扶手】对话框

6.8.2 定义栏杆扶手路径

用户也可以创建栏杆扶手的路径。通常情况下，该操作在平面视图中完成，用户切换至需要添加栏杆扶手的平面视图，然后启用【绘制路径】工具，如图 6-87 所示，操作如下。

选择【建筑】选项卡→【构建】面板，单击【栏杆扶手】下拉列表→选择【绘制路径】按钮 。

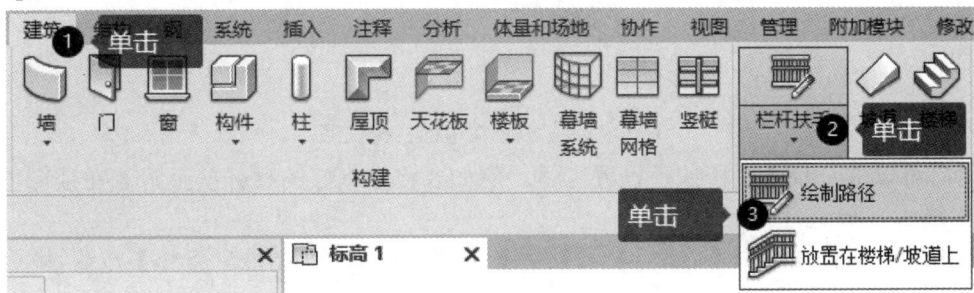

图 6-87 启用【绘制路径】命令

Revit 自动显示【修改 | 创建栏杆扶手路径】选项卡。此时用户可以在【属性】面板的【类型选择器】下拉菜单中选择合适的栏杆扶手族类别，如图 6-88 所示。

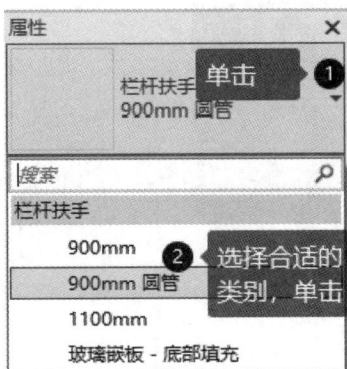

图 6-88 选择栏杆扶手族类别

用【绘制】面板中的工具[①]，绘制栏杆扶手的路径，如图 6-89 所示。

---

① 【绘制】工具的用法见本书 11.3 节。

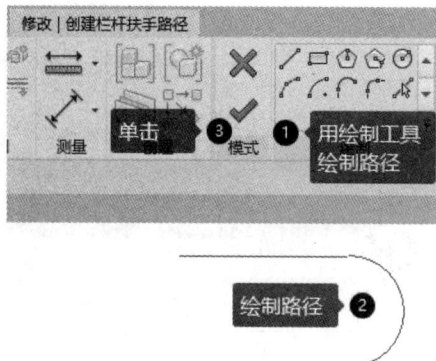

图 6-89　绘制栏杆扶手路径

注意： 栏杆扶手线必须是一条单一、首尾连接的草图。不相连的栏杆扶手，需分别进行创建。绘制完毕后，单击按钮 ✔，完成栏杆扶手的建模。切换至三维视图，查看模型如图 6-90 所示。

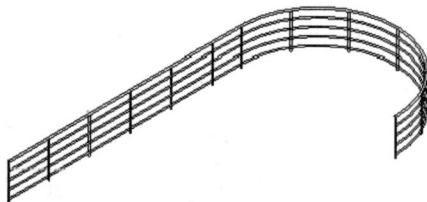

图 6-90　三维视图中的栏杆扶手

用户可以进一步为栏杆扶手设置主体。例如要将绘制好的栏杆扶手附着在楼梯上，如图 6-91 所示，可进行如下操作。

单击选中栏杆→选择【修改|栏杆扶手】选项卡→单击【拾取新主体】按钮 →单击选择楼梯。

操作完成后的效果如图 6-92 所示。除了楼梯之外，楼板、屋顶、墙顶都可以作为栏杆的主体。

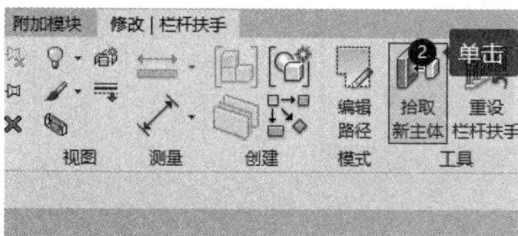

图 6-91　设置栏杆扶手主体

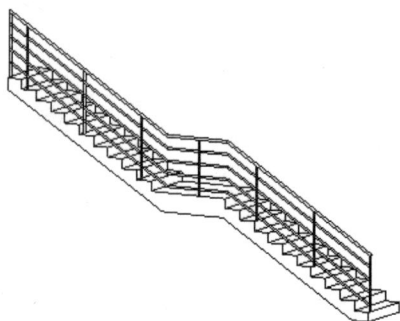

图 6-92　完成主体设置的栏杆

6.8.3　自定义栏杆扶手

通过修改栏杆扶手族参数的方法，用户可以灵活创建各种不同的栏杆扶手。下面结合 Revit 自带样板文件中的一个栏杆族类型，介绍栏杆扶手的参数及意义。

首先，调出栏杆扶手的【类型属性】对话框，如图 6-93 所示，操作如下。

在视图中单击选中栏杆扶手→【属性】面板，单击【编辑类型】按钮。

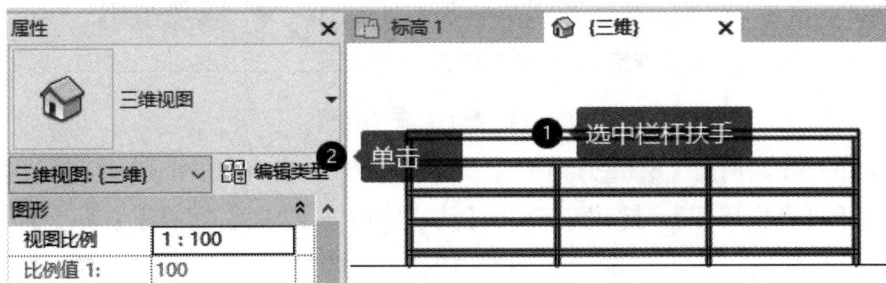

图 6-93　单击【编辑类型】按钮

弹出【类型属性】对话框，如图 6-94 所示。

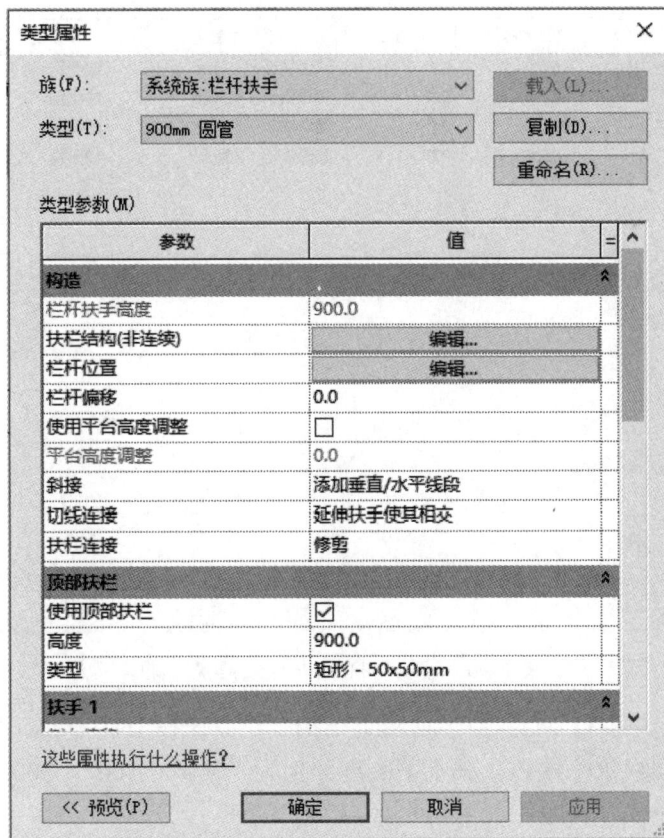

图 6-94　【类型属性】对话框

在图 6-95 中标明了栏杆扶手【类型属性】对话框的参数所控制的部位。"扶栏结构(非连续)"参数控制水平扶栏的位置和个数,"栏杆位置"参数控制竖向栏杆间距,"顶部扶栏"是指位于最上层的水平扶栏。

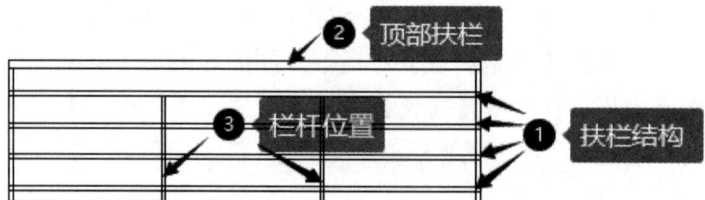

图 6-95　栏杆扶手的结构

执行如下操作,调出【编辑扶手(非连续)】对话框,对话框如图 6-96 所示,操作如下。
栏杆扶手【类型属性】对话框→单击【扶栏结构(非连续)】项的【编辑…】按钮。

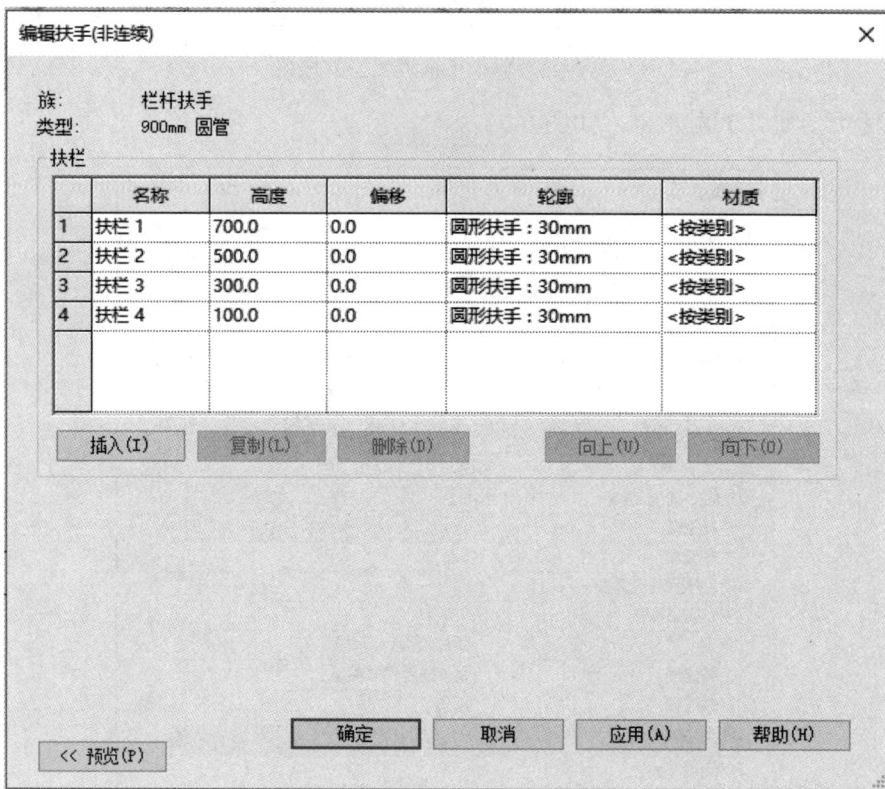

图 6-96　【编辑扶手(非连续)】对话框

【编辑扶手(非连续)】对话框中显示的"扶栏 1""扶栏 2""扶栏 3"和"扶栏 4"分别对应图 6-95 中四根水平扶栏,其水平高度分别为"700""500""300"和"100"。扶栏的截面轮廓族[①]为"圆形扶手:30 mm"。

---

① 用户可以自行创建轮廓族,并将其载入项目中使用,具体方法参考本书 7.4.1 节。

显然，用户可以通过【编辑扶手(非连续)】对话框中的【插入】、【复制】、【删除】按钮来增加或减少扶栏的个数，通过【向上】、【向下】按钮来调整扶栏的位置。执行如下操作，调出【编辑栏杆位置】对话框，如图 6-97 所示。

栏杆扶手【类型属性】对话框→单击【栏杆位置】项的【编辑…】按钮。

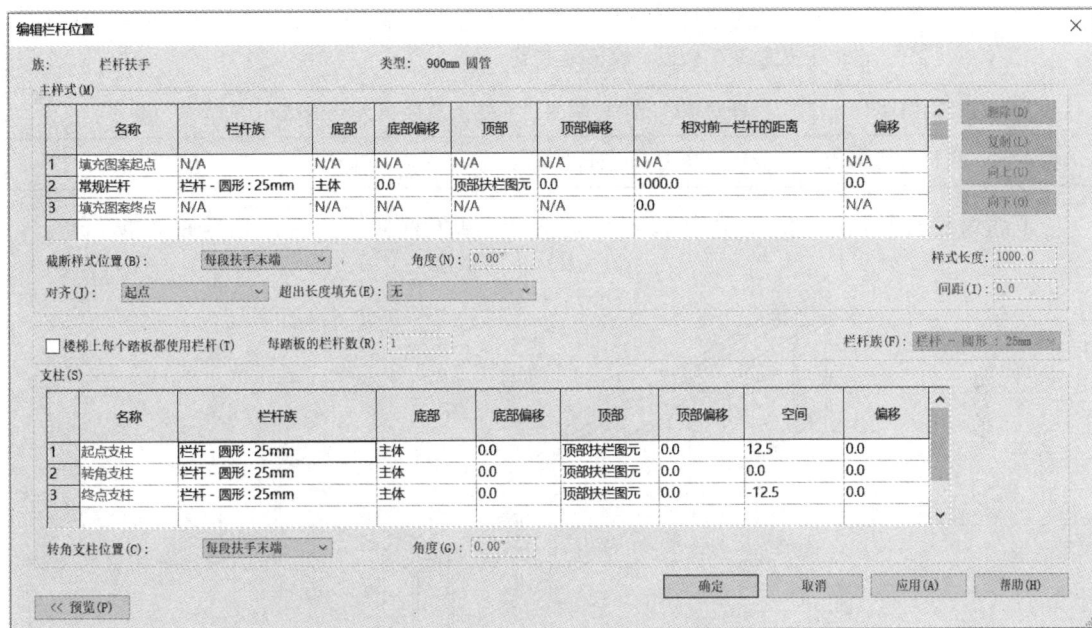

图 6-97　【编辑栏杆位置】对话框

【编辑栏杆位置】对话框分为两部分定义了栏杆样式：主样式和支柱。

在支柱表格中可以分别对"起点支柱""终点支柱"和"转角支柱"进行设置。图 6-98 显示了栏杆起点、终点和转角支柱的位置；该图中未进行表示的竖向栏杆是"常规栏杆"，在对话框的主样式表格中进行显示。

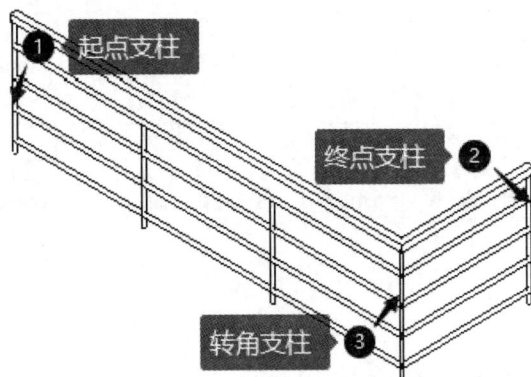

图 6-98　栏杆的支柱

表 6-1 罗列了【编辑栏杆位置】对话框中主要属性的含义。

表 6-1　栏杆位置属性含义

属 性 名 称	说　　明
栏杆族	栏杆或支柱族的样式。如果选择"无",此样式的相应部分将不显示栏杆或支柱
底部(顶部)	指定栏杆底端(顶端)的位置:扶栏顶端、扶栏底端或主体顶端。主体可以是楼层、楼板、楼梯或坡道
底部(顶部)偏移	栏杆底端(顶端)与基面之间的垂直距离为负值或正值
相对前一栏杆的距离	新栏杆与上一栏杆的间距

下面对栏杆和扶手的参数进行修改,创建一种新的栏杆族样式,如图 6-99 所示。

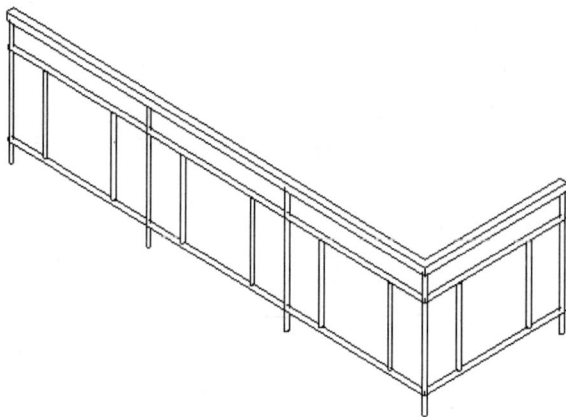

图 6-99　栏杆扶手示例

该栏杆族类型的【编辑扶手(非连续)】对话框参数设置如图 6-100 所示。参数设定该栏杆族类型有两个水平扶栏,高度分别为"150"和"700",无偏移距离。

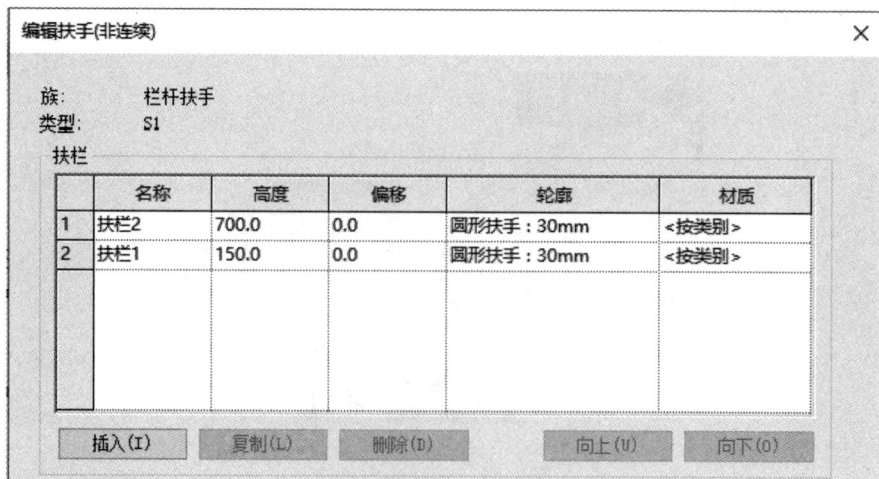

图 6-100　栏杆扶手参数设置

该栏杆族类型的【编辑栏杆位置】对话框参数设置如图 6-101 所示。参数设定常规栏杆有三个，其"相对前一杆的距离"分别为"250""500"和"250"，该参数是栏杆距离交替变化的关键。

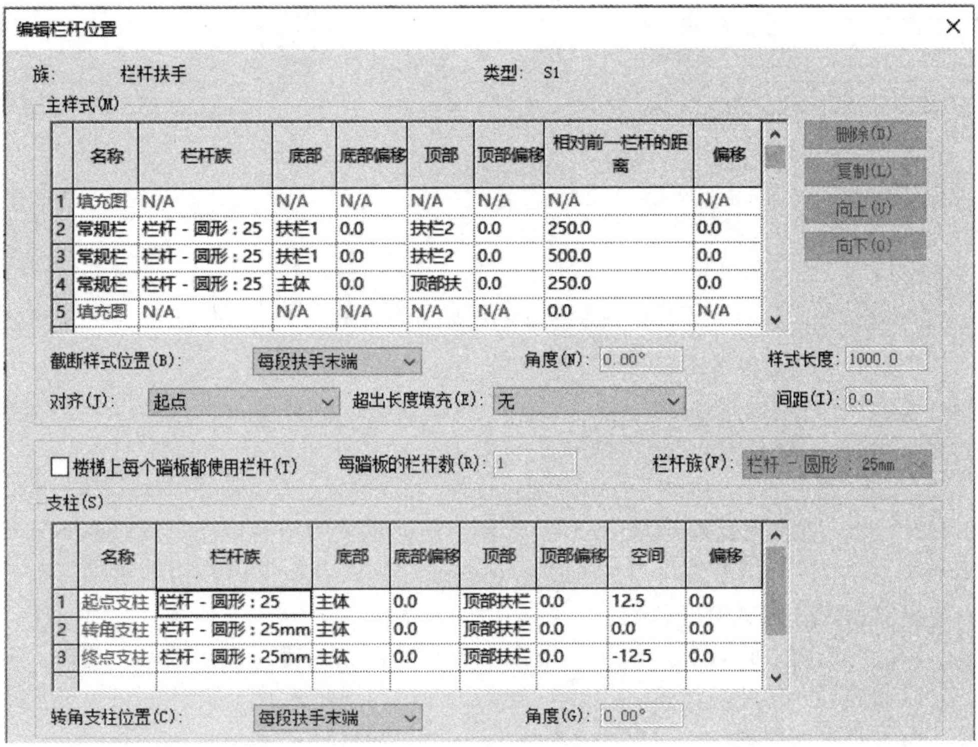

图 6-101　栏杆位置参数设置

第 7 章

族

7.1　族的基本知识

在 Revit 中，所有图元都是基于族的，"族"是最重要的核心概念。族是包含通用属性(或称作参数)集和相关图形表示的图元组，用户通过修改参数可以轻松地对项目数据进行管理，并重复创建大量类似的构件。

借助族文件，可以让设计人员专注发挥本身特长，大大提高设计效率。例如，建筑设计人员可以通过导入植物、车辆、家具等族库，对项目进行润色，设计师只需要简单地修改参数，而不必重新建模。

因此，族建模的水平，在很大程度上体现了 Revit 的应用水平。创建一个灵活度高的族，可以大大提高设计师的工作效率。

本章重点：建模工具、族参数。

7.1.1　族的分类

依据使用方法的不同，族被分为系统族、可载入族和内建族。

系统族：包含用于创建基本建筑图元(如墙、楼板、天花板和楼梯)的族类型，系统族已在 Revit 中预定义且保存在样板和项目中。用户不能将系统族从外部文件中载入到项目中，也不能将其保存到项目之外的位置。

可载入族：可载入族是在外部文件中创建的，可对其进行高度的自定义，因此可载入族是 Revit 中最常使用的族。可载入的族保存为"*.rfa"文件，并可载入到项目中。

内建族(内建图元)：指在项目文件中创建并保存(而非独立文件保存)的特殊图元，通常用来解决单个项目中的特殊需求。

本章后续将重点讲解可载入族的使用和创建。

7.1.2　族的载入

可载入族以"*.rfa"文件单独保存，用户需要时可以将其导入到项目文件中。在项目文件中导入族的步骤如下。

首先,启用【载入族】工具,如图 7-1 所示,操作如下。

选择【插入】选项卡→【从库中载入】面板,单击【载入族】按钮。

图 7-1 启用【载入族】工具

在对话框中导航到所需要的族文件进行导入,如图 7-2 所示,操作如下。

在弹出的【载入族】对话框中导航到用户需要的族文件→单击选中该文件→单击【打开】按钮。

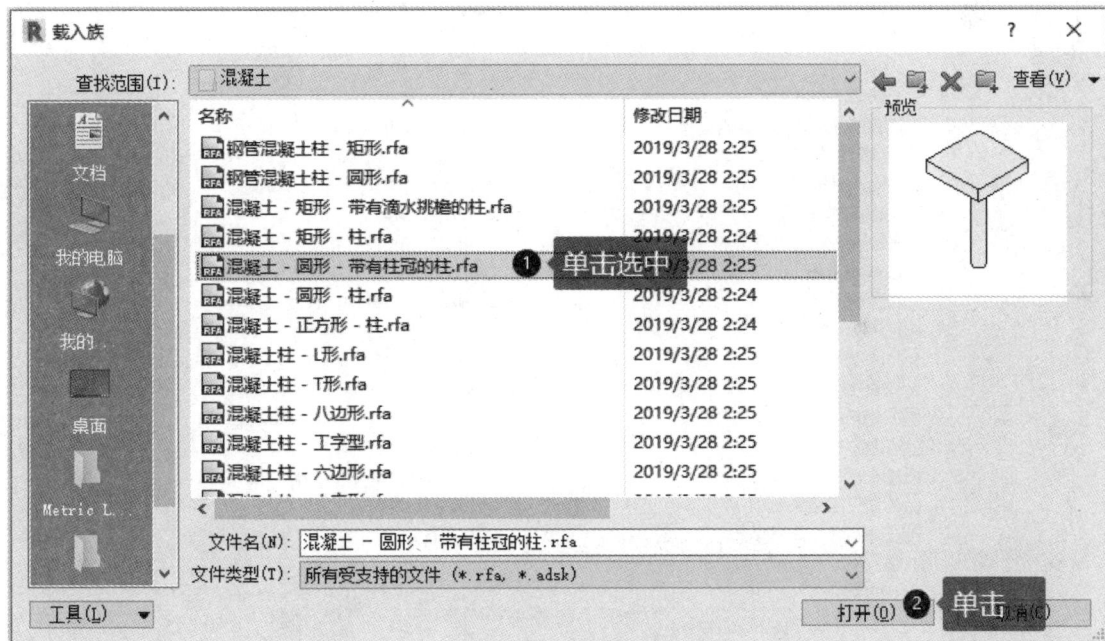

图 7-2 导入族文件

至此,完成了族类型"混凝土-圆形-带有柱冠的柱.rfa"文件的导入,用户可以在项目文件的【项目浏览器】中"族"下找到该族。

【载入族】对话框默认指向 Revit 族库对应的地址"%ALLUSERSPROFILE%\Autodesk\Revit 2020\Libraries"。用户也可以导航到其他路径导入族文件。

7.1.3 创建族

创建新族用"族编辑器"来完成,它是 Revit 中的一种图形编辑模式,该模式下的功能区与项目编辑模式的功能区不同，如图 7-3 所示。项目编辑模式下，功能区通常包括"建筑""结构"等选项卡提供建筑、结构建模的工具；族编辑器中的功能区提供了基本形体的创建工具，如【创建】选项卡中【形状】面板中的各种工具。

图 7-3　族编辑器的功能区

Revit 提供了众多基础样板适应创建不同种类的族，如图 7-4 所示。要创建一个族文件，需要选择合适的样板文件来新建一个族，方法参考本书 1.3.1 节。

图 7-4　族样板文件

族样板的文件名明确提示了该样板用于创建怎样的族，同时文件名中也加入了一些描述性的语言，例如基于墙的样板、基于天花板的样板、基于楼板的样板、基于屋顶的样板、基于线的样板和基于面的样板等，这些描述语包含了该样板的重要信息，具体内容如下。

基于墙的样板：使用基于墙的样板可以创建插入到墙中的构件，每个样板中都包含一面墙。基于墙的构件包括门、窗和照明设备等。

基于天花板的样板：使用基于天花板的样板可以创建插入到天花板中的构件，有些天花板构件包含洞口。基于天花板的构件包括喷水装置、隐蔽式照明设备等。

基于楼板的样板：使用基于楼板的样板可以创建插入到楼板中的构件。

基于屋顶的样板：使用基于屋顶的样板可以创建将插入到屋顶中的构件。基于屋顶的构件包括天窗、屋顶风机等。

基于线的样板：使用基于线的样板可以创建采用两次拾取放置的详图族和模型族。

基于面的样板：使用基于面的样板可以创建基于工作平面的族，这些族可以修改它们的主体。

在明确了族的功能和需求后，用户可以根据情况选择合适的族样板创建族。

7.2   常用建模工具

用户可以建立新的族，如果族的复杂程度很高，创建族的过程会很耗时。大部分族由三维形体构成，还有一些族是二维平面，如轮廓、标题栏等。二维线条的绘制参照本书第11 章中的相关内容，本节主要介绍创建基本三维形体的操作，包括拉伸、融合、旋转、放样和放样融合。

由于本节主要介绍三维建模工具的使用，不涉及族本身的功能，因此下面的操作都基于 "公制常规模型.rft" 样板文件完成。

7.2.1   拉伸

拉伸是最基本的三维形体创建工具。用户可以在当前工作平面①中绘制二维闭合轮廓，并设定拉伸的距离，Revit 会以二维轮廓为底面，以距离为高生成柱状形体。拉伸的方向始终与工作平面保持垂直。

下面以创建六棱柱为例，介绍【拉伸】工具的使用方法。

在 "族编辑器" 中启用【拉伸】工具，如果有需要可以在创建拉伸之前设置工作平面，如图 7-5 所示。

选择【创建】选项卡→【形状】面板，单击【拉伸】按钮 ⬚。

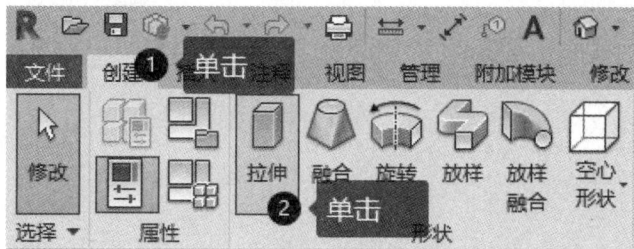

图 7-5   启用【拉伸】工具

---

① 工作平面的相关使用，参考本书 11.5 节。

Revit 进入草图编辑模式，在该模式下使用【绘制】工具绘制拉伸所需的轮廓，此处绘制正六边形，如图 7-6 所示。

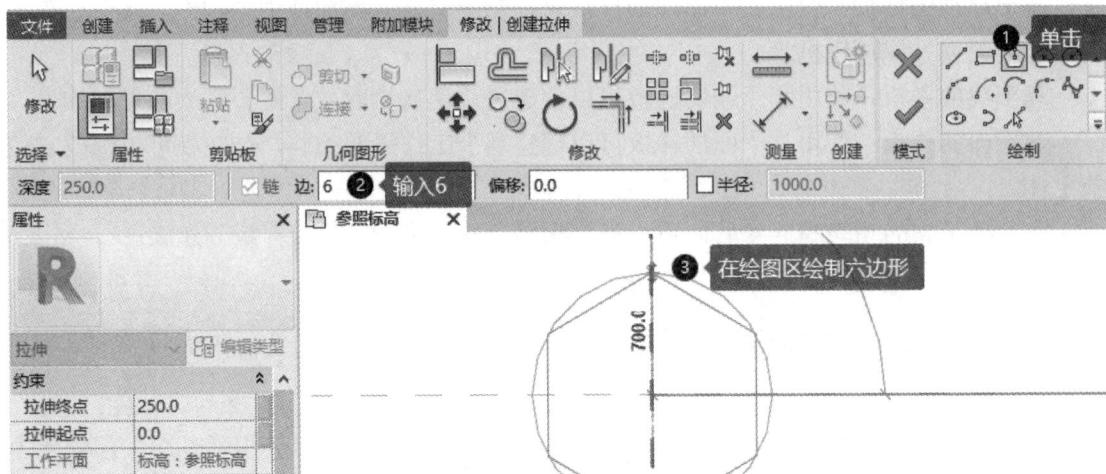

图 7-6   在绘图区绘制六边形

用户可以修改选项栏中的"深度"值，系统默认为"250"，该值为拉伸的距离。完成后，单击【完成编辑模式】按钮✔，完成拉伸的创建，并退出草图编辑模式。

在三维视图中显示如图 7-7 所示。拉伸完成后，用户仍然可以通过【属性】面板中"拉伸终点"和"拉伸起点"的值，对拉伸进行修改。

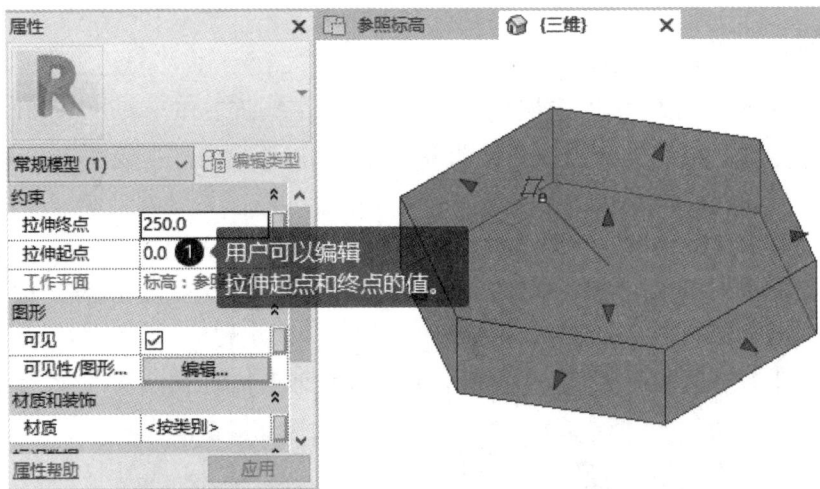

图 7-7   用拉伸命令创建的正六棱柱

7.2.2   融合

融合可以创建一个三维形体，其形状沿着长度方向逐渐发生变化。因此，【融合】工具需要用户在平面上绘制两个不同的轮廓，例如一个大矩形和一个较小的矩形，Revit 会将两个轮廓沿垂直方向进行渐变产生形体。

下面以创建四棱台为例，介绍【融合】工具的使用方法。

在"族编辑器"中启用【融合】工具，如果有需要可以在创建融合之前设置工作平面，如图 7-8 所示。

选择【创建】选项卡→【形状】面板，单击【融合】按钮 🝆。

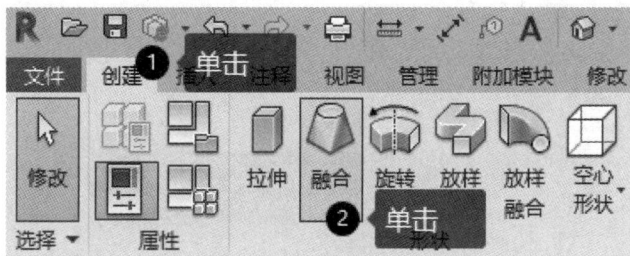

图 7-8 启用【融合】工具

Revit 将进入草图编辑模式，显示【修改 | 创建融合底部边界】选项卡。表明当前处于"底部轮廓"的创建模式。使用【绘制】工具绘制底部轮廓[①]，如图 7-9 所示。

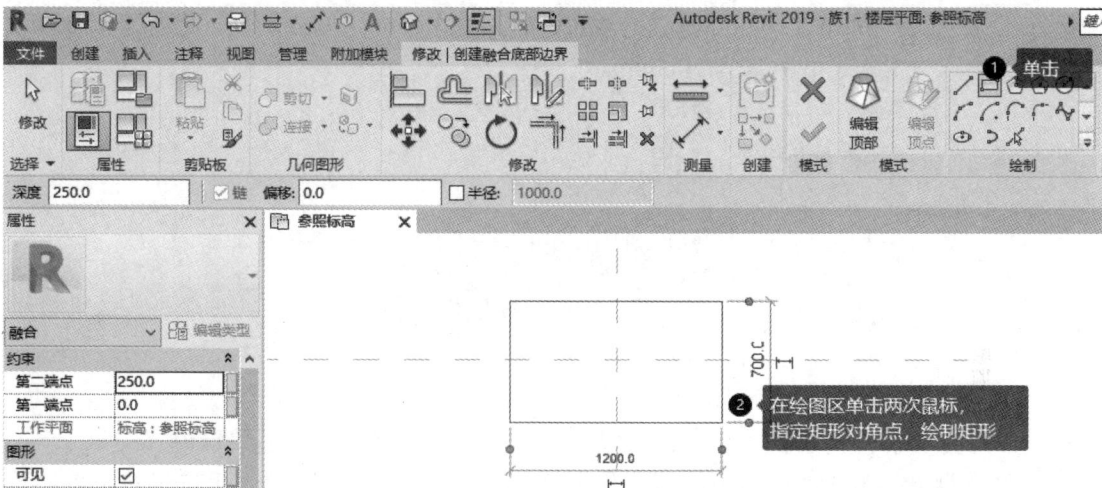

图 7-9 绘制底部轮廓

完成底部边界创建后，切换至"顶部边界"编辑状态，如图 7-10 所示，操作如下。

选择【修改 | 创建融合底部边界】选项卡→【模式】面板，单击【编辑顶部】按钮 🝆。

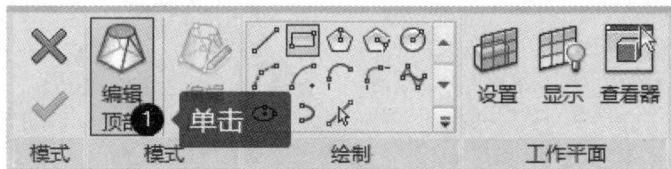

图 7-10 切换至顶部轮廓编辑状态

在屏幕上，底部边界会从洋红色变为灰色。使用【绘制】工具绘制顶部轮廓，如图 7-11 所示。

---

① 【绘制】工具的使用参考本书 11.3 节。

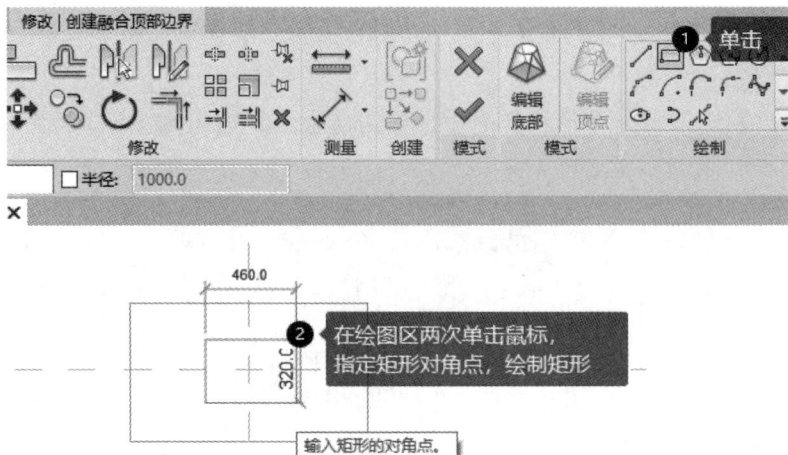

图 7-11　绘制顶部轮廓

用户可以随时修改【属性】面板中的"约束"参数，改变融合的起点和终点，如图 7-12 所示。图中，"第一端点"确定了底部轮廓与工作平面之间的距离，此处为"0"，表明底部轮廓在工作平面上；"第二端点"确定了顶部轮廓与工作平面之间的距离，此处为"500.0"，表明顶部轮廓与工作平面距离为 500 mm。

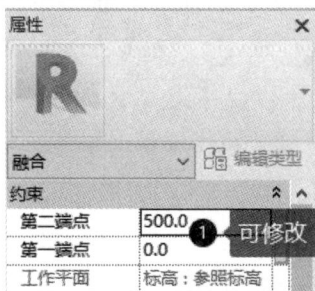

图 7-12　约束参数的设置

单击【完成编辑模式】按钮✔，完成融合的创建，并退出"草图编辑模式"。

创建的四棱台在三维视图中的状态如图 7-13 所示。融合完成后，用户仍然可以通过【属性】面板中"第一端点"和"第二端点"的值，对融合距离进行修改。

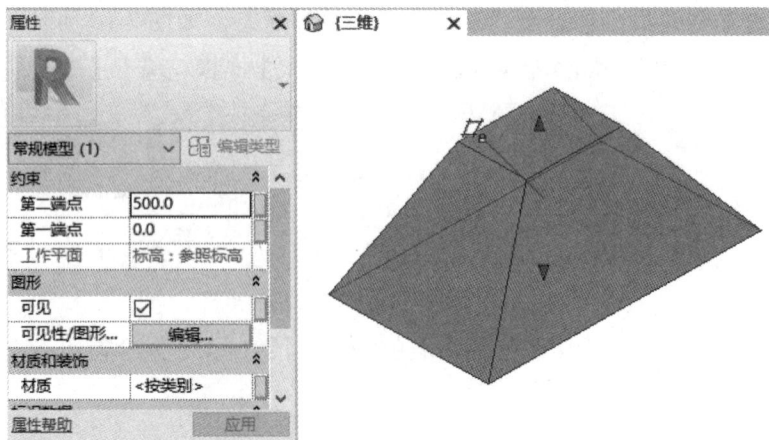

图 7-13　用【融合】工具创建的四棱台

7.2.3　旋转

旋转是通过绕轴放样一个二维轮廓，创建三维形状。旋转角度可以为 0°(不含)至 360°(含)之间的任意值。如果旋转轴与二维轮廓相接触，则产生一个实心几何形体，若旋转轴在二维轮廓外，则会产生一个空心几何图形。

下面以矩形截面的 3/4 圆环为例，介绍【旋转】工具的使用方法。

在"族编辑器"中启用【旋转】工具，如果有需要可以在创建旋转之前设置工作平面，如图 7-14 所示，操作如下。

选择【创建】选项卡→【形状】面板，单击【旋转】按钮 ⬚。

图 7-14　启用【旋转】工具

Revit 将进入"草图编辑模式"，显示【修改 | 创建旋转】选项卡。当前处于旋转边界的创建模式，用户使用【绘制】工具绘制二维轮廓，如图 7-15 所示。

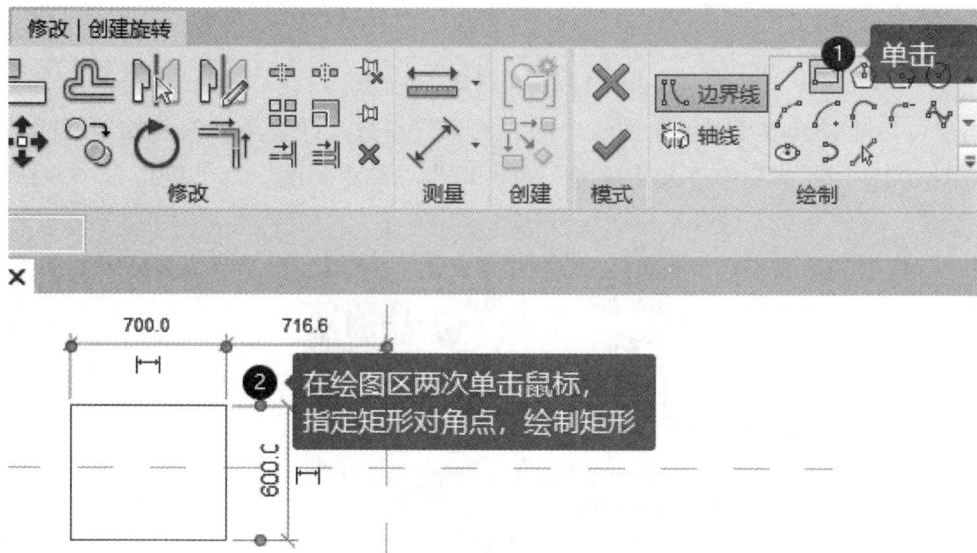

图 7-15　绘制顶部轮廓

完成旋转轮廓的创建后，切换至创建"轴线"状态，如图 7-16 所示，操作如下。

选择【修改 | 创建旋转】选项卡→【绘制】面板，单击【轴线】按钮 ⬚。

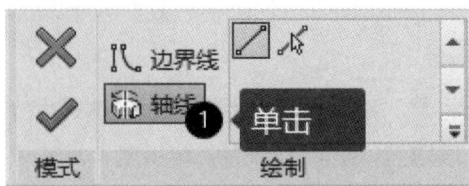

图 7-16　切换至创建"轴线"状态

Revit 进入创建直线的状态，在绘图区绘制直线①，该直线即为旋转的轴线，如图 7-17 所示。

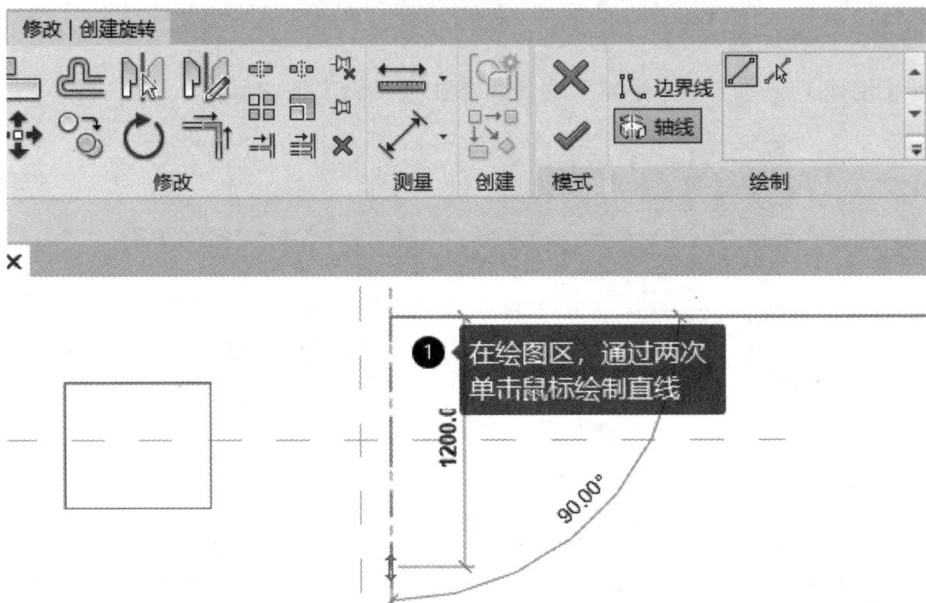

图 7-17　绘制【旋转】轴线

用户可以随时修改【属性】面板中的"约束"参数，改变旋转的起始角度和结束角度，如图 7-18 所示。图中"起始角度"为"0°"，"结束角度"为"270°"，表明旋转了3/4 个圆周。

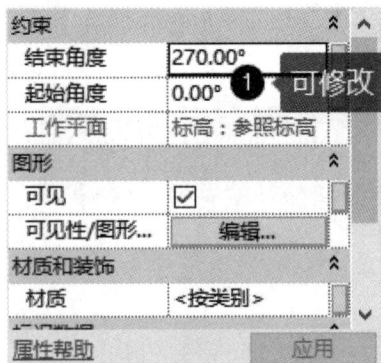

图 7-18　约束角度参数设置

---

① 直线的创建方法见本书 11.3.1 节。

单击【完成编辑模式】按钮✔，完成旋转的创建，并退出"草图编辑模式"。

旋转创建的 3/4 圆环在三维视图中的状态如图 7-19 所示。旋转完成后，用户仍然可以通过【属性】面板中"起始角度"和"结束角度"的值，对旋转进行修改。

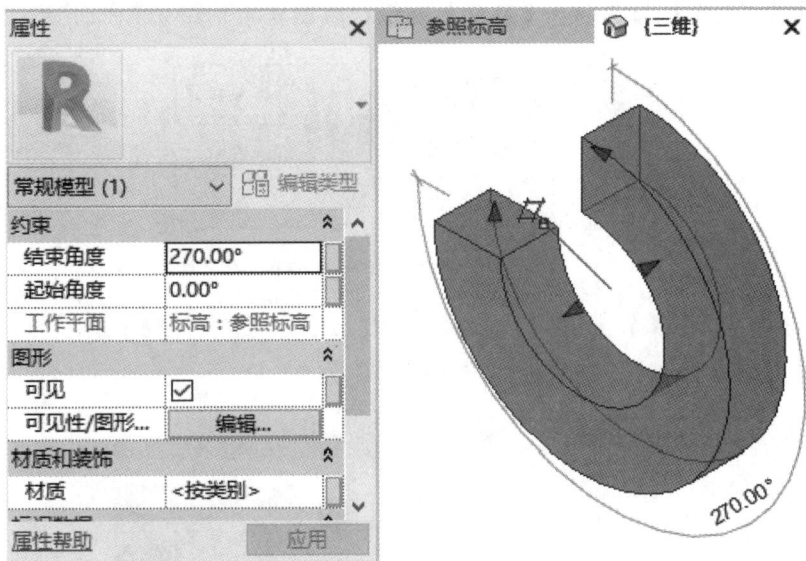

图 7-19　创建 3/4 圆环

7.2.4　放样

放样命令是将一个二维轮廓沿着一条路径进行扫掠，创建三维形体。创建路径需要注意以下三个方面：① 路径可以是直线，也可以是曲线，或者是直线和曲线的组合；② 路径既可以是闭合的，也可以是开放的，但路径必须唯一，一次放样不能存在多条路径；③ 路径不必在同一个平面内，即允许在多个工作平面中绘制路径。

下面创建一个倒"J"形拐杖为例，介绍【放样】工具的用法。

在"族编辑器"中启用【放样】工具，如果有需要可以在创建放样之前设置工作平面，如图 7-20 所示，操作如下。

选择【创建】选项卡→【形状】面板，单击【放样】按钮🍥。

图 7-20　启用【放样】工具

Revit 将进入"草图编辑模式",显示【修改 | 放样】选项卡。当前处于放样路径的创建模式,用户可以使用【绘制】工具绘制路径,也可以选择已有的线条作为路径。本例采用绘制路径的方法,如图 7-21 所示,操作如下。

选择【修改 | 放样】选项卡→【放样】面板,单击【绘制路径】按钮 ✎。

图 7-21　选择【绘制路径】

Revit 将进入"草图编辑模式",显示【修改 | 放样 > 绘制路径】选项卡。在绘图区采用合适的绘图工具绘制倒"J"形路径,如图 7-22 所示。

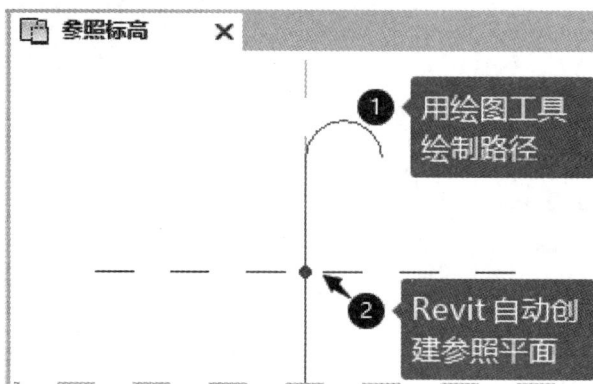

图 7-22　绘制【放样】路径

单击【完成编辑模式】按钮 ✔,完成放样路径的创建。下面进行轮廓的创建,用户可以载入轮廓族,也可以直接进行轮廓的绘制。本例采用直接绘制的方法,选择进入编辑轮廓状态,如图 7-23 所示,操作如下。

选择【修改 | 放样】选项卡→【放样】面板,单击【选择轮廓】按钮 🍥→单击【编辑轮廓】按钮 🗔。

图 7-23　选择【编辑轮廓】

Revit 弹出【转到视图】对话框,供用户选择切换至合适的视图进行轮廓编辑操作,此时切换至前立面视图,如图 7-24 所示,操作如下。

【转到视图】对话框→单击选中"立面：前"视图选项→单击【打开视图】按钮。

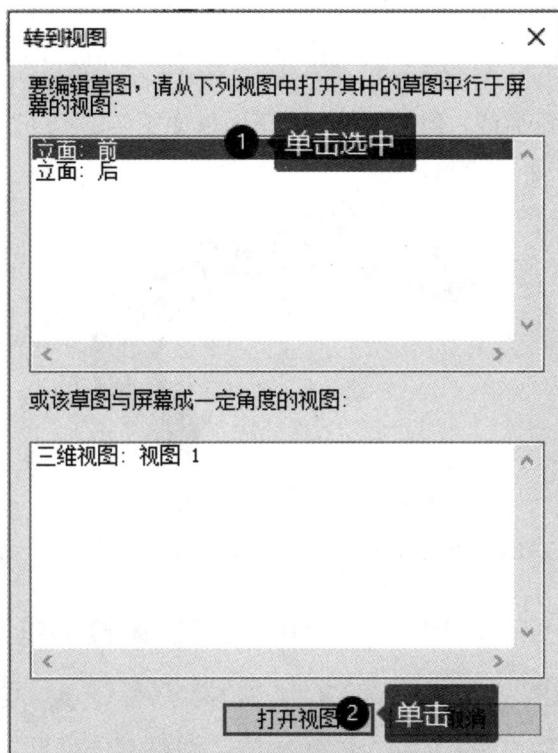

图 7-24 【转到视图】对话框

Revit 显示【修改|放样＞编辑轮廓】选项卡，采用绘图工具绘制轮廓。注意轮廓必须是闭合环，此处绘制一个圆，如图 7-25 所示。

单击【完成编辑模式】按钮 ✔，完成放样轮廓的创建，退出轮廓编辑状态。然后再次单击【完成编辑模式】按钮 ✔，完成放样形体的创建。在三维视图中的形体状态如图 7-26 所示。

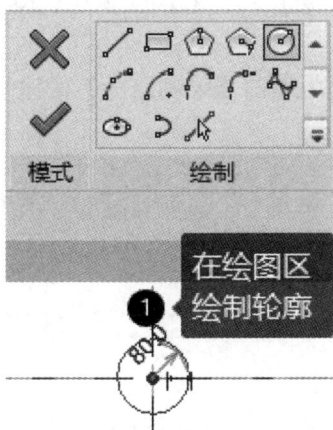

图 7-25 绘制放样轮廓

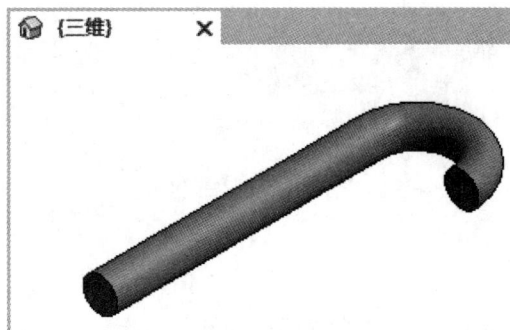

图 7-26 完成放样的形体

7.2.5　放样融合

放样融合就是"放样"与"融合"的叠加，其创建的形状由起始轮廓、最终轮廓和路径确定。路径可以是三维曲线，但必须唯一。下面以如图 7-27 所示的形体为例，介绍【放样融合】工具的使用方法。

图 7-27　放样融合创建的形体

在"族编辑器"中启用【放样融合】工具，如果有需要可以在创建放样融合之前设置工作平面，如所示，操作如下。

选择【创建】选项卡→【形状】面板，单击【放样融合】按钮 ，见图 7-28。

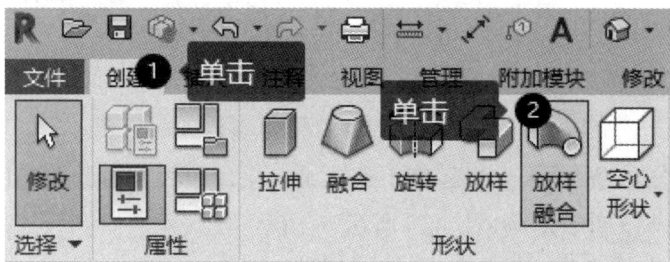

图 7-28　启用【放样融合】工具

Revit 将进入"草图编辑模式"，显示【修改 | 放样融合】选项卡。当前处于放样路径的创建模式，用户可以使用【绘制】工具绘制路径，也可以选择已有的线条作为路径。本例采用绘制路径的方法，如图 7-29 所示，操作如下。

选择【修改 | 放样融合】选项卡→【放样融合】面板，单击【绘制路径】按钮 。

图 7-29　选择【绘制路径】

Revit 将进入"草图编辑模式"，显示【修改 | 放样融合 > 绘制路径】选项卡。在绘图区采用合适的绘图工具绘制半圆形路径，如图 7-30 所示。

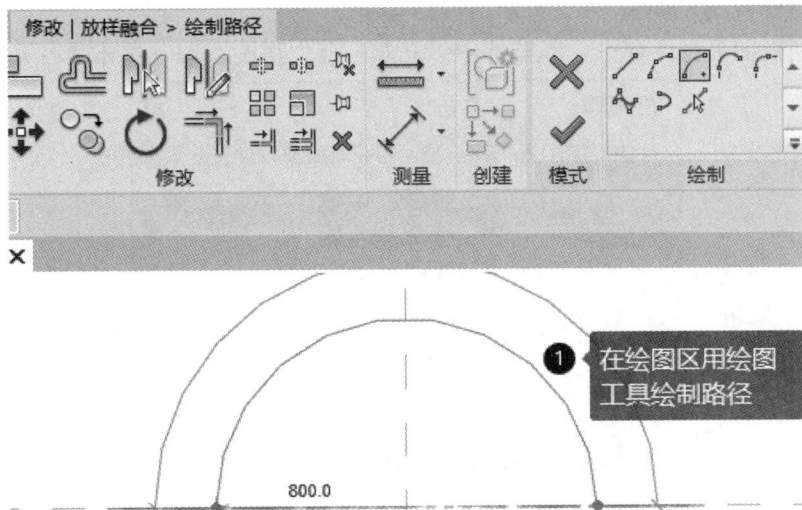

图 7-30 绘制【放样融合】路径

单击【完成编辑模式】按钮✔，完成路径的创建，进入轮廓的创建状态。Revit 会在路径的起始位置和终点位置自动创建两个参照平面，用于绘制起始轮廓和终点轮廓，当鼠标靠近参考平面的位置时，会显示参考平面的名称信息，如图 7-31 所示。左右两个参考平面的名称分别为"轮廓：轮廓 1"和"轮廓：轮廓 2"。

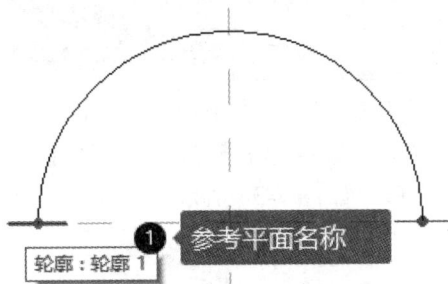

图 7-31 显示参考平面名称

用户可以载入轮廓族，也可以直接进行轮廓的绘制，本例采用直接绘制的方法。

首先编辑第一个轮廓，如图 7-32 所示，操作如下。

选择【修改|放样融合】选项卡→【放样融合】面板，单击【选择轮廓 1】按钮 →单击【编辑轮廓】按钮。

图 7-32 进入轮廓 1 的编辑状态

Revit 弹出【转到视图】对话框①，供用户选择切换至合适的视图进行轮廓编辑操作，此

① 如果没有合适的视图，Revit 将直接切换至三维视图，供用户进行轮廓创建的相关操作。

时切换至前立面视图，如图 7-33 所示，操作如下。

在【转到视图】对话框中，单击选中"立面：前"视图选项→单击【打开视图】按钮。

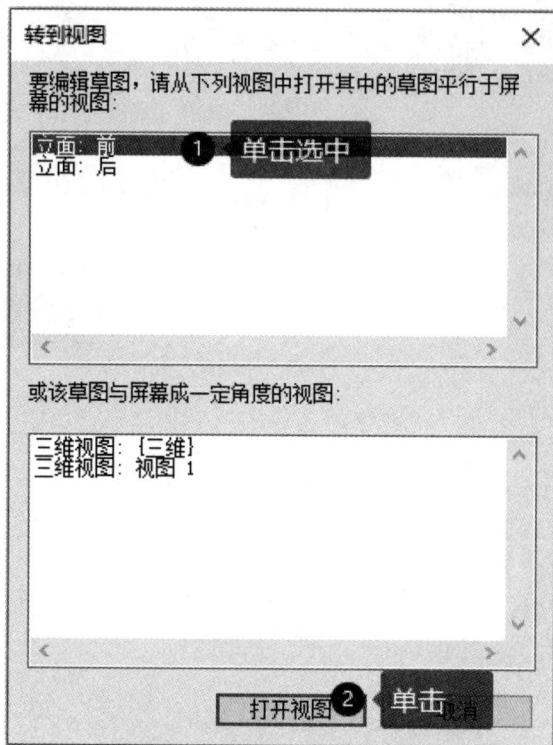

图 7-33　【转到视图】对话框

Revit 显示【修改 | 放样融合 > 编辑轮廓】选项卡，采用绘图工具绘制轮廓。注意轮廓必须闭合，此处绘制一个八边形，如图 7-34 所示。

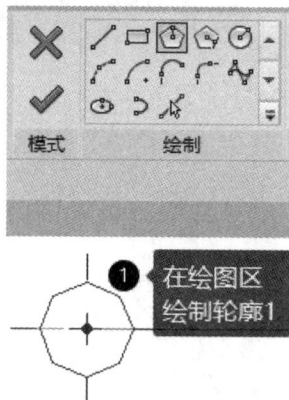

图 7-34　绘制轮廓 1

单击【完成编辑模式】按钮✔，完成第一个轮廓的编辑。

然后，编辑第二个轮廓，如图 7-35 所示，操作如下。

选择【修改 | 放样融合】选项卡→【放样融合】面板，单击【选择轮廓 2】按钮🐾→单击【编辑轮廓】按钮📝。

图 7-35 进入轮廓 2 的编辑状态

同轮廓 1 的编辑，在绘图区绘制正方形，如图 7-36 所示。

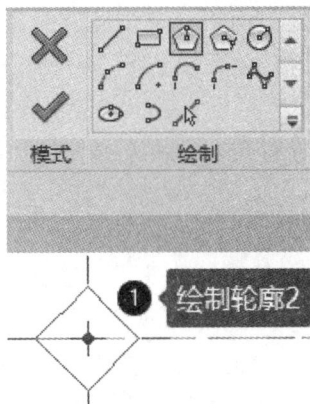

图 7-36 绘制轮廓 2

单击【完成编辑模式】按钮✔️，完成轮廓 2 的创建，退出轮廓编辑状态。然后，再次单击【完成编辑模式】按钮✔️，完成放样融合形体的创建。在三维视图中的形体状态如图 7-37 所示。

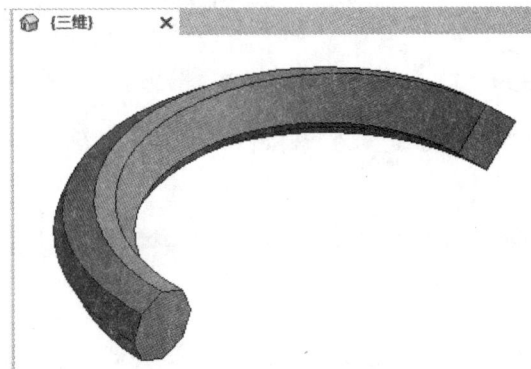

图 7-37 完成放样融合的形体

7.3　族类型和族参数

族的灵活性主要表现在对族类型参数和实例参数的使用中，通过修改参数，可以对族类型和族实例进行更多的控制，增加模型的灵活适应性。在本书的第 1 章中已经介绍了族、族类型和实例之间的关系。

族参数分为"族类型参数"和"实例参数"。在本书 1.2.2 节中已经介绍过，同一个族可以派生出多种族类型，一个族类型可以生成多个实例。当修改某族类型参数时，所有由该族类型生成的实例都会受到影响，但是其他族类型生成的实例不受影响；当修改实例参数时，则只会影响当前的实例，其他实例均不受影响。

7.3.1　创建族类型

在"族编辑器"中可以创建新的族类型[①]。

首先打开【族类型】对话框，如图 7-38 所示，操作如下。

选择【创建】选项卡→【属性】面板，单击【族类型】按钮 ￼。

图 7-38　打开【族类型】对话框

Revit 弹出【族类型】对话框，新建类型，如图 7-39 所示，操作如下。

在【族类型】对话框中，单击【新建】按钮 ￼ →输入名称"族-1"→单击【确定】按钮。

图 7-39　输入【族类型】名称

在【族类型】对话框中重复上述操作，根据需要创建更多的族类型，如"族-2""族-3"等。该对话框的下拉列表中罗列了所有族类型，如图 7-40 所示，用户可以进行选择切换。当选中某族类型时，参数列表中即会罗列对应族类型参数的值，用户可以对族类型参数的值进行修改。

单击【确定】按钮，退出【族类型】对话框。

---

① 在项目编辑器中也可以创建新的族类型，方法类似。

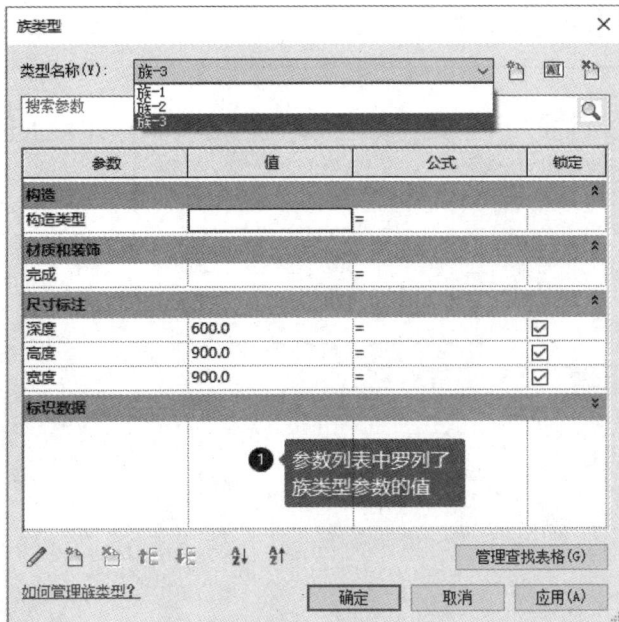

图 7-40　【族类型】的切换

7.3.2　创建族参数

在【族类型】对话框中，可以创建族参数，包括类型参数和实例参数。

在"族编辑器"中，打开【族类型】对话框，具体操作如下。

选择【创建】选项卡→【属性】面板，单击【族类型】按钮 ⬚。

在【族类型】对话框中，启用【新建参数】，如图 7-41 所示，操作如下。

在【族类型】对话框中，单击【新建参数】按钮 🗂。

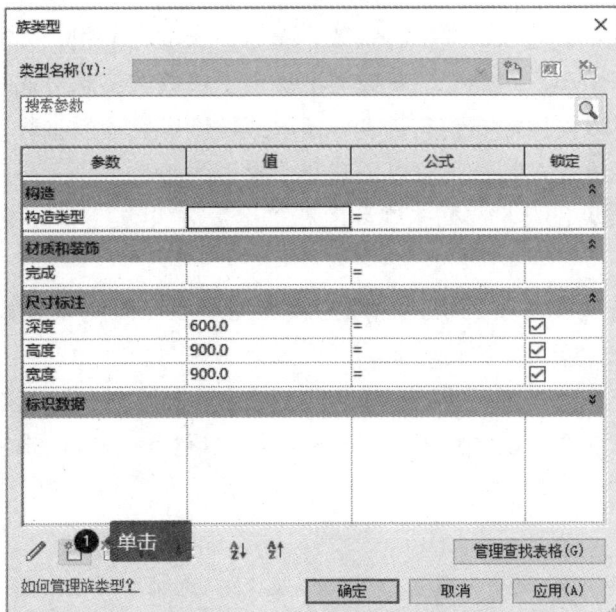

图 7-41　启用【新建参数】

弹出【参数属性】对话框，如图 7-42 所示。

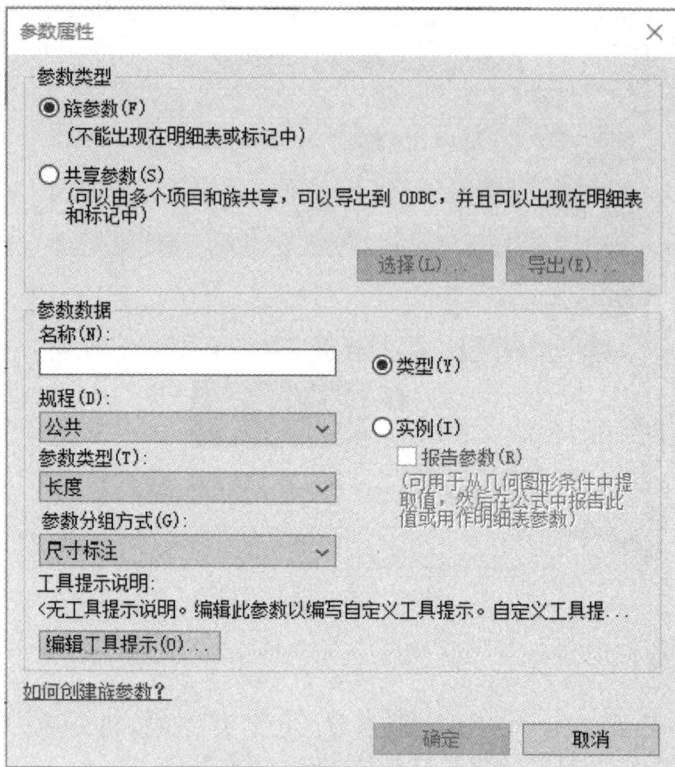

图 7-42 【参数属性】对话框

在【参数属性】对话框"参数数据"区，用户根据需要进行选择或输入，下面对"参数数据"进行说明。

"参数类型"有若干选项，文字、整数、编号、长度、面积、体积、角度、坡度、货币、URL、材质、Yes/No、族类型。参数类型决定了参数的信息格式及用途，如果用户需要控制族的尺寸，可以根据需要创建长度、角度或坡度等类型的参数，如果用户需要对族的资金、造价等信息进行控制，则可以创建货币类型的参数。

根据专业以及参数分组，选择"规程"和"参数分组方式"，并定义一个有意义的参数名[1]。

"类型"选项若选中，则表明该参数为族类型参数，改变该参数将影响其生成的所有实例。

"实例"选项若选中，则表明该参数为实例参数，该参数仅仅影响一个族的实例。

"报告参数"选项若勾选，则表明用户无法修改该实例参数，报告参数是由几何条件提取的值[2]。

---

[1] Revit 对参数名的规定并不严格，中英文、下画线以及特殊符号都可以用来对参数进行命名。为了保持族的通用性，用户在对参数进行命名时应考虑参数名的可读性。

[2] 对编程比较熟悉的读者可以将"报告参数"理解为几何条件的"只读参数"。

完成上述选项的输入后，单击【参数属性】对话框中的【确定】按钮，即完成了一个参数的创建。

7.3.3 将族参数应用于尺寸标注

为了使用户可以对族的尺寸进行参数化控制，可以用参数来控制永久尺寸标注，通过修改参数调整族的形状尺寸。如图 7-43 所示，永久尺寸标注标明了参照平面之间的距离，下面创建族类型参数并将其应用于该尺寸标注。

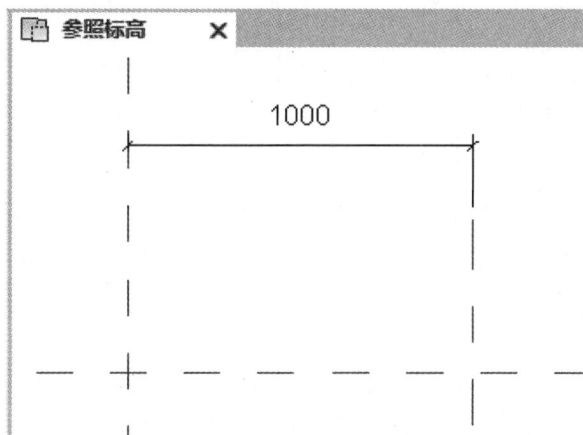

图 7-43　永久性尺寸标注

选中上述永久尺寸标注，Revit 显示【修改 | 尺寸标注】选项卡，创建一个与之相关联的参数，如图 7-44 所示，操作如下。

单击选中尺寸标注→选择【修改 | 尺寸标注】选项卡→【标签尺寸标注】面板，单击【创建参数】按钮 。

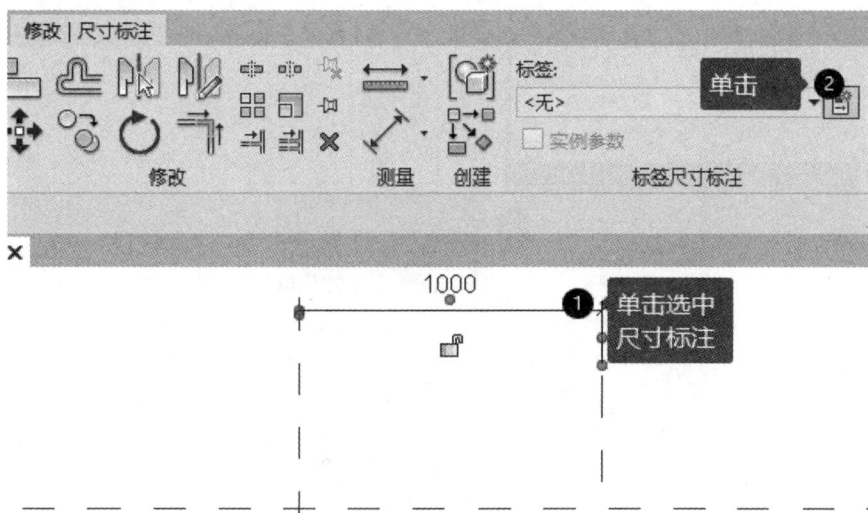

图 7-44　创建族参数

Revit 会弹出【参数属性】对话框，如图 7-45 所示。填写参数名，如"1"，点击【确定】按钮，即可创建一个长度参数 1 与尺寸标注关联。

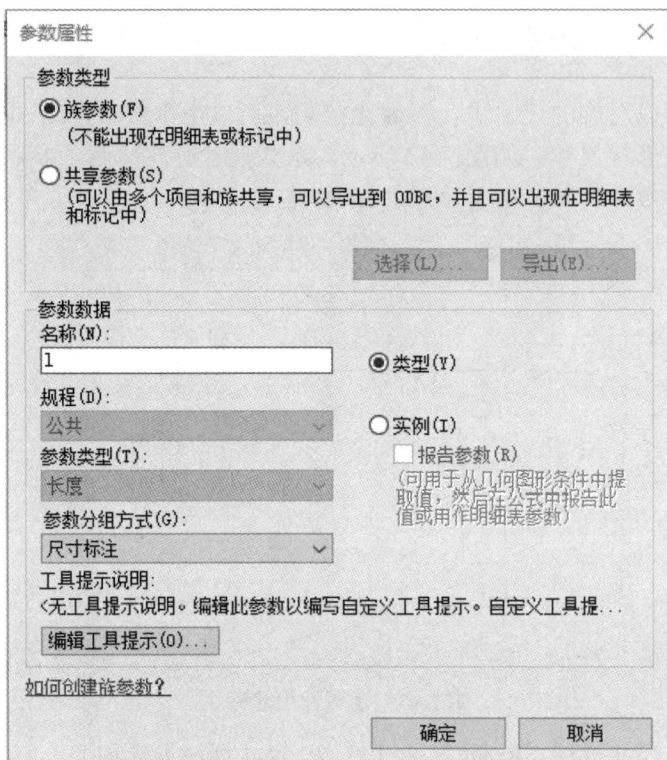

图 7-45　在【参数属性】对话框中输入参数名

如果需要创建"实例参数"，需要在【参数属性】对话框中选择"实例"选项。完成后，尺寸标注显示如图 7-46 所示。请读者尝试在【族类型】(单击【族类型】按钮 🔡)对话框中修改"1"的值，验证是否能改变参照平面之间的距离。

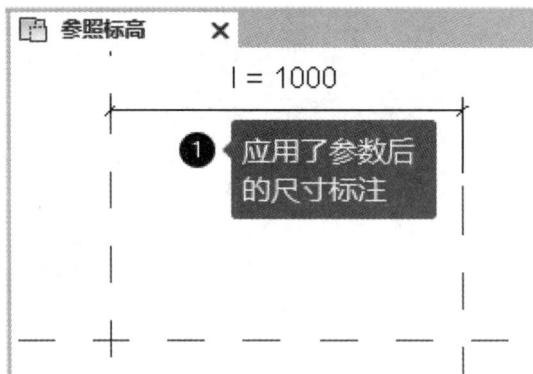

图 7-46　永久性尺寸标注

不仅长度标注可以与参数进行关联，角度标注、半径标注、直径标注和阵列个数等都可以按照类似的方法与参数进行关联，请注意举一反三，灵活应用。

7.4 创建族

本节将综合运用建模工具，展示族的创建方法。由于本节主要强调综合技巧，因此对基本操作步骤的描述较为简略，涉及的基本操作除了本章节的内容外，还包括本书其他章节，如第 11 章的内容，请读者注意参考。

7.4.1 轮廓族

本节将创建一个梯形门脸的轮廓族，在本书的 7.4.4 节中将应用该族，族的样式如图 7-47 所示。创建过程如下。

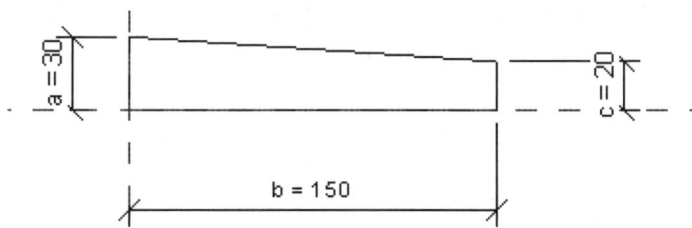

图 7-47　门脸轮廓族

首先，新建一个族，在【新族 - 选择样板文件】对话框中，选择"公制轮廓.rft"文件打开，如图 7-48 所示，具体操作如下。

选中"公制轮廓.rft"文件→单击【打开】按钮。

图 7-48　用"公制轮廓"样板新建族

进入 Revit 族编辑器。在绘图区显示了"参照标高"平面，并包含两个参照平面"中心(前/后)"和"中心(左/右)"。选择合适的路径将该族保存，文件名为"profile1.rfa"。

在绘图区绘制轮廓的大体形状，不要求尺寸精确，如图 7-49 所示。

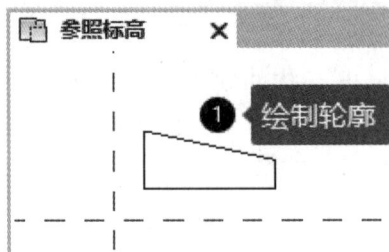

图 7-49　绘制轮廓形状

用【修改】选项卡中的【对齐】工具 ，将轮廓的左边缘和下边缘分别与参照平面中心(左/右)和参照平面中心(前/后)对齐并锁定[①]，如图 7-50 所示。

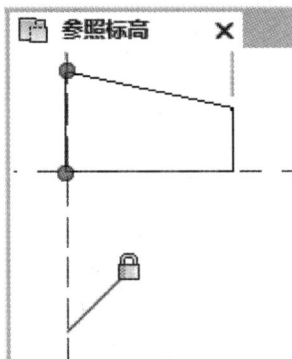

图 7-50　将轮廓与参照平面对齐并锁定

按照 7.3.3 节方法，创建尺寸标注参数 a、b 和 c，如图 7-51 所示。

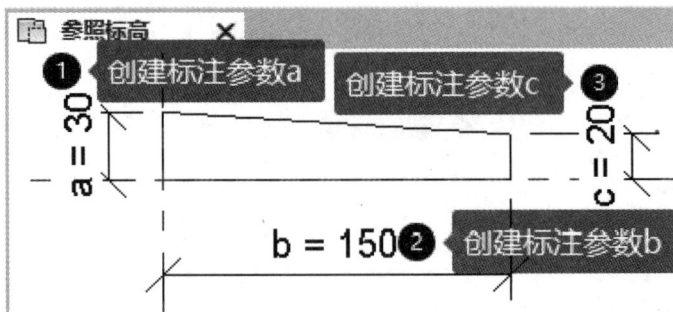

图 7-51　创建尺寸参数

轮廓族创建完毕，用户可以尝试调整参数 a、b 和 c，看看梯形轮廓的底边长度和高是否会发生相应的变化。

7.4.2　标题栏

标题栏是图纸的样板，包含页面边框、公司信息、项目信息等。不同的组织在出图时

---

① 相关操作参考本书 11.6.3 节。

图纸样板一定是不同的，同一个组织也需要不同的图纸样板(标题栏)来适应不同的图纸尺寸。尽管 Revit 包含了若干标题栏，可以通过载入族的方法将其载入到项目中，但实际中用户还是需要创建符合自身需求的标题栏。下面以 A2 图纸为例，介绍创建标题栏的基本方法。

首先新建一个族，在【新族 - 选择样板文件】对话框中，进入"标题栏"文件夹，如图 7-52 所示，操作如下进行。

在【新族 - 选择样板文件】对话框中，选择"标题栏"文件夹→选中"A2 公制.rft"文件→单击【打开】按钮。

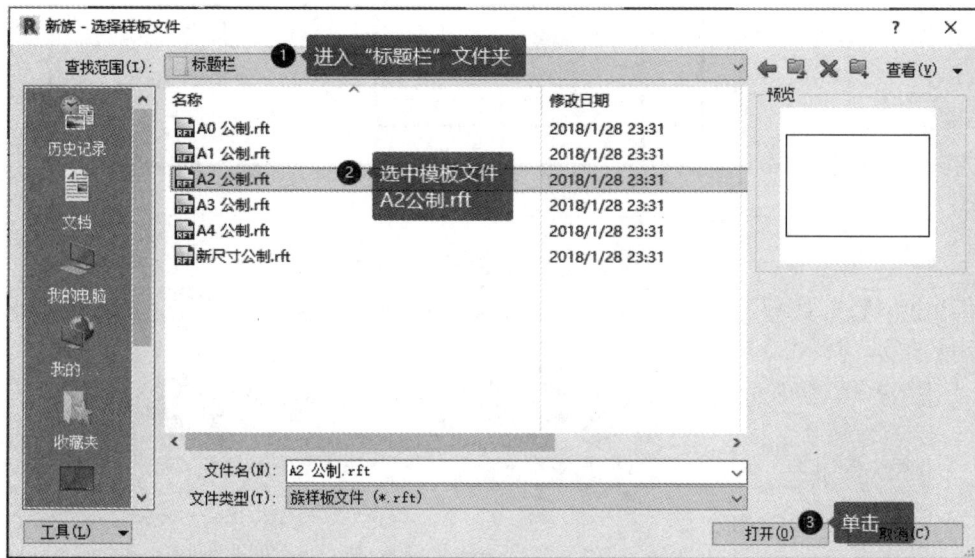

图 7-52 选择 A2 图纸对应的族模板文件

Revit 启动族编辑器，视图区显示的矩形即为 A2 图纸的边线。和轮廓族一样，标题栏族也是二维平面，只需要在其中添加线条、二维图形和文字标记，族编辑器根据该需求显示了相应的功能按钮，如图 7-53 所示。

图 7-53 标题栏族模板

用【直线】工具，在绘图区绘制图框线和标题栏[①]，如图 7-54 所示。绘制时注意选择合适的线样式。

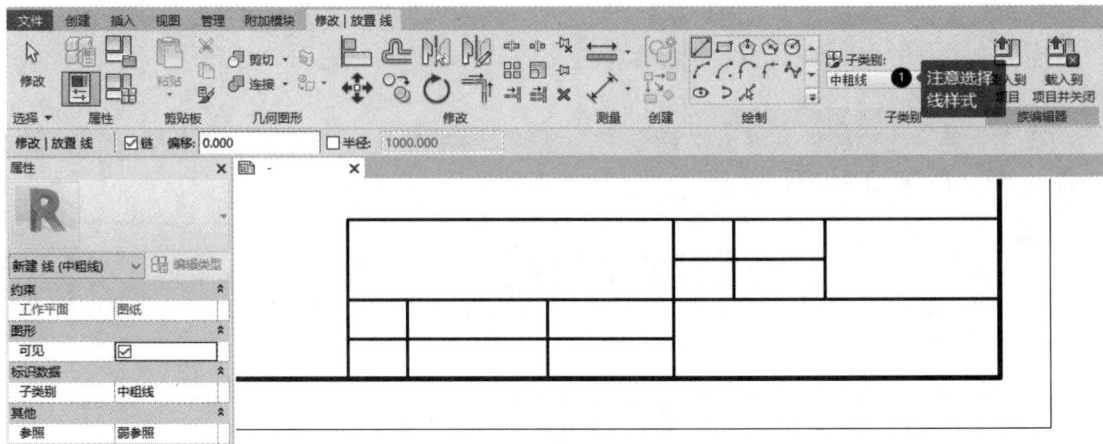

图 7-54　绘制图框及标题栏

用【文字】工具[②]，在标题栏中添加固定文字注释，如图 7-55 所示。添加文字时注意采用合适的文字样式。

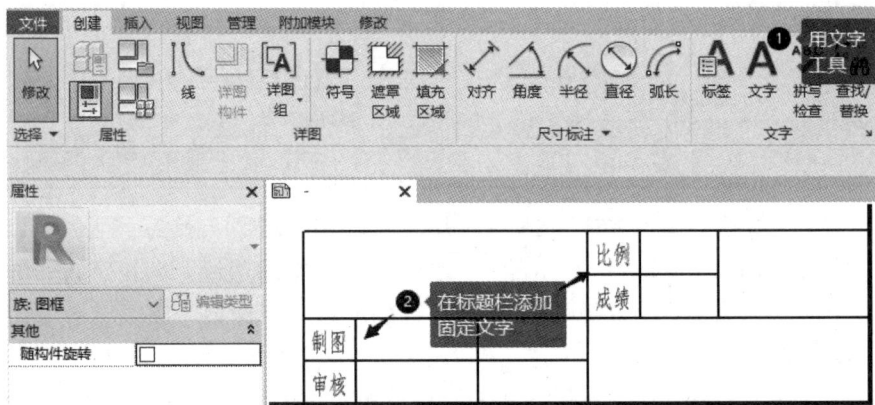

图 7-55　绘制图框及标题栏

标题栏中的制图人姓名、审核人姓名、比例值以及日期应作为参数，允许使用本标题栏族的用户进行调整。可调文字的功能还需要通过【标签】工具 来完成。

下面以"制图人"参数的添加为例进行介绍。启用【标签】工具，如图 7-56 所示。选择【创建】选项卡→【文字】面板，单击【标签】工具。

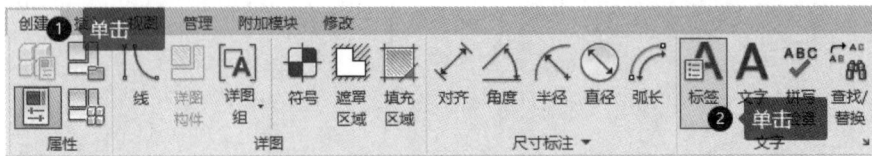

图 7-56　启动【标签】工具

---

① 图框线和标题栏的具体尺寸，请读者自行确定。
② 具体用法参考本书 8.3 节。

Revit 进入添加标签的状态，并显示【修改 | 放置标签】选项卡。添加标签之前，应对其字体进行必要的设置，操作如下，如图 7-57 所示。

选择【属性】面板→单击【编辑类型】按钮，Revit 弹出【类型属性】对话框。

新建族类型→对类型参数进行修改(主要修改"文字字体""文字大小"和"宽度系数")→单击【确定】按钮。

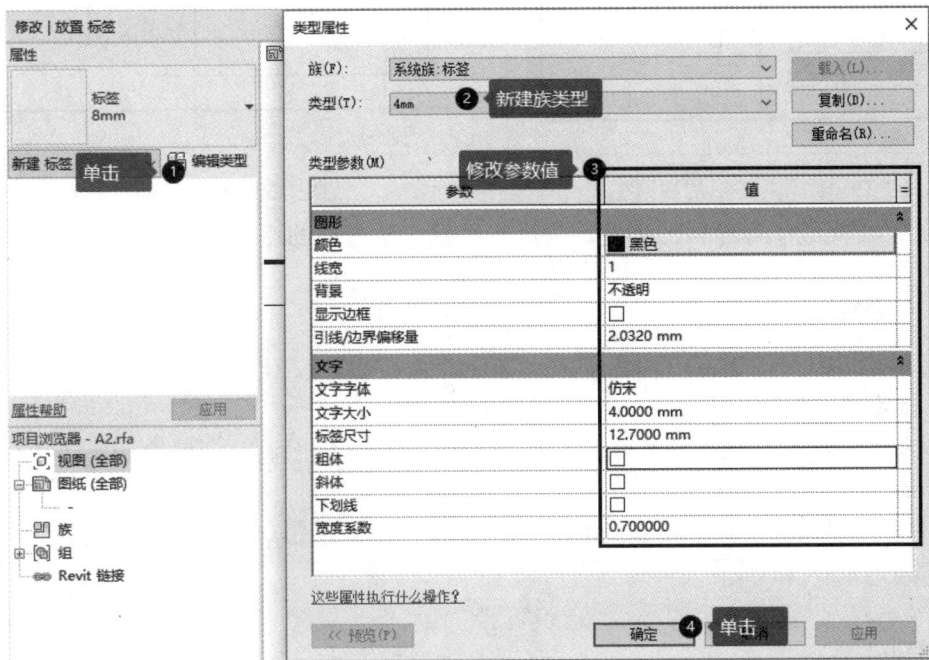

图 7-57　修改标签属性

将鼠标移至绘图区，在需要添加标签的位置(制图处)单击鼠标，Revit 弹出【编辑标签】对话框。在对话框中执行如下操作，如图 7-58 所示。

选择【类别参数】列表→单击选中"绘图员"→单击【添加参数】按钮 →修改【样例值】为"王五"→单击【确定】按钮。

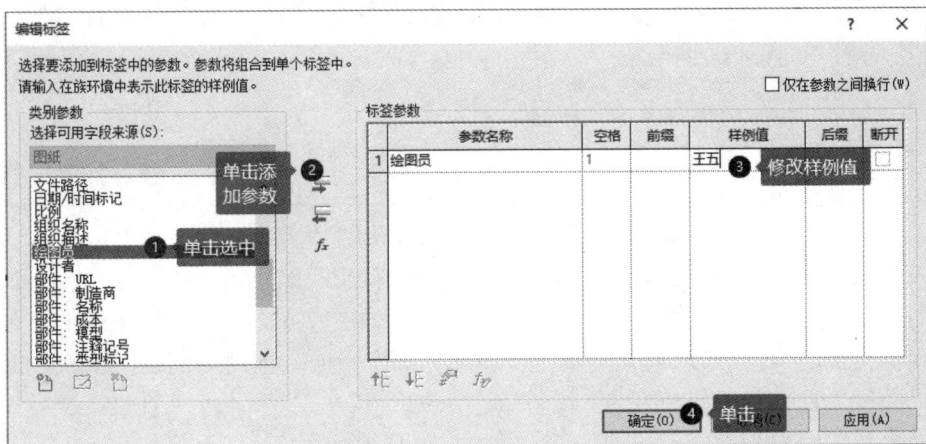

图 7-58　【编辑标签】对话框

　　完成上述操作后，视图中将会显示一个新的标签"王五"，如图 7-59 所示。若位置不合适，可以拖曳标签(或用【移动】工具 ✛)对其位置进行调整。

　　重复添加标签的相关操作，为标题栏添加"审核""比例"标签，效果如图 7-60 所示。

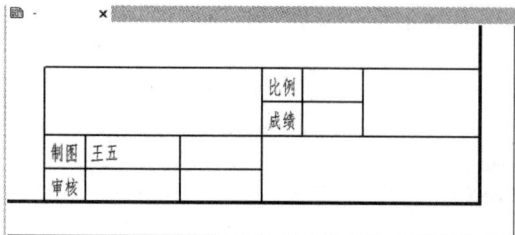

			比例	
			成绩	
制图	王五			
审核				

图 7-59　添加标签后的标题栏

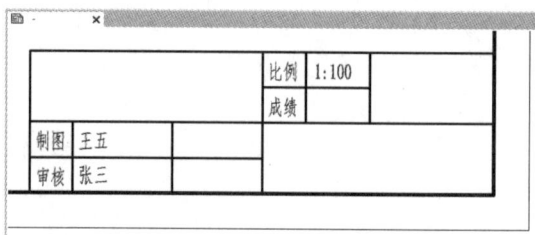

		比例	1:100
		成绩	
制图	王五		
审核	张三		

图 7-60　完成标题栏的创建

　　至此，已完成了标题栏的创建，将族文件保存至合适的路径。

7.4.3　门板族

　　本节将创建一个带锁的门板族，在本书的 7.4.4 节中将应用该族。

　　第一步，新建一个族。

　　在【新族 - 选择样板文件】对话框中，选择"基于面的公制常规模型.rft"文件打开，如图 7-61 所示。

　　选中"基于面的公制常规模型.rft"→单击【打开】按钮。

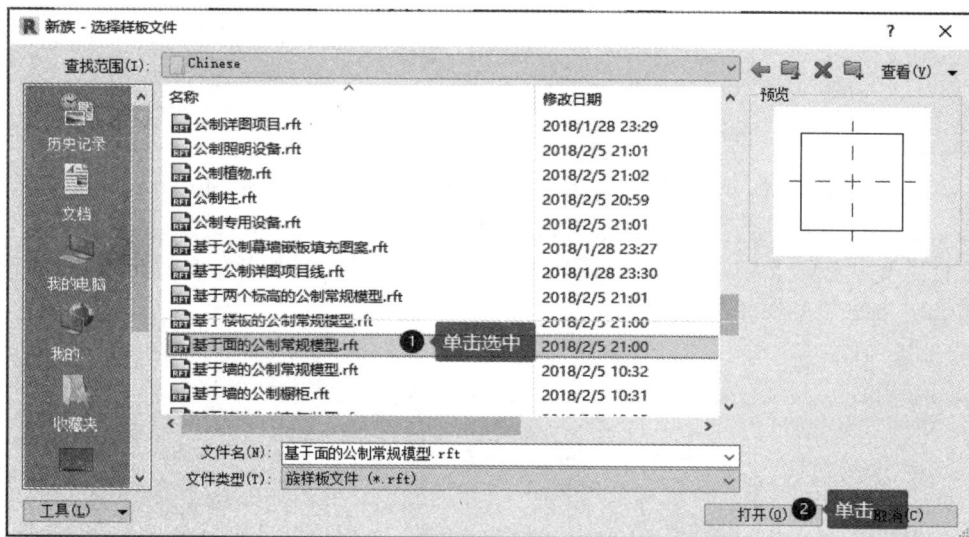

图 7-61　用基于面的公制常规模型新建族

　　进入 Revit 族编辑器，在绘图区显示了"参照标高"平面，并包含两个参照平面"中心(前/后)"和"中心(左/右)"，以及一个拉伸实体，如图 7-62 所示。样板文件的文件名说明了该族"基于面"，具体来说就是基于"参照标高"平面。本例是创建门板族，将"参照标高"平面视为门洞口的下部平面[①]。

　　选择合适的路径保存该族文件，文件名为"plank.rfa"。

_____

① 绝大多数时候，门洞口的下部平面为楼板平面。

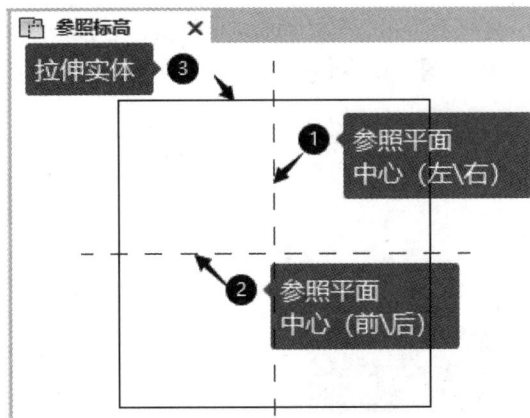

图 7-62　基于面的公制常规模型

第二步，创建参数化门板。

启动【拉伸】⬛功能，创建立方体门板。

在"参照标高"平面中，绘制门板的底面轮廓，设置拉伸起点参数为"1"[①]，如图 7-63 所示，此时不要求尺寸精确。

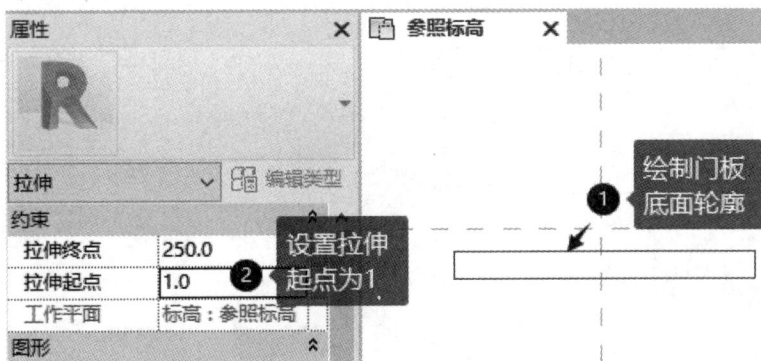

图 7-63　绘制门板底面轮廓

采用【对齐】⬛工具将轮廓上边缘与参照平面"中心(前/后)"对齐并锁定，如图 7-64 所示。

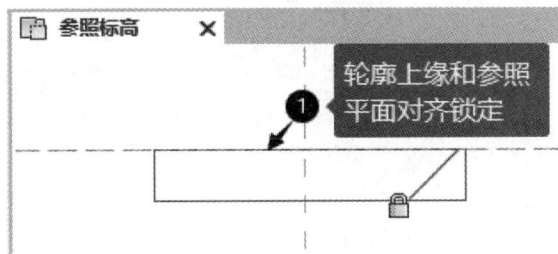

图 7-64　绘制门板底面轮廓

创建尺寸相等的限制条件，将轮廓的左右边缘约束至关于参照平面"中心(左/右)"对称[②]，如图 7-65 所示。

---

① 门板和地板之间的缝隙距离。

② 参考本书 11.6.1 节的内容。

创建尺寸标注参数，将轮廓的长度和宽度参数化，轮廓长度对应参数"门板宽"，轮廓宽度对应参数"门板厚"，如图7-66所示。将参数调整至合适的值，如900 mm、50 mm。

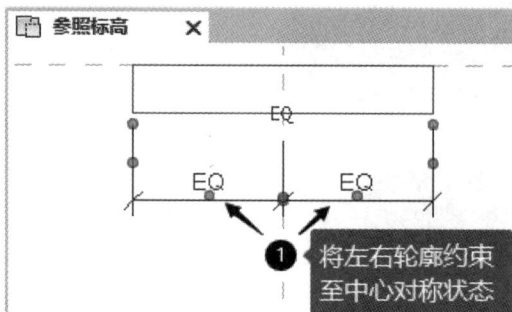

图7-65 创建相等的限制条件

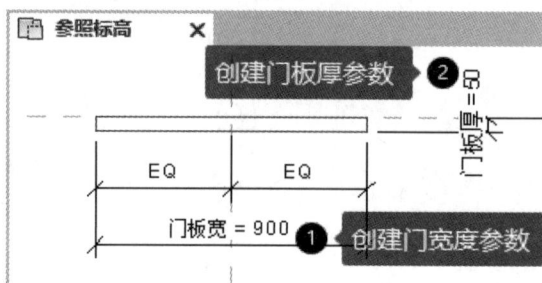

图7-66 创建门板宽、厚尺寸参数

单击【完成编辑模式】按钮✔，完成门板的拉伸。

下面将拉伸的高度，即门板的高度，进行参数化。单击【族类型】按钮，创建类型参数"门板高"[①]，如图7-67所示。

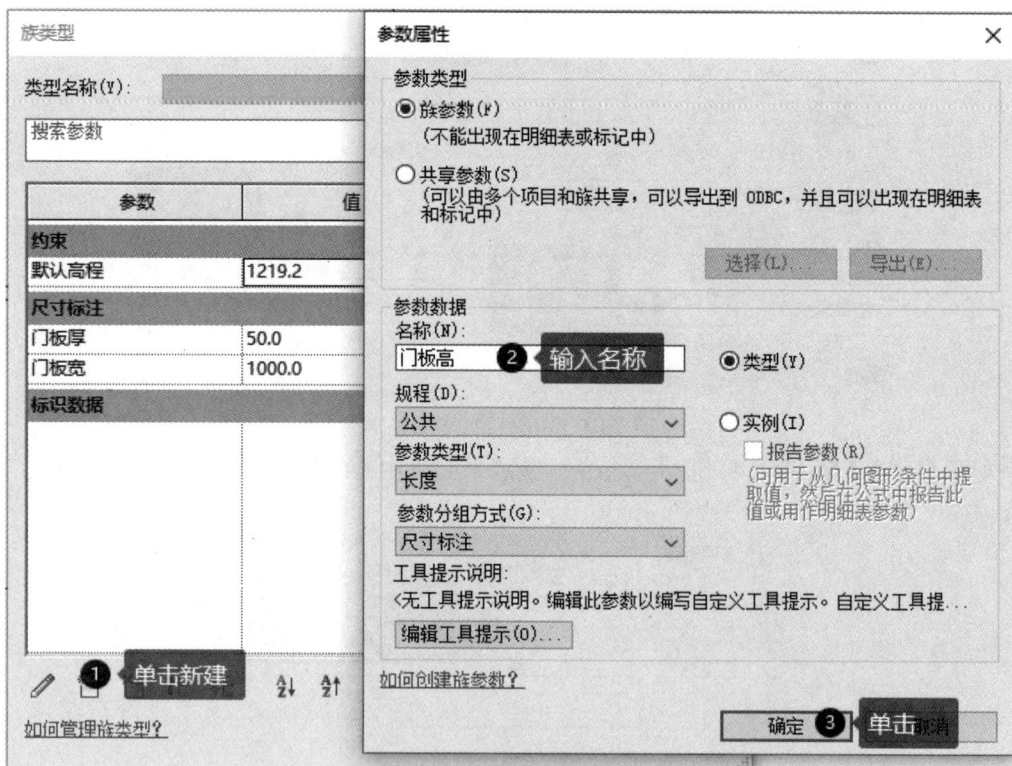

图7-67 创建"门板高"参数

将"拉伸终点"参数与"门板高"参数相关联，如图7-68所示，操作如下。

在绘图区单击选中拉伸体→【属性】面板，单击"拉伸终点"后的"关联参数"按钮。

---

① 具体方法参考本书7.3.2节的内容。

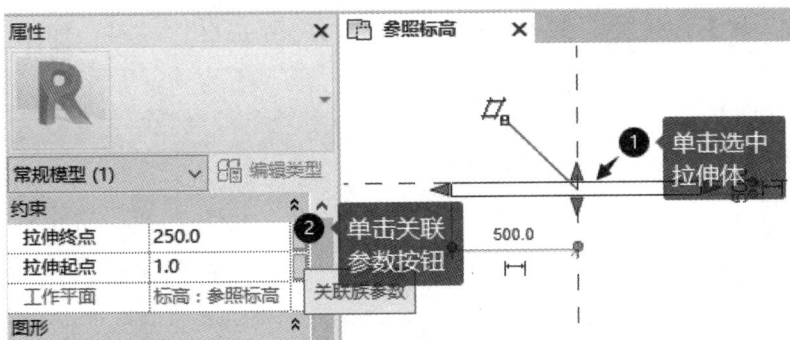

图 7-68　关联"拉伸终点"参数

Revit 弹出【关联族参数】对话框，选中其中的"门板高"选项，如图 7-69 所示，完成参数的关联，操作如下。

选择"门板高"→单击【确定】按钮。

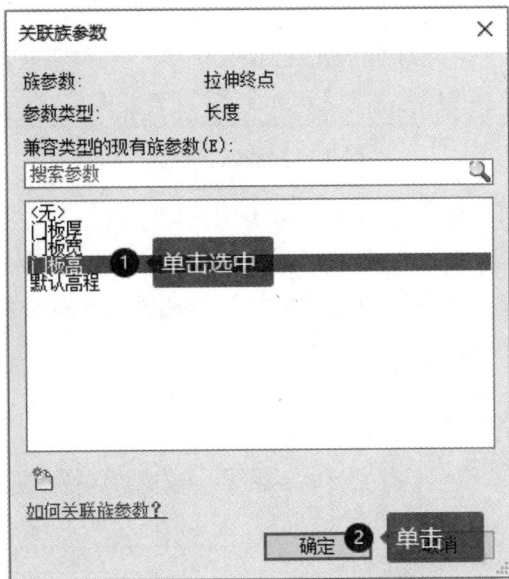

图 7-69　选中"门板高"参数

注意："拉伸高度"参数是从工作平面至拉伸顶面的距离，而不是拉伸起点至拉伸顶面的距离。

第三步，插入门锁族。

门锁中心应位于门板厚方向的中心，因此创建参照平面 a，并用相等距离进行约束，如图 7-70 所示。

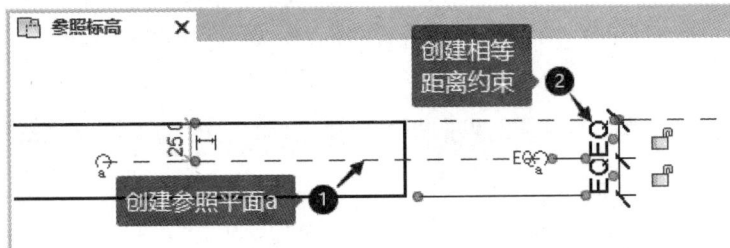

图 7-70　门锁的水平位置

单击【载入族】按钮 ，载入合适的门锁族"门锁 1.rfa"①文件，如图 7-71 所示。

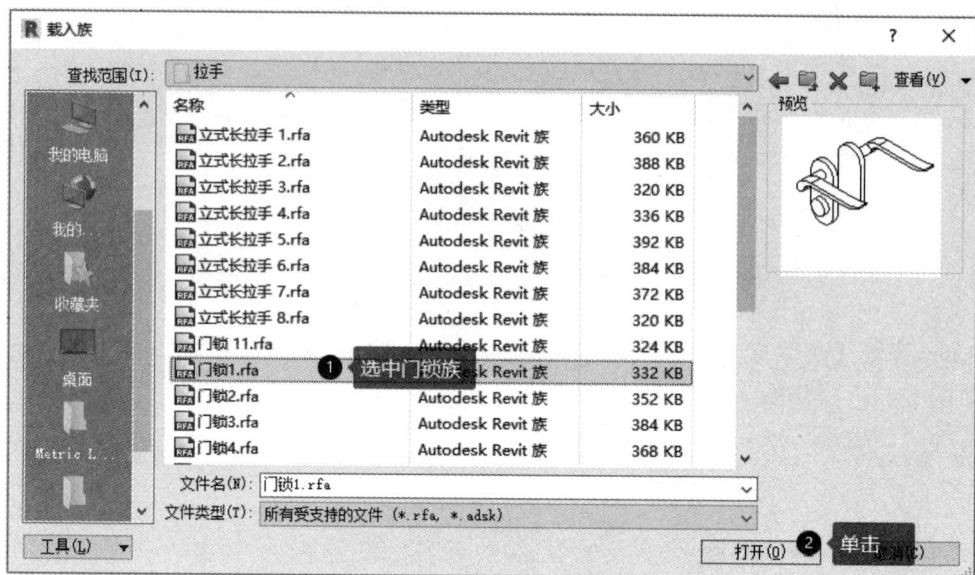

图 7-71　载入门锁族

创建一个门锁的实例，如图 7-72 所示，操作如下。

选择【项目浏览器】→右键单击"门锁 1"选项→单击【创建实例】选项→【参照标高】视图，单击鼠标放置门锁→按键盘【空格】键调整门锁的方向。

此时不考虑门锁的精确位置。

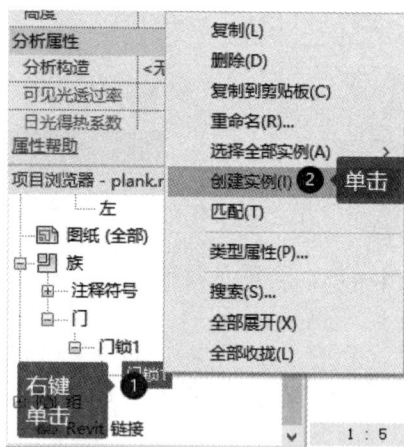

(a) 启动创建实例功能　　　　　(b) 在绘图区放置实例

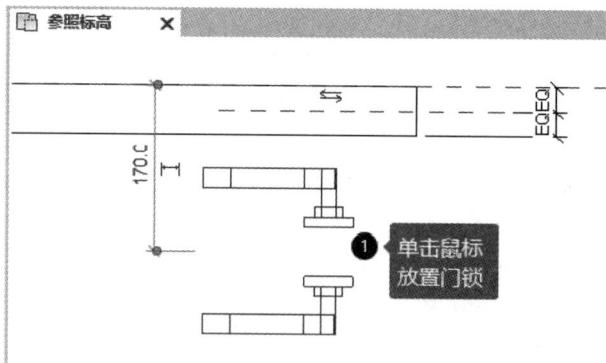

图 7-72　创建门锁实例

采用【对齐】工具 将门锁的参照平面"中心(前/后)"与参照平面 a 对齐并锁定，如图 7-73 所示。

---

① 参考本书 7.1.2 节的内容。

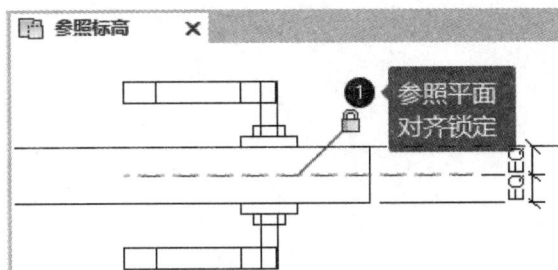

图 7-73　门锁参照平面的对齐锁定

门锁中心与门板右边缘的距离固定为"100"(也可以是其他合适的尺寸)。创建"尺寸标注限制条件"[①]，将该门锁的"中心(左/右)"参照平面与门边缘的距离锁定，如图 7-74 所示，门锁的位置将随着"门板宽"的变化而变化。

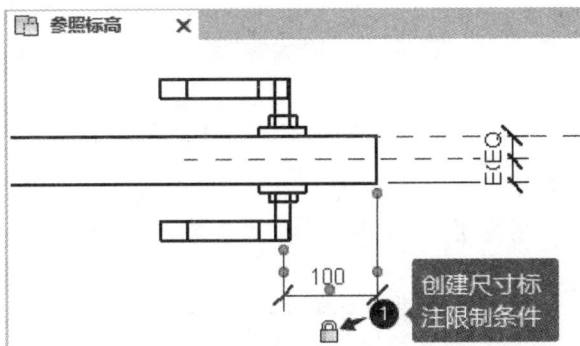

图 7-74　创建门锁的尺寸标注限制条件

采用同样的方法，在"前"立面视图中将门锁的高度限制在 900 mm 处，如图 7-75 所示。

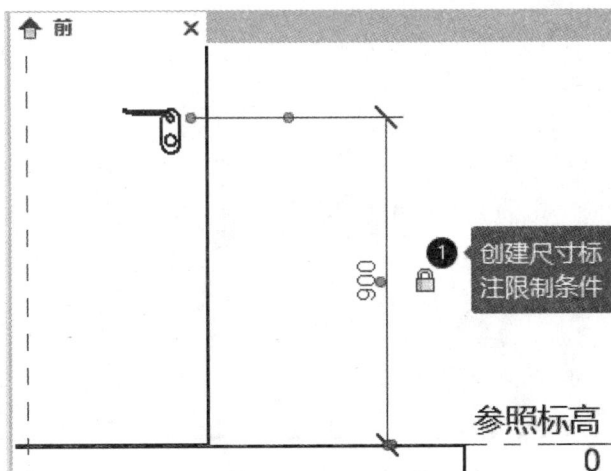

图 7-75　创建门锁立面的尺寸标注限制条件

门板族的创建完毕，其三维视图如图 7-76 所示。

---

① 参考本书 11.6.2 节的内容。

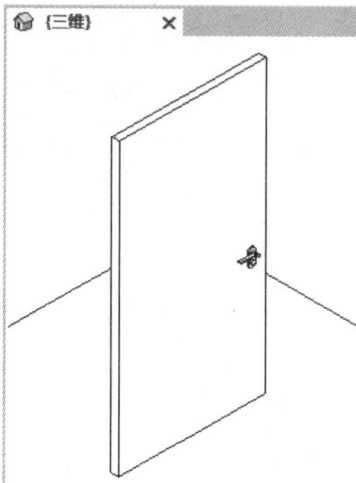

图 7-76　门板族的三维视图

7.4.4　门族

本节将展示门族的创建过程，在学习过程中请注意族参数、公式两方面的应用方法。

首先，新建一个族，在【新族 - 选择样板文件】对话框中，选择"公制门.rft"文件打开，如图 7-77 所示。

选择"公制门.rft"文件→单击【打开】按钮。

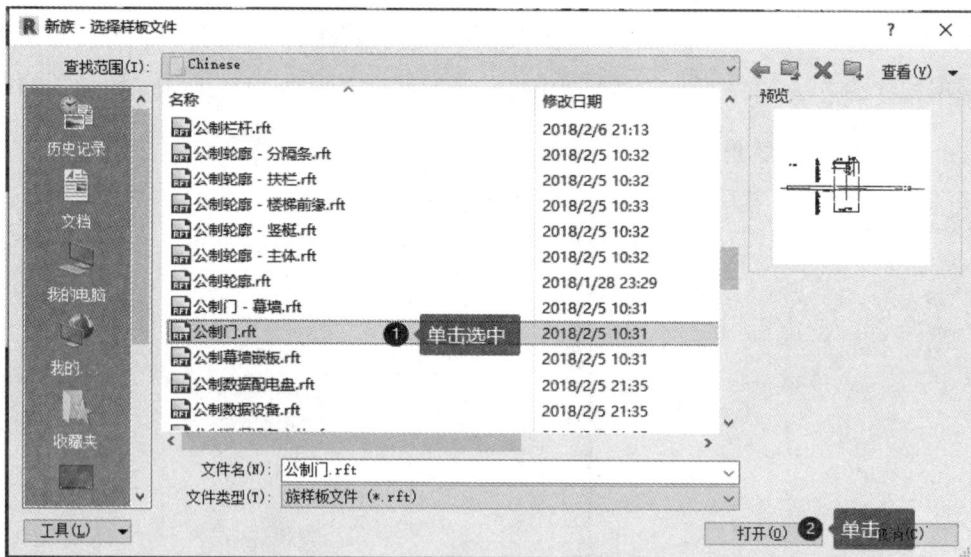

图 7-77　选择公制门样板新建族

Revit 启动族编辑器，并打开"参照标高"视图，如图 7-78 所示，其中有 6 个参照平面，已命名的参照平面有 5 个：内、外、左、右和中心(左\右)。

由于门必须依附于墙体，因此族中已经包含一面墙。选中墙体可以在类型选择器中调整墙的类型。注意，无论墙体厚度如何变化，参照平面内、外始终被锁定在墙的内、外表面。

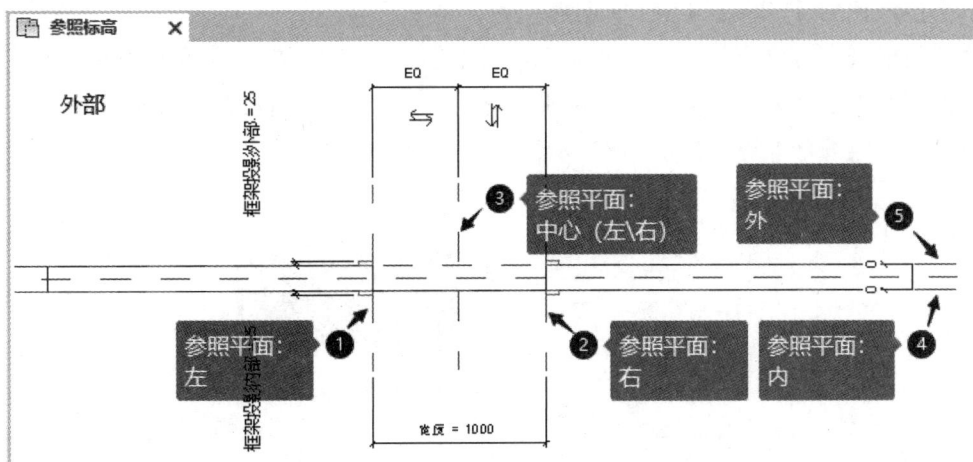

图 7-78　公制门样板文件的参照标高平面

从图 7-78 中的标注可以看出，该族样板已经包含了一个尺寸标注参数的"宽度"，且参照平面中心(左\右)始终平分参照平面左、右[①]。打开【族类型】对话框，修改"宽度"和"高度"参数，并在三维视图中观察变化，操作如下。

选择【创建】选项卡→【属性】面板，单击【族类型】按钮🗃。

Revit 弹出【族类型】对话框，如图 7-79 所示。

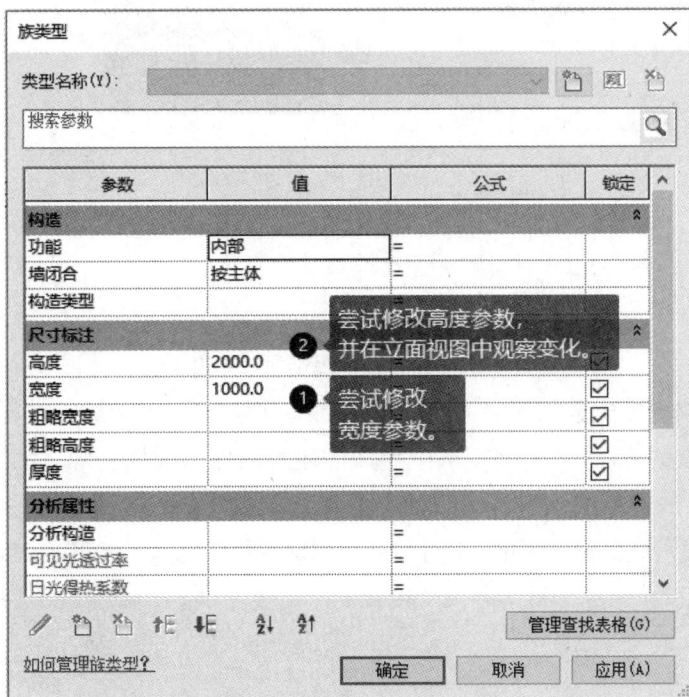

图 7-79　门族样板中的参数设置

① 见本书 11.6.1 节。

第一步，使用【放样】工具 🍳 创建门脸。

公制门模板中包含两个门脸，截面样式为矩形，先将外部的门脸删除重新创建。

将视图切换至"外部"立面，启用【放样】工具，绘制门框的放样路径，此时只需要绘制路径的大致外形即可，如图 7-80 所示。

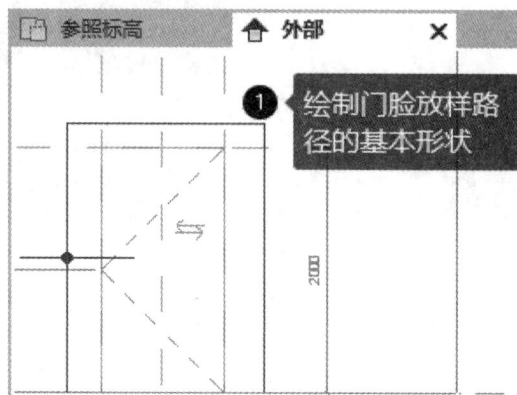

图 7-80　绘制门脸放样路径

使用【对齐】工具 🖺 将放样路径与门洞口边缘的参照平面对齐并锁定，如图 7-81 所示。

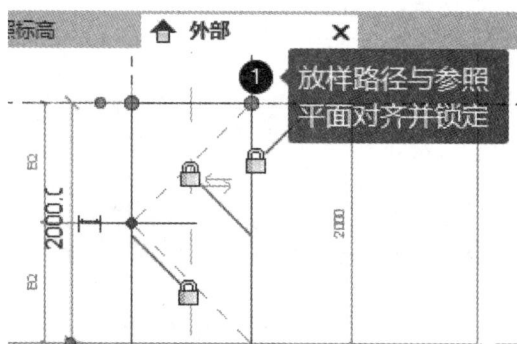

图 7-81　路径与参照平面对齐锁定

单击【完成编辑模式】按钮 ✔，完成放样路径的创建。下面进行放样轮廓的创建，此时采用载入轮廓族的方法，将 7.4.1 节中完成的轮廓族作为放样轮廓，如图 7-82 所示。

选择【修改|放样】选项卡→【放样】面板，单击【载入轮廓】按钮 📷。

在弹出的【载入族】对话框中，选中 7.4.1 节完成的轮廓族"profile1.rfa"文件，并打开。

图 7-82　选择载入轮廓

在"轮廓"下拉菜单中选择"profile1"族，如图 7-83 所示。

图 7-83　选择轮廓族

将视图切换至"参照标高"平面视图，命令选项栏可以对轮廓进行翻转、旋转和平移。此时，调整旋转角度可将轮廓调整到正确的方位，如图 7-84 所示。

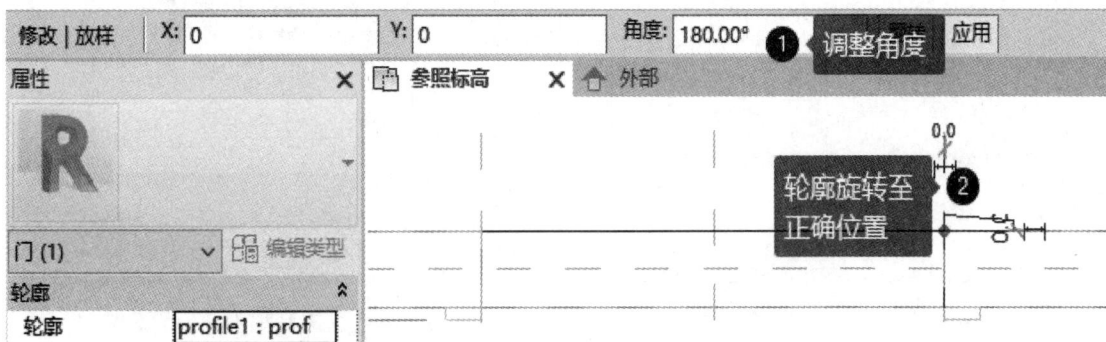

图 7-84　在"参照标高"平面中调整门脸轮廓位置

单击【完成编辑模式】按钮 ✔，完成放样的创建，门的三维视图如图 7-85 所示。但此时用户也无法对门脸的厚度和宽度进行控制。

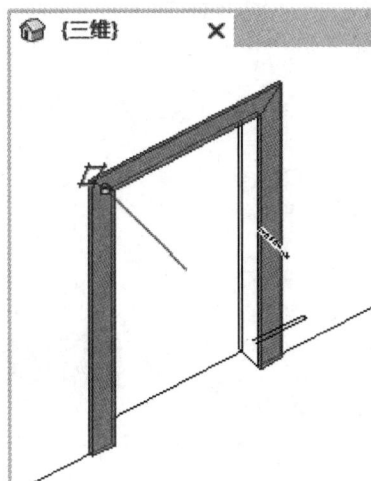

图 7-85　完成门脸放样

第二步，门脸参数的控制[①]。

---

① 在第二步中读者应重点关注嵌套族参数的关联操作及其效果。

参照 7.3.2 节的方法，在门族中新建三个长度类型的族参数：门脸厚度 a、门脸宽度 b、门脸厚度 c。【参数属性】对话框的设置如图 7-86 所示。

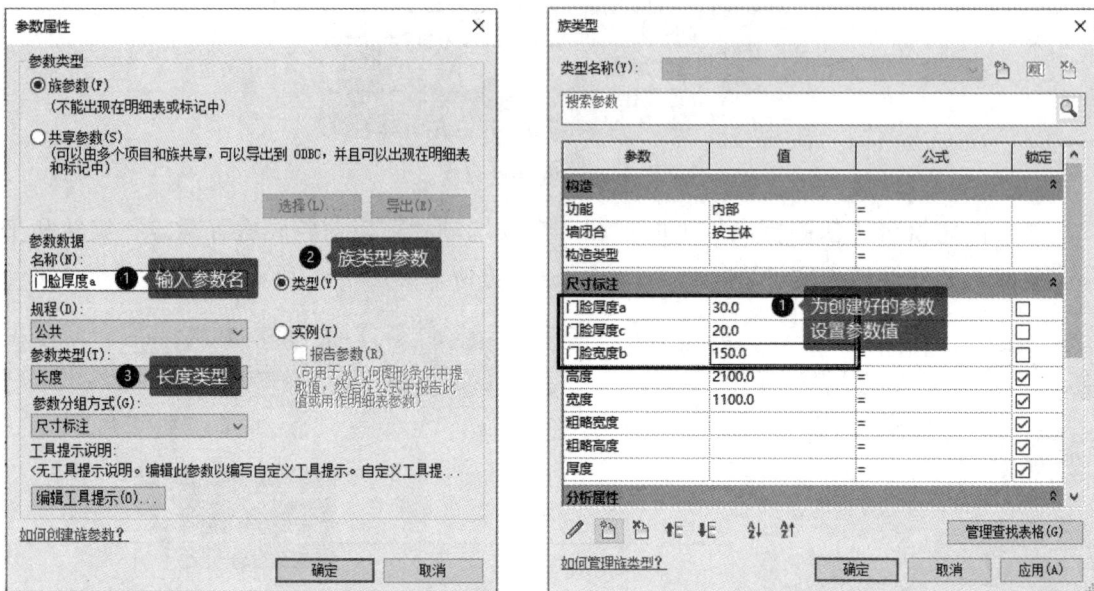

(a) 门脸厚度 a【参数属性】设置　　　　　(b) 【族类型】对话框中的参数设置

图 7-86　创建族参数

轮廓族"profile1.rfa"被嵌套进门族"door.rfa"，其中有三个参数，a、b 和 c。这三个参数都要与门族中的参数进行关联，"a"与"门脸厚度 a"关联，"b"与"门脸宽度 b"关联，"c"与"门脸厚度 c"关联。操作如下：

在【项目浏览器】中找到轮廓族"profile1"，双击该选项，如图 7-87 所示。

图 7-87　编辑轮廓族的属性

Revit 弹出【类型属性】对话框，在对话框中分别点击参数后面的按钮，如图 7-88 所示，即可选择对应的参数进行关联。关联后参数对应按钮上将会显示"="。

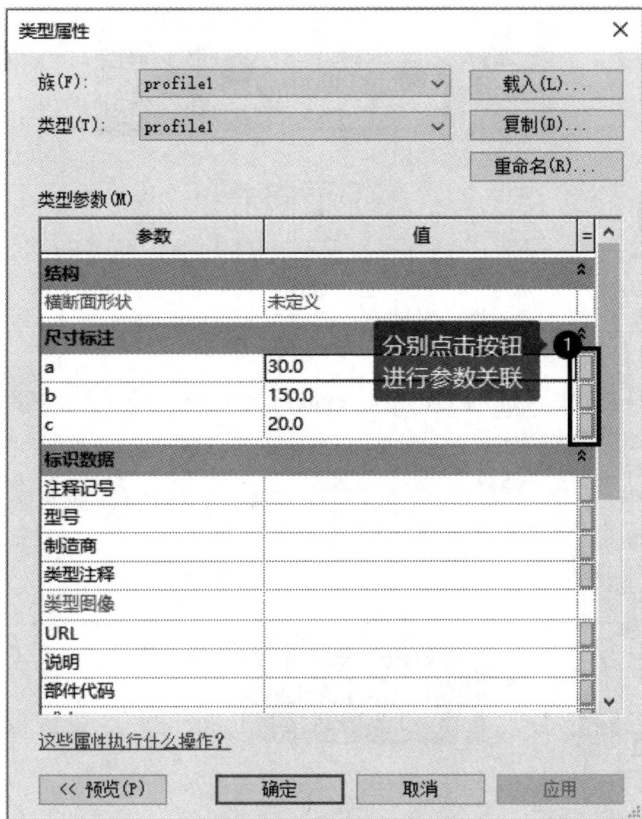

图 7-88　关联门脸参数

此时，用户可以通过点击【族类型】按钮 🔲，打开【族类型】对话框，修改其中控制门脸的参数(门脸厚度 a、门脸宽度 b 和门脸厚度 c)，门脸模型将会发生相应改变。

第三步，使用【放样】工具 🍥 创建门框。

将视图切换至"外部"立面，启用【放样】工具，绘制门框的放样路径。门框的放样路径与门脸的放样路径相同，操作要求和门脸放样完全相同。

完成放样路径的创建后，进行放样轮廓的创建。采用编辑轮廓族的方法，启动轮廓编辑功能，如图 7-89 所示。

选择【修改 | 放样】选项卡→【放样】面板，单击【编辑轮廓】按钮 🖊。

图 7-89　选择编辑轮廓

将视图切换至"楼层平面：参照标高"。视图中出现红色圆点(屏幕显示红色)标记，它表示路径的平面位置。用绘图工具绘制门框的基本形状，同样此时不要求尺寸正确，如图 7-90 所示。

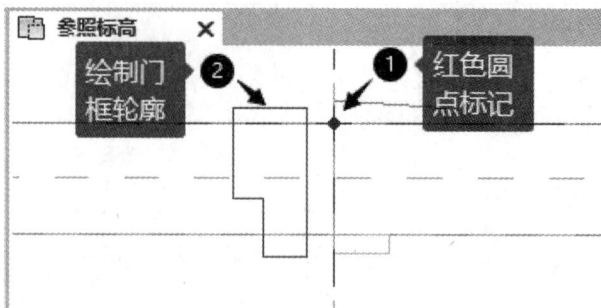

图 7-90 绘制门框轮廓

用【对齐】工具 将轮廓的上、下、右边缘分别与"外部""内部"和"右"参照平面对齐，并锁定，如图 7-91 所示。

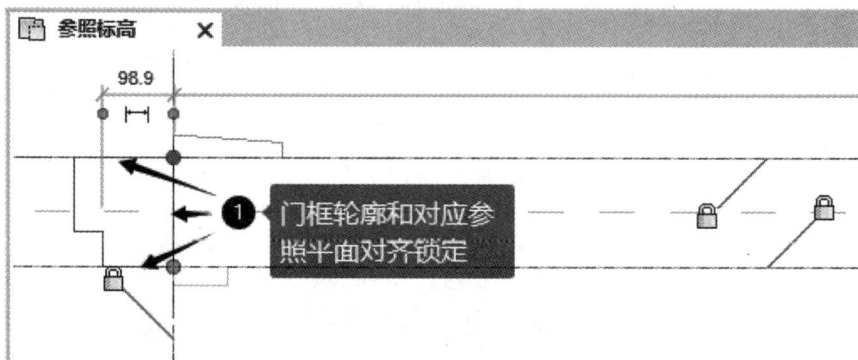

图 7-91 门框轮廓与参照平面对齐锁定

为了方便用户对门框的尺寸进行参数化控制，按照 7.3.3 节的方法创建两个尺寸标注参数：门框厚度和 B；另外创建一个尺寸相等限制条件[①]，如图 7-92 所示。在【族类型】对话框中将上述尺寸参数调整至合适的数值。

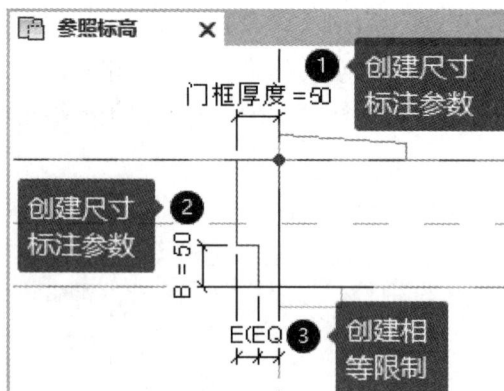

图 7-92 门框轮廓创建尺寸标注参数和相等限制条件

单击【完成编辑模式】按钮 ，完成放样轮廓的创建；再次单击【完成编辑模式】按钮 ，完成门框的放样。三维视图如图 7-93 所示。

---

① 方法参照本书 11.6.1 节中的内容。

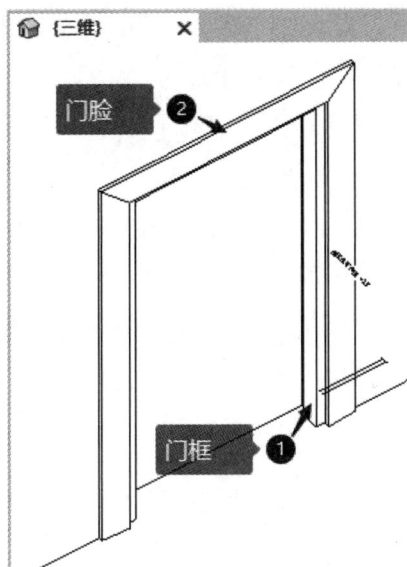

图 7-93　完成门框放样

第四步，插入门板族。

载入 7.4.2 节中创建的门板族"plank.rfa"，并在绘图区显示"参照标高"平面。

在【项目浏览器】中找到族"plank.rfa"，创建一个门板的实例，如图 7-94 所示，操作如下。

点击【项目浏览器】→ "plank" 选项→右键单击 "plank" 选项→右键菜单单击 "创建实例"。

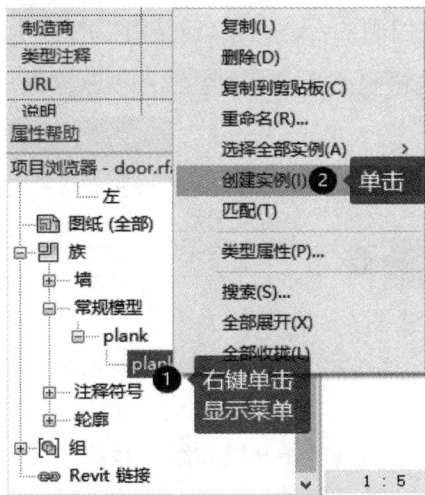

图 7-94　创建门板实例

Revit 将显示【修改 | 放置构件】选项卡[1]，选择【放置在工作平面上】按钮[2]，如图 7-95 所示。

---

① 创建门板族时选择了"基于面的公制常规模型"，因此会显示该选项卡。
② 由于已经切换到了"参照标高"平面，此时的工作平面即为该平面。

图 7-95　选择【放置在工作平面上】按钮

将鼠标移至绘图区①，单击鼠标放置门板，此时不要求放置位置精确，如图 7-96 所示。

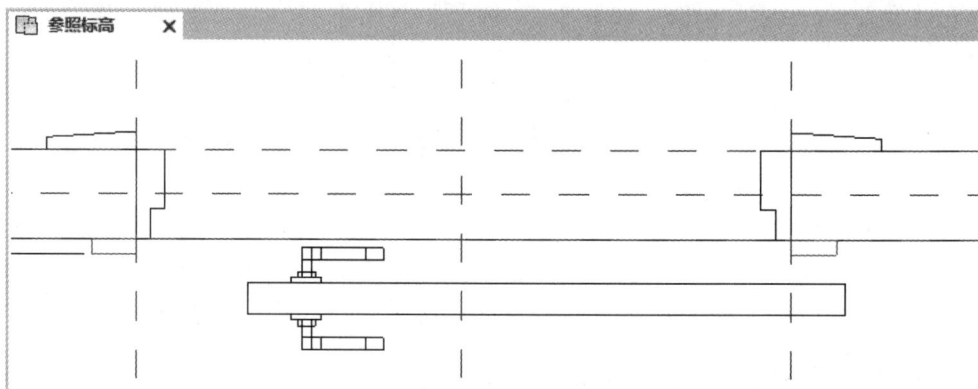

图 7-96　放置门板

用【对齐】工具 将门板的"中心(左/右)"参照平面与门的"中心(左/右)"参照平面对齐并锁定，将门板的"中心(前/后)"参照平面与门的"内部"参照平面对齐并锁定。如图 7-97 所示。

此时，门板被成功放置在门洞的合适位置，但是门板的尺寸还不能与门洞的尺寸相协调。

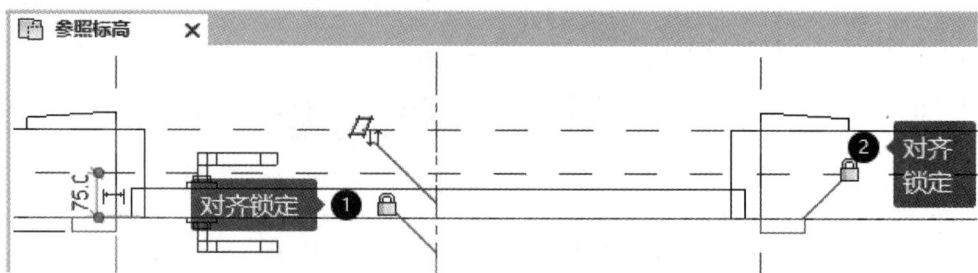

图 7-97　门板参照平面的对齐定位

第五步，门板参数的关联。

在 7.4.2 节中，创建了门板的宽度、高度和厚度参数，这三个参数必须和门洞口及门框的尺寸相协调，并需要在门板和门框之间设置 1 mm 的缝隙。参数之间的关系式如下：

$$门板宽度 = 宽度 - 门框厚度 - 2\,mm$$

$$门板高度 = 高度 - \frac{门框厚度}{2} - 1\,mm$$

$$B = 门板厚度 + 1\,mm$$

---

① 移动鼠标过程中按键盘"空格"键可以调整门板的方向。

首先，按照 7.3.2 节中的方法，创建上述三个尺寸标注参数，如图 7-98 所示。

图 7-98　创建门板尺寸参数

将参数关系式输入到【族类型】对话框的"公式"栏中，并设置门板厚度为"50"，如图 7-99 所示。在本书 11.7 节中介绍了众多的公式，可用于创建更复杂的数值关系，请注意举一反三灵活运用。

图 7-99　输入门板参数的计算公式

下面的步骤与第二步一样，将上述参数与门板族的参数关联。在【项目浏览器】中找到门板族"plank"，双击该选项，如图 7-100 所示。

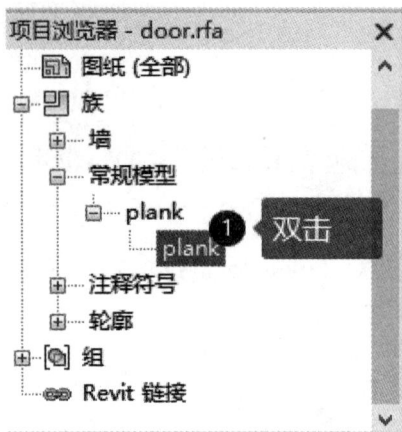

图 7-100　编辑门板族的属性

Revit 弹出【类型属性】对话框，在对话框中分别点击参数门板厚、门板宽和门板高后面的按钮，如图 7-101 所示，即可选择对应的参数(门板厚度、门板宽度和门板高度)进行关联。关联后，参数对应的按钮上将会显示"="。

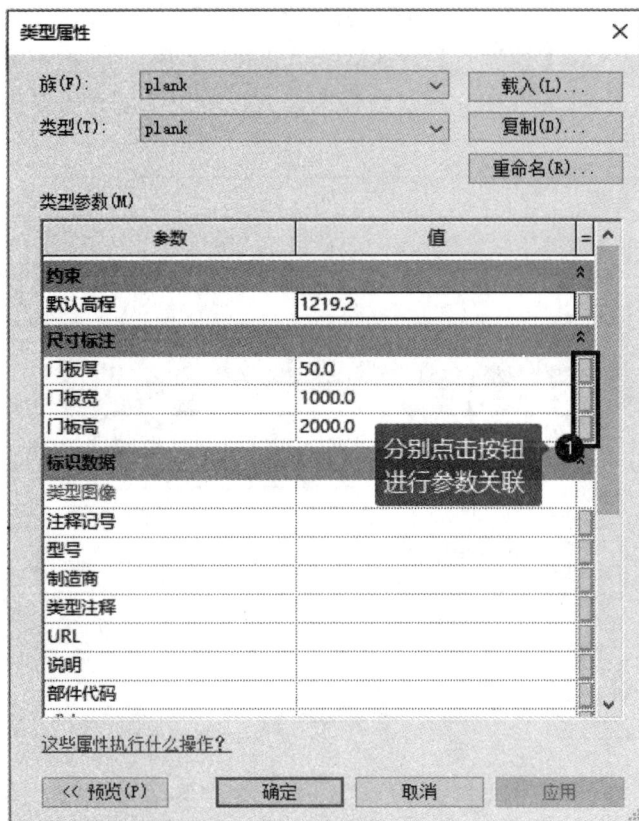

图 7-101　关联门板参数设置

在上述【类型属性】对话框中点击确定后。用户可以通过点击【族类型】按钮 ，打开【族类型】对话框，修改高度、宽度和门板厚度等参数，门的模型将会发生相应改变。

至此门族三维模型创建完毕，如图 7-102 所示。

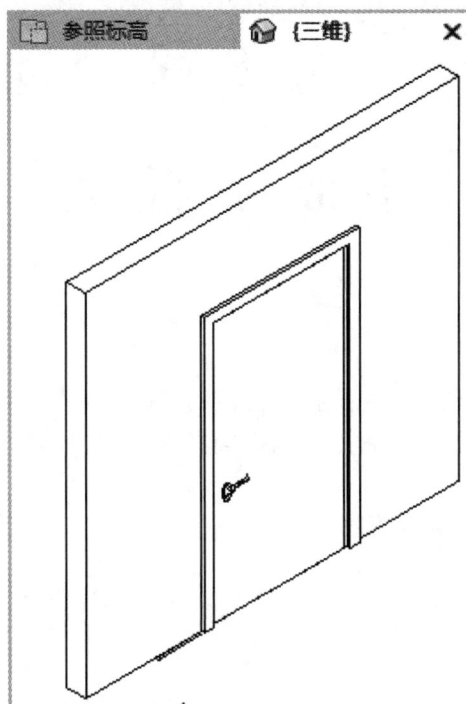

图 7-102 门族的三维视图

第 8 章

生 成 工 程 图

Revit 可以根据三维模型自动生成指定方位的视图。要生成可供使用的工程图纸，用户需要对视图进行必要的润色，如标注、注释和对线型的控制等，然后将视图放入合适的图纸中进行打印。

本章重点： 创建图纸、线型控制。

8.1 线条

在 Revit 中，关于线条有三个概念，线宽、线型图案和线样式。线型图案是线条中重复出现的画线、圆点和空格的组合，同一线型图案可以有不同的线宽。线样式是线宽、线型图案和线颜色的一个特定组合。

8.1.1 线条宽度

在【线宽】对话框中可以定义视图中线条的宽度。执行下面的操作可以调出该对话框，如图 8-1 所示。

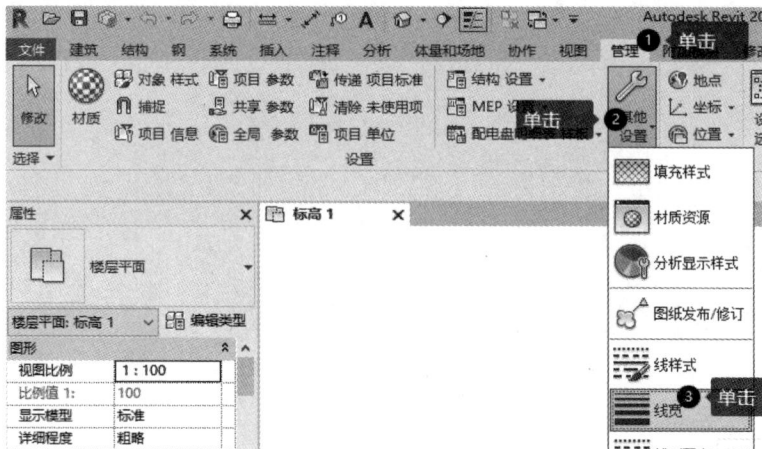

图 8-1 调出【线宽】对话框的操作

选择【管理】选项卡→【设置】面板，单击【其他设置】下拉列表→单击【线宽】☰。

【线宽】对话框如图 8-2 所示，用户可以定义 16 种线宽，编号为 1～16。

线宽和视图比例相关。如图中所示，1 号线宽在比例为 1：10 时是 0.1800 mm，在比例为 1：100 时是 0.1000 mm。用户可以点击数值修改线宽，点击【添加】按钮(或【删除】按钮)可增加(或删除)视图比例。

图 8-2 【线宽】对话框

在【线宽】对话框中也可以定义"透视视图线宽"和"注释线宽"，用法类似。

8.1.2 线型图案

在 Revit 中已经包含了若干预定义的线型图案，用户若要创建自己的线型图案，可以在【线型图案】对话框中对线型图案进行管理。执行以下操作即可调出该对话框，如图 8-3 所示。

选择【管理】选项卡→【设置】面板，单击【其他设置】下拉列表→单击【线型图案】☰。

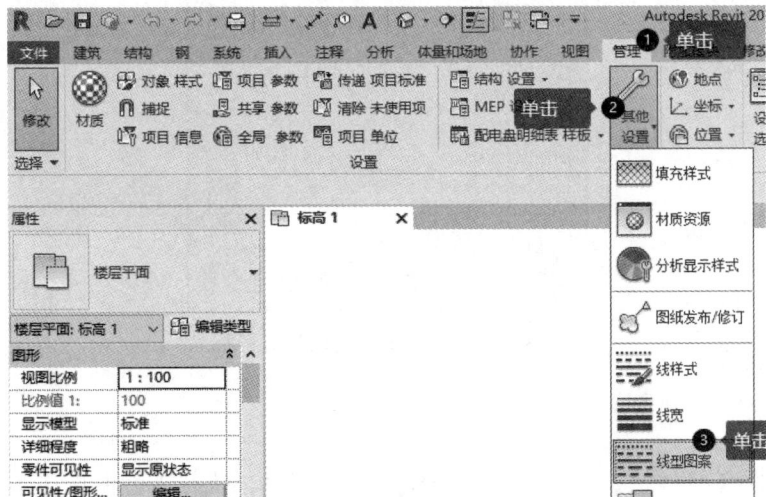

图 8-3 调出【线型图案】对话框

在弹出的【线型图案】对话框中，罗列了项目文件中所有的线型图案(包括名称及对应的图形)，用户可以对线型图案进行编辑，满足符合特定的需求。

如果需要编辑"虚线"可进行如下操作，如图 8-4 所示。

在【线型图案】对话框中，单击"虚线"项→单击【编辑】按钮。

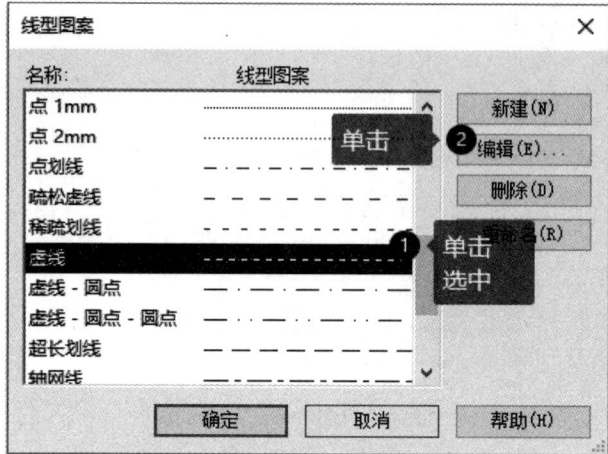

图 8-4 【线型图案】对话框

完成上述操作后，Revit 会弹出【线型图案属性】对话框，如图 8-5 所示。由于线型图案是线条中重复出现的画线、圆点和空格三种元素的组合，该对话框的表格中依次罗列了各元素及其长度。用户可以对其进行修改，修改完毕后，点击【确定】按钮。

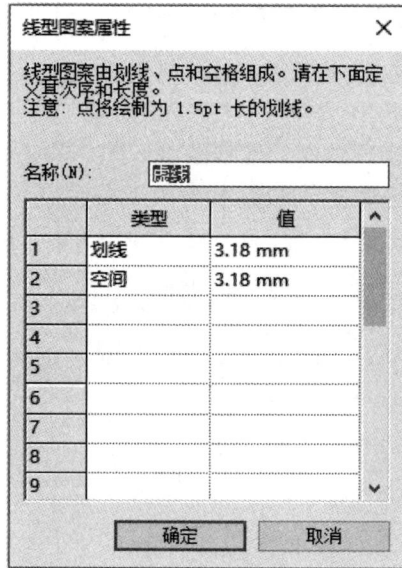

图 8-5 【线型图案属性】对话框

8.1.3 线样式

用户可以在【线样式】对话框中对线样式进行管理。执行下面的操作可以调出该对话框，如图 8-6 所示。

选择【管理】选项卡→【设置】面板,单击【其他设置】下拉列表→单击【线样式】 。

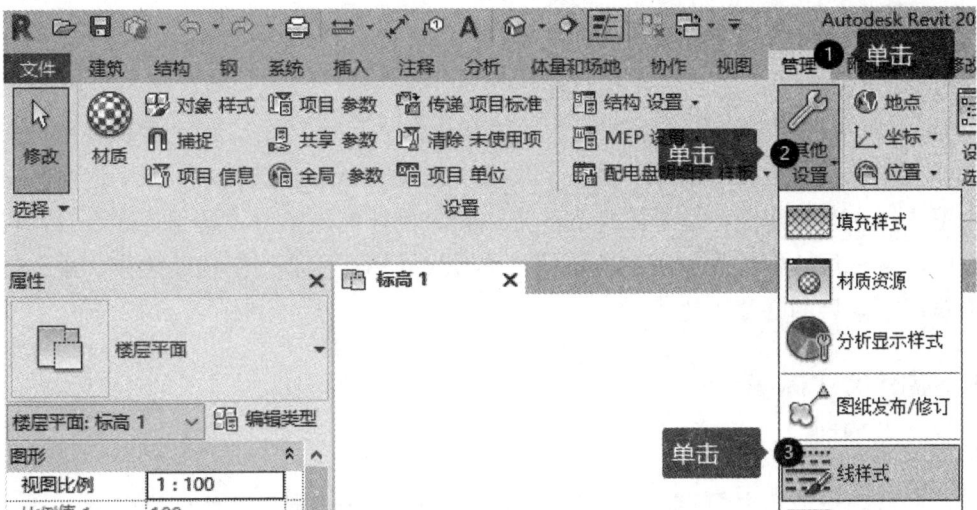

图 8-6 调出【线样式】对话框的操作

在弹出的【线样式】对话框中,罗列了项目文件中所有的线样式,如图 8-7 所示。

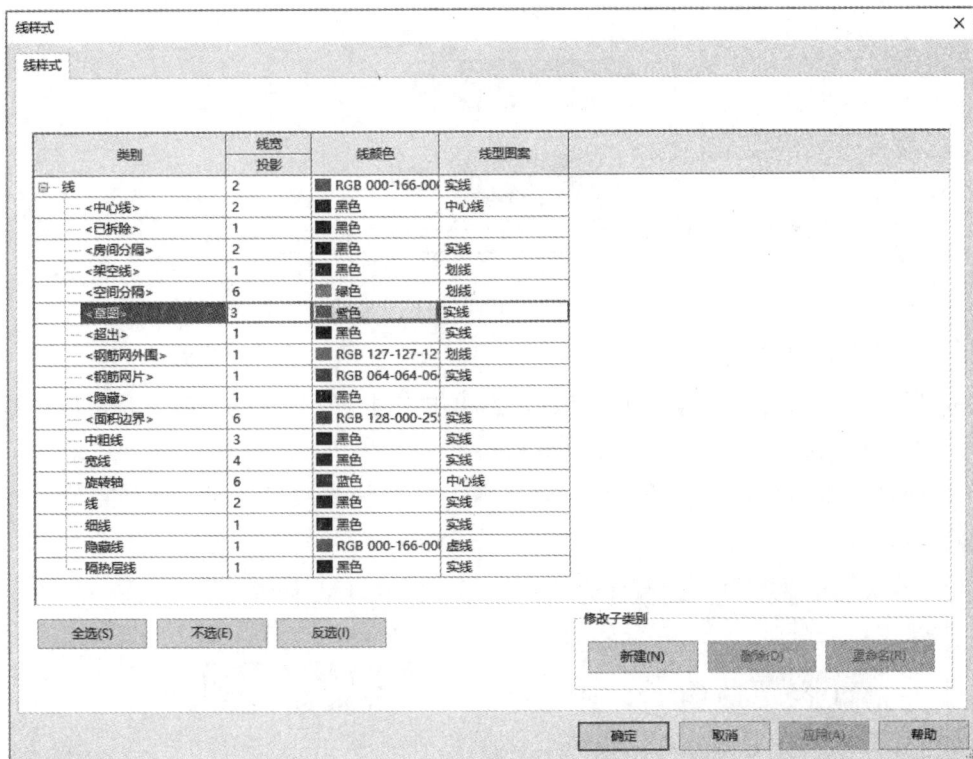

图 8-7 【线样式】对话框

用户可从该对话框的列表项中修改线样式的线宽、线颜色和线型图案。例如,在默认情况下,绘制草图时线条都为紫色实线,用户可以将其颜色修改为红色。修改后项目中所有的草图都将显示为红色。

8.2　尺寸标注

Revit 中有两种尺寸标注，临时尺寸标注和永久性尺寸标注。当创建或选择几何图形时，Revit 会在图元周围显示临时尺寸标注，在完成动作或取消选择图元后，这些临时尺寸标注会消失；永久性尺寸标注是添加到图形以记录设计的测量值，属于视图专有，可在图纸上打印。两种尺寸标注的作用有所不同，临时尺寸标注主要用于辅助建模，永久性尺寸标注主要用于项目的完整表达。

8.2.1　临时尺寸标注

1. 显示临时尺寸标注

在绘图区创建或选中图元时，会显示临时尺寸标注(屏幕显示蓝色)，如图 8-8 所示，选中门图元会显示与之相关的临时尺寸标注。

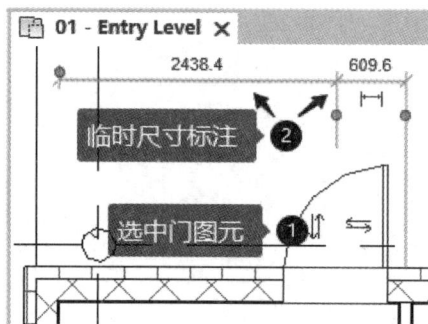

图 8-8　显示门的临时尺寸标注

2. 修改临时尺寸数值

临时尺寸标注主要用于辅助模型定位，当单击临时尺寸标注的文字时，可以对数字进行修改，图元将据此重新进行定位，如图 8-9 所示，操作如下。

在平面视图单击鼠标选中门图元→单击临时尺寸标注数字→输入新的数值→按键盘"回车"键确认。

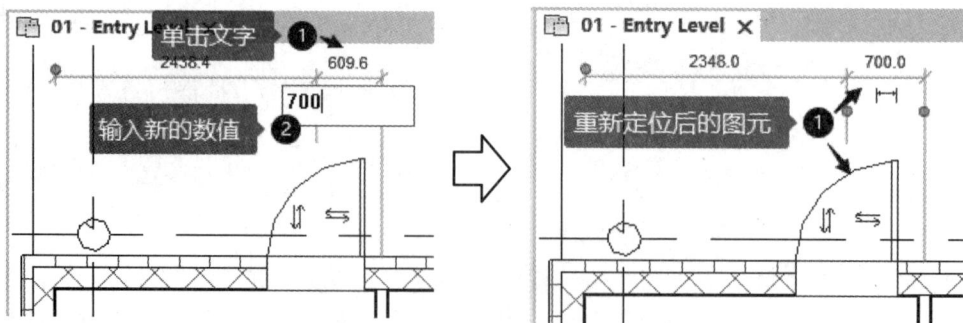

图 8-9　修改临时尺寸标注的数值

3. 修改临时尺寸标注的边界

临时尺寸标注边界线上有蓝色圆点(屏幕显示蓝色)标记，用户可以拖曳该标记去移动修改临时尺寸线的边界，以参照用户所需要的图元，如图 8-10 所示。

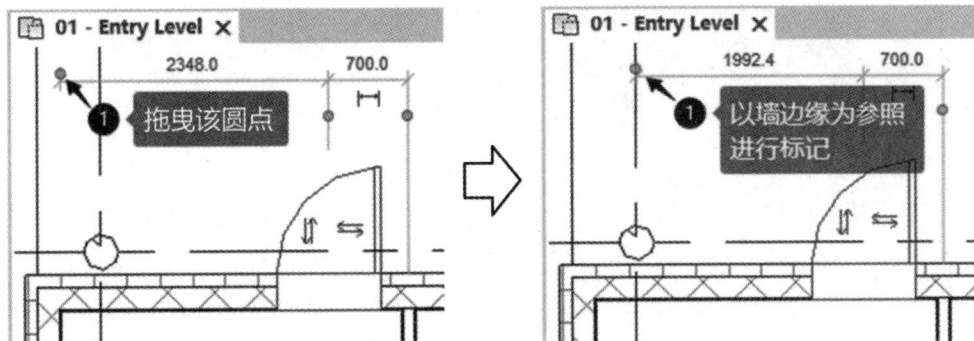

图 8-10　修改临时尺寸标注的边界位置

4. 将临时尺寸标注转换为永久性尺寸标注

单击在临时尺寸标注附近出现的尺寸标注符号┝┥，可以将临时尺寸标注转换为永久性尺寸标注，如图 8-11 所示。

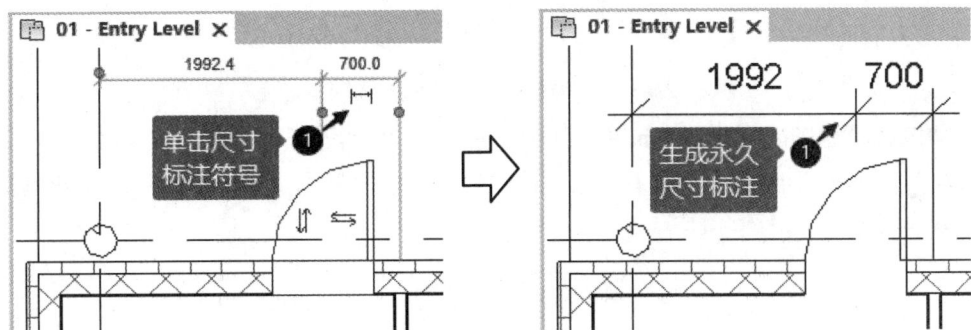

图 8-11　将临时尺寸标注转换为永久性尺寸标注

8.2.2　永久性尺寸标注

永久性尺寸标注是视图专有的图元，即一个永久性尺寸标注只出现在创建它的视图中，而不会显示在其他视图中。永久性尺寸标注不仅可以显示尺寸大小，也可以对图元的位置进行限制，其用法可参考本书 11.6.2 节的内容。

下面以对齐尺寸标注和角度尺寸标注为例介绍永久性尺寸标注的创建方法。

1. 创建线性尺寸标注

线性尺寸标注添加放置在两个或两个以上平行参照(例如轴线或墙面)或者两个或两个以上点(例如墙端点)之间，显示测量的距离。

首先启用【对齐】工具，如图 8-12 所示。

选择【注释】选项卡→【尺寸标注】面板，单击【对齐】按钮。

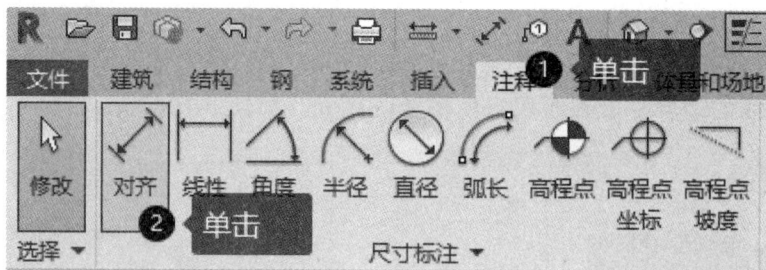

图 8-12　启用【对齐】工具

在命令选项栏的第一个下拉菜单中，可供选择的选项有 "参照墙中心线""参照墙面""参照核心层中心"和"参照核心层表面"。例如，选择墙中心线，则将光标放置于某面墙上时，光标将首先捕捉该墙的中心线。这个选项仅设定优先捕捉的对象，用户依然可以按"Tab"键在不同的对象之间切换。此时选择 "参照墙面"项，如图 8-13 所示。

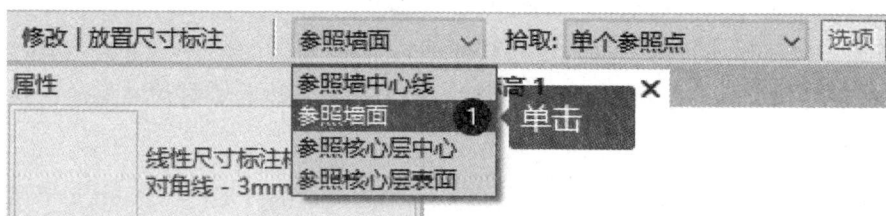

图 8-13　线性尺寸标注命令选项栏

移动鼠标至绘图区，将鼠标放置在某个图元(例如墙)附近，若可以在此放置尺寸标注，则图元会高亮显示。单击鼠标，依次选中需要进行标注的墙面，选择完毕后，移开鼠标至合适的位置并单击，如图 8-14 所示。

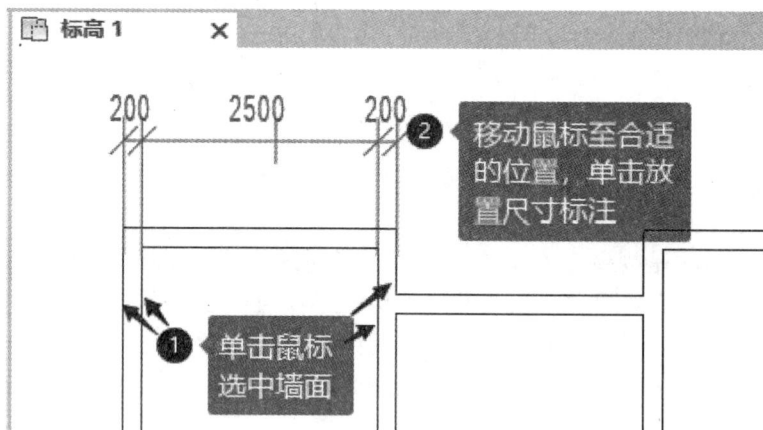

图 8-14　选中墙面放置对齐尺寸标注

2. 创建角度尺寸标注

首先启用【角度】△工具，如图 8-15 所示。

选择【注释】选项卡→【尺寸标注】面板，单击【角度】按钮△。

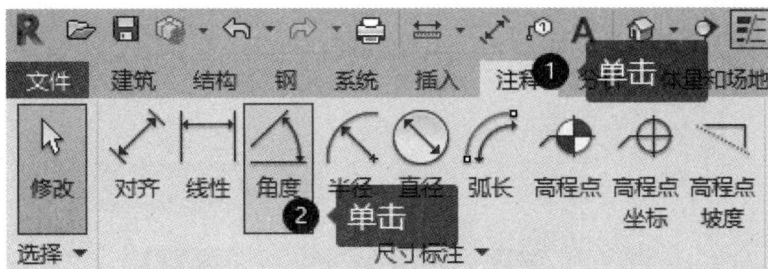

图 8-15　启用【角度】工具

和对齐尺寸标注一样，此时在命令选项栏的下拉菜单中可供选择的选项有"参照墙中心线""参照墙面""参照核心层中心"和"参照核心层表面"。选择"参照核心层中心"项，如图 8-16 所示。

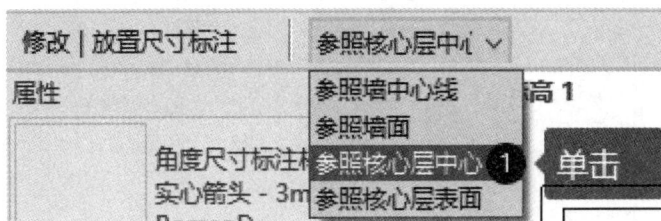

图 8-16　角度尺寸标注命令选项栏

将鼠标移动至绘图区，依次将光标放置在需要标注的两个图元上(图元之间不平行)，然后单击以创建尺寸标注的起点和终点，如图 8-17 所示。

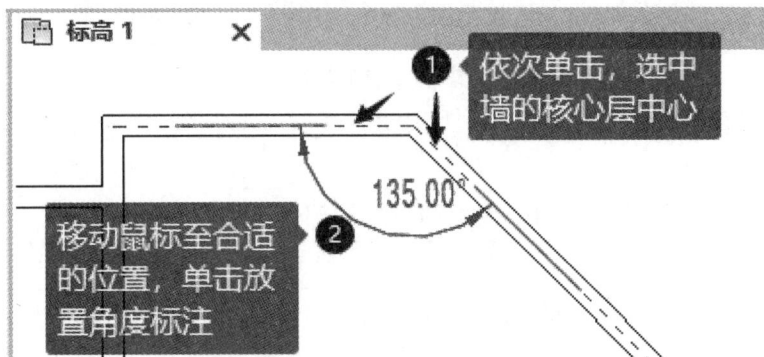

图 8-17　选中墙面放置角度尺寸标注

8.2.3　尺寸标注属性

永久性尺寸标注族是系统族。用户可以新建永久性尺寸标注的族类型，并更改类型属性修改其外观，使其满足组织、行业的制图标准。

要修改某尺寸标注的类型属性或新建尺寸标注族类型，可以在激活尺寸标注命令或选中尺寸标注图元时，单击【属性】面板→【类型选择器】中的【编辑类型】按钮 ，打开尺寸标注族的【类型属性】对话框，如图 8-18 所示。Revit 默认的样板文件中包含了若干尺寸标注族类型，用户可以选择使用。

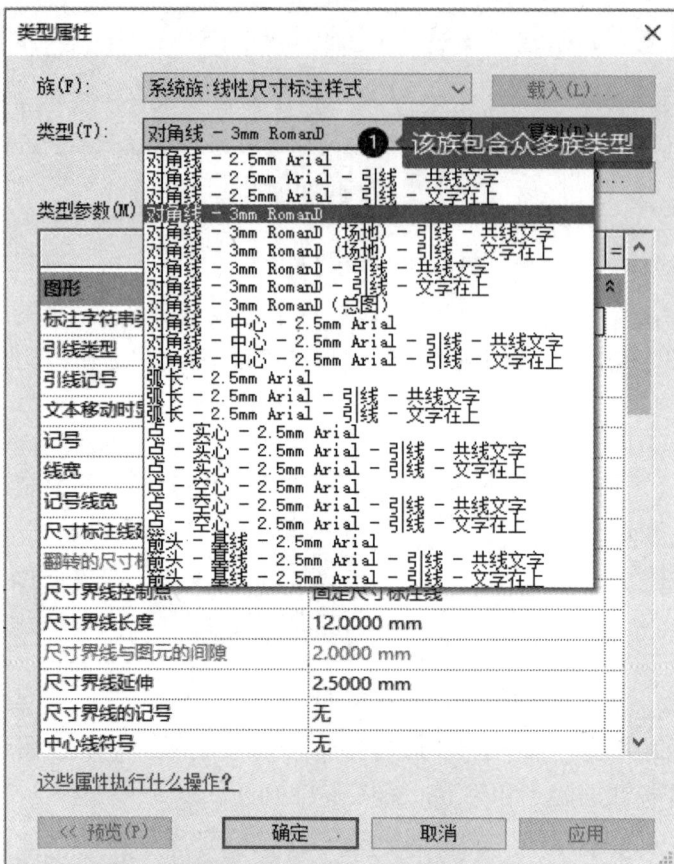

图 8-18　线性尺寸标注族的【类型属性】对话框

从【类型属性】对话框中可以看到尺寸标注族类型的参数众多，下面选择重要的参数进行说明，见表 8-1。

表 8-1　尺寸标注族的部分类型属性

属性名称	说　　明
线宽	设置指定尺寸标注线和尺寸引线宽度的线宽值。用户可以从 Revit 定义的值列表中进行选择，或定义自己的值
尺寸标注线延长	将尺寸标注线延伸超出尺寸界线交点指定值
尺寸界线与图元的间隙	如果"尺寸界线控制点"设置为"到图元的间隙"，则此参数设置尺寸界线与已标注尺寸的图元之间的距离
宽度系数	指定文字的宽高比
下划线	使永久性尺寸标注值和文字带下画线
文字大小	指定尺寸标注的字样尺寸
文字字体	为尺寸标注设置字体
文字偏移	指定文字距尺寸标注线的偏移距离

8.3　文字注释

文字注释和尺寸标注一样，都属于注释图元，也是视图专有图元。文字注释仅出现在对应的视图中，在其他视图中不可见。

Revit 自动保持文字的打印尺寸不变，因此文字的大小随着视图比例的变化而发生变化。例如，当该视图的比例从 1∶100 变为 1∶200 时，文字会变大；反之，当视图比例由 1∶200 改为 1∶100 时，文字将变小。

8.3.1　添加文字注释

文字注释是视图专有图元，因此必须添加在需要显示文字注释的视图中。下面演示在平面视图中添加文字注释。

将视图切换至需要添加标注的视图，启用【文字】工具 **A**，如图 8-19 所示，操作如下。选择【注释】选项卡→【文字】面板，单击【文字】按钮 **A**。

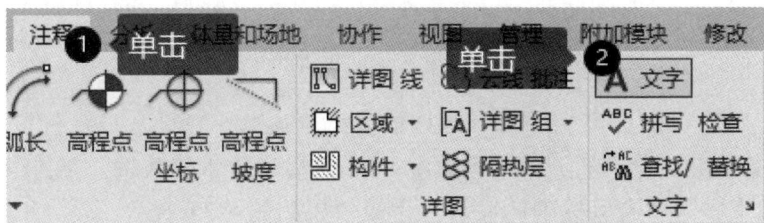

图 8-19　启用【文字】工具

鼠标在绘图区中时，会变为文字工具 ⁺ₐ；Revit 将显示【修改 | 放置文字】选项卡。在【修改 | 放置文字】选项卡中有三个用于文字族的工具面板：【引线】面板、【对齐】面板和【文字】面板，如图 8-20 所示。

图 8-20　【修改 | 放置文字】选项卡

【引线】面板包括四个引线选项，【无引线】**A**、【一段引线】↤A、【二段引线】↰A和【弯曲】↜A，选项名和图标形状都说明了文字引线的状态[①]。【引线】面板上包含六个默认附着点的选项，【左上引线】、【左中引线】、【左下引线】、【右上引线】、【右中引线】和【右下引线】。当放置带引线的文字注释时，引线的起点位于选项所述位置(用户也可以通过拖曳修改引线的起始位置)。

【对齐】面板上包含六个段落对齐的选项，分别是垂直对齐选项，【顶部对齐】、【居

---

① 弯曲引线可以修改曲线形状，若要修改曲线形状，可拖曳折弯控制柄。

中对齐】≡、【底部对齐】≡；水平对齐选项，【左对齐】≣、【居中对齐】≣、【右对齐】
≣。选项名和图标形状都说明了文字与文本框之间的关系。

例如，需要在图纸中添加无引线居中对齐文字，在【引线】面板中选择【无引线】，在
【对齐】面板中选择垂直【居中对齐】和水平【居中对齐】，如图 8-21 所示。

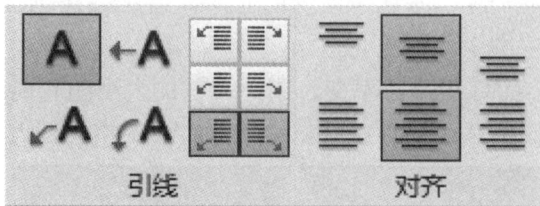

图 8-21　放置文字前【引线】和【居中】的选择

在【属性】面板中选择合适的文字族类型，例如选择"3.5mm Arial"，如图 8-22 所示。

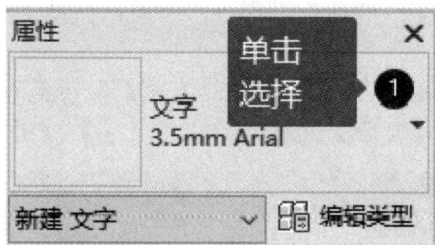

图 8-22　选择合适的文字族类型

在视图区需要添加文字的地方单击鼠标，Revit 显示文本输入框。在其中输入文字"观
景台"，然后在空白区单击鼠标确认输入。完成效果如图 8-23 所示。

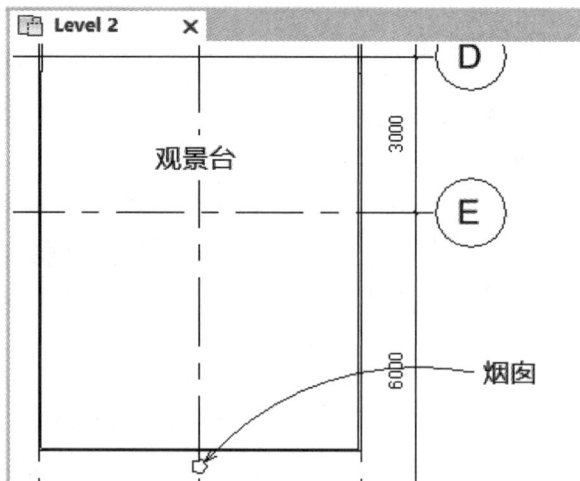

图 8-23　选择合适的文字族类型

请读者尝试添加带弯曲引线的文字。

8.3.2　文字注释的类型属性

用户需要修改文字注释的属性，使其满足国家和公司的相关标准。在项目中，用户需

要创建不同的文字注释族类型，适应不同的注释需求。

　　添加文字注释时，可以通过点击【属性】面板上的【编辑类型】按钮调出【类型属性】对话框。在文字注释的【类型属性】对话框中，用户可以建立新的族类型①并对其类型属性进行修改，如图 8-24 所示。

图 8-24　文字标注的【类型属性】对话框

表 8-2 和表 8-3 罗列了文字注释的图形属性和文字属性，并对其含义进行了说明。

表 8-2　文字注释的(图形)类型属性

颜色	设置文字和引线的颜色
线宽	设置边框和引线的宽度。请参见本书 8.1 节
背景	设置文字注释的背景，不透明背景的注释会遮挡其后的图文；透明背景的注释可看到其后的图文
显示边框	在文字周围显示边框
引线/边界偏移量	设置引线/边界和文字之间的距离
引线箭头	设置引线末端的箭头样式

---

① 具体操作可参考本书 7.3 节。

表 8-3　文字注释的(文字)类型属性

文字字体	设置文字的字体
文字大小	设置字体的尺寸
标签尺寸	设置文字注释的选项卡间距。创建文字注释时，可以在文字注释内的任何位置按"Tab"键，将出现一个指定大小的制表符。该选项也用于确定文字列表的缩进
粗体	将文字字体设置为粗体
斜体	将文字字体设置为斜体
下画线	在文字下加下画线
宽度系数	常规文字宽度系数的默认值是 1.0。字体宽度随"宽度系数"成比例缩放，高度则不变

选中文字注释图元时，可以在【属性】面板中修改文字注释的实例属性。文字注释的实例属性主要是对引线和对齐方式的设置，读者可以自行尝试进行修改。

8.4　明细表

Revit 可以从项目图元的属性中提取信息，以表格的形式进行显示。在任何时候(即使是项目刚被创建)都可以创建明细表，明细表的内容始终和模型保持同步，对模型进行修改后，明细表也会自动进行相应的更新。例如，在项目中增加(或删除一扇门)，则门明细表也会同步更新。明细表可以被放入项目的图纸中进行打印，也可以将明细表导出为分隔符文本，在电子表格程序(如 Excel)中打开。

Revit 中的明细表被认为是模型的一种视图，因此创建明细表的功能按钮被放置在【视图】选项卡的【创建】面板中，如图 8-25 所示。从图中也可以看出，Revit 中可以创建不同类型的明细，包括明细表(或数量)、图形柱明细表、材质提取、图纸列表注释块和视图列表，这些明细表可以满足不同的统计需求。

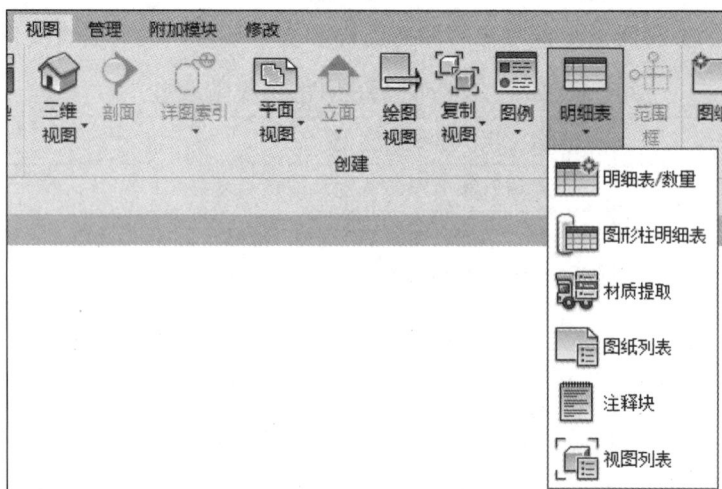

图 8-25　创建明细表的功能按钮

不同类型的明细表创建方法类似，下面以"门明细表"为例介绍明细表创建的一般方法。打开一个项目①，然后启用【明细表/数量】工具，如图 8-26 所示，操作如下。

选择【视图】选项卡→【创建】面板，单击【明细表】下拉列表→单击【明细表/数量】按钮。

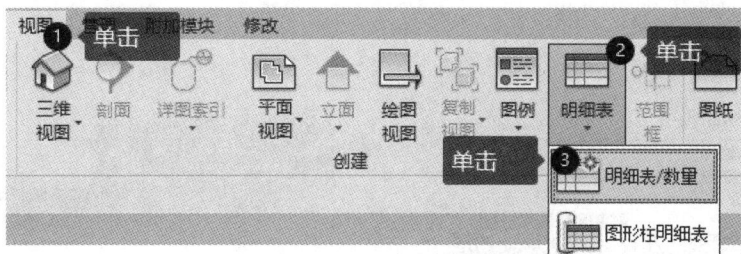

图 8-26 启用【明细表/数量】工具

Revit 弹出【新建明细表】对话框，在该对话框中进行下面的设置，如图 8-27 所示。

在【类别】列表中选中"门"→修改明细表"名称"→在【阶段】下拉列表中指定合适的阶段。

设置完成后，单击对话框中的【确定】按钮。

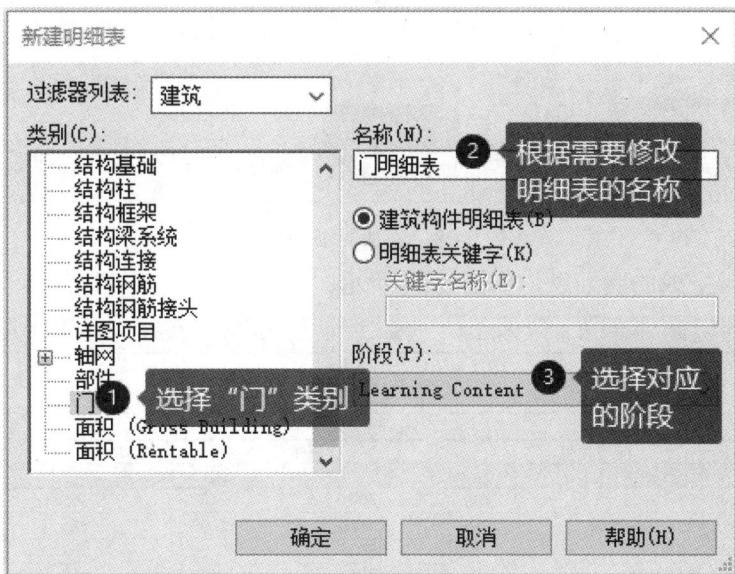

图 8-27 设置【新建明细表】对话框

Revit 弹出【明细表属性】对话框，在【字段】选项卡中可指定明细表包含的字段。例如要在明细表中显示门的族与族类型，以及门的宽度、高度和厚度，可进行如下操作，如图 8-28 所示。

【可用的字段】列表→单击选中合适的字段(如"厚度")→单击【添加参数】按钮。

重复上述操作，将"族与族类型""宽度""高度"和"厚度"字段都添加至【明细表

① 为了方便学习，项目中要包含若干门图元。虽然如前所述，即使项目中没有门图元，后面的操作依然有效。

字段(按顺序排列)】列表中。

单击【确定】按钮，完成字段添加操作。

图 8-28　添加明细表字段

Revit 将显示生成的明细表，如图 8-29 所示。

族与类型	宽度	高度	厚度
A	B	C	D
Single-Flush: 800 x 2100	800	2100	50.0
Entrance door: Entrance door	1440	2660	25
Single-Flush: 800 x 2100	800	2100	50
Single-Flush: 800 x 2100	800	2100	50
Single-Flush: 800 x 2100	800	2100	50
Single-Flush: 800 x 2100	800	2100	50
Single-Flush: 800 x 2100	800	2100	50
Curtain Wall Dbl Glass: Curtain Wall Dbl Glass	1440	2080	
Single-Flush: 800 x 2100	800	2100	50
Pocket_Slider_Door_5851: 2.027 x 0.945	945	2027	40
Curtain Wall Dbl Glass: Curtain Wall Dbl Glass	1440	2080	
Curtain Wall Dbl Glass: Curtain Wall Dbl Glass	1440	2080	
Entrance door: Entrance door	1440	2660	25
M_Double-Flush: 1730 x 2134mm	1730	2134	51
Pocket_Slider_Door_5851: 2.027 x 0.945	945	2027	40
Pocket_Slider_Door_5851: 2.027 x 0.945	945	2027	40

图 8-29　门明细表

8.5   图纸

Revit 中的图纸被包含在施工图文档集中，图纸包含一个或多个视图和明细表。在【项目浏览器】的"图纸(all)"项中，罗列了本项目的所有图纸，如图 8-30 所示。

8.5.1   创建新图纸

用户可以灵活地为项目创建图纸。图纸基于标题栏族创建，新建的图纸规定了图纸的大小，并包含标题栏的相关信息。下面创建一个 A1 号图纸。

图 8-30   项目浏览器中的施工图文档

在打开的项目文件中启用【图纸】工具，如图 8-31 所示，操作如下。

选择【视图】选项卡→【图纸组合】面板，单击【图纸】按钮。

图 8-31   启用【图纸】工具

Revit 弹出【新建图纸】对话框，如图 8-32 所示。在该对话框中，从列表中选择一个标题栏。如果该列表不显示所需的标题栏，请单击【载入】按钮。

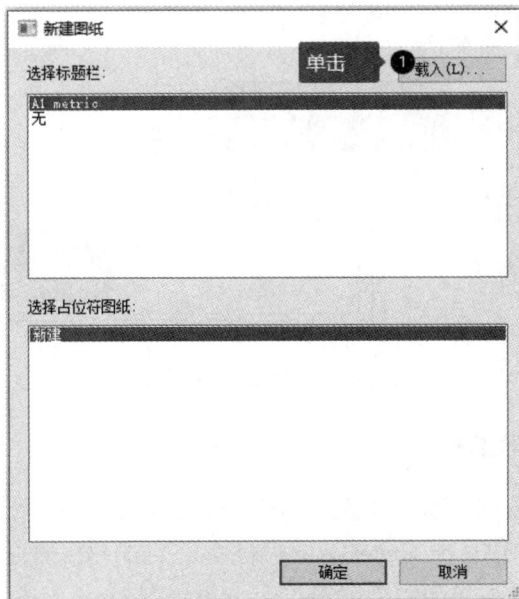

图 8-32   【新建图纸】对话框

Revit 弹出【载入族】对话框。执行载入族的相关操作[①]。定位到标题栏族文件所在的文件夹，选择要载入的标题栏"A1 公制.rfa"文件，然后单击【打开】按钮，如图 8-33 所示。

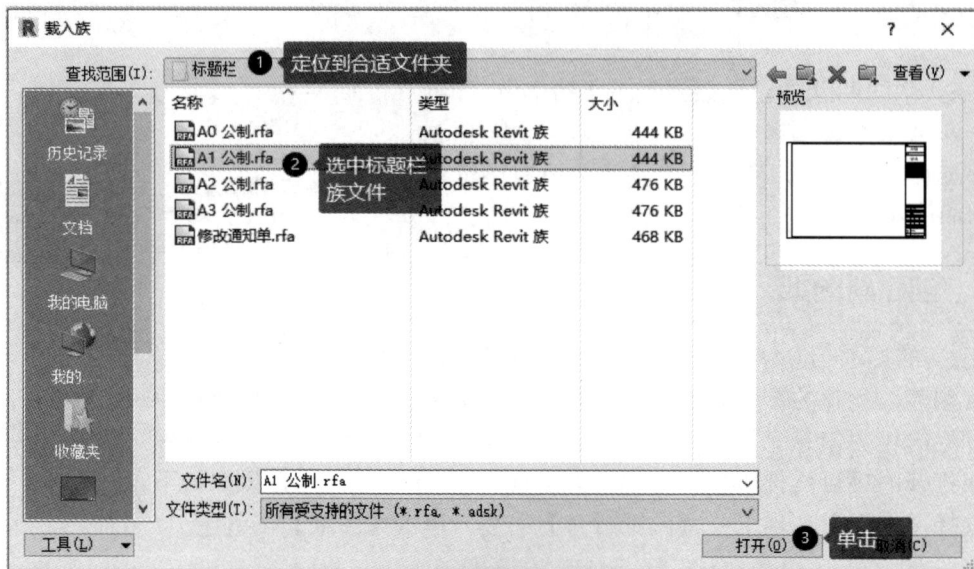

图 8-33　载入标题栏族文件

返回【新建图纸】对话框后，会显示新载入的标题栏族，将其选中，单击【确定】按钮。

此时新图纸创建成功，Revit 将立即显示该图纸。用户可以在【属性】面板对图纸(标题栏族)的信息进行修改以适应项目需求，如图 8-34 所示。

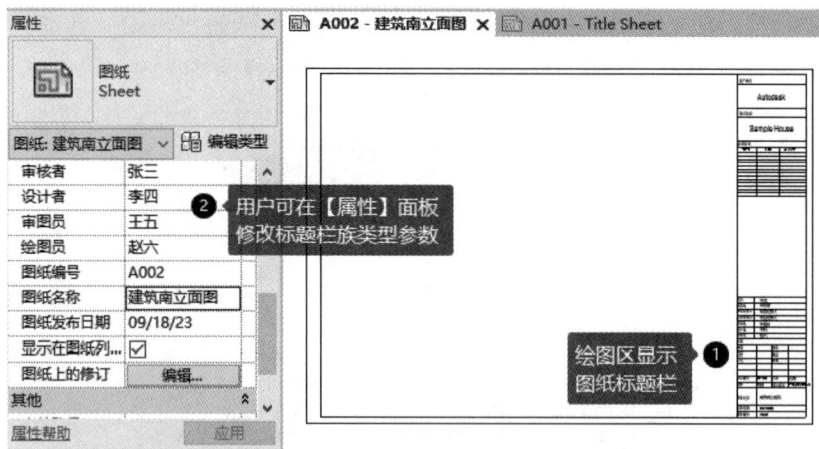

图 8-34　新载入的标题栏

8.5.2　在图纸中添加视图

在 8.5.1 节中创建了新的图纸，新图纸中只包含图框和标题栏。本节介绍将视图添加到图纸中。由于建模操作和项目出图的显示要求有差异(例如建模时通常不用进行详细标注)，一般情况下应将视图的副本添加到图纸中。

---

① 参考本书 7.1.2 节。

一张图纸可以包含多个视图(楼层平面、场地平面、天花板平面、立面、三维、剖面、详图和图表等)，但是一个视图只能被放在一张图纸上。若需要在不同的图纸上添加同一个视图，必须创建视图副本。

下面介绍添加视图的具体操作方法。

首先，生成视图的副本，如图 8-35 所示，操作如下。

选择【项目浏览器】→右键单击需要复制的视图→弹出菜单→【复制视图】→单击【复制】。

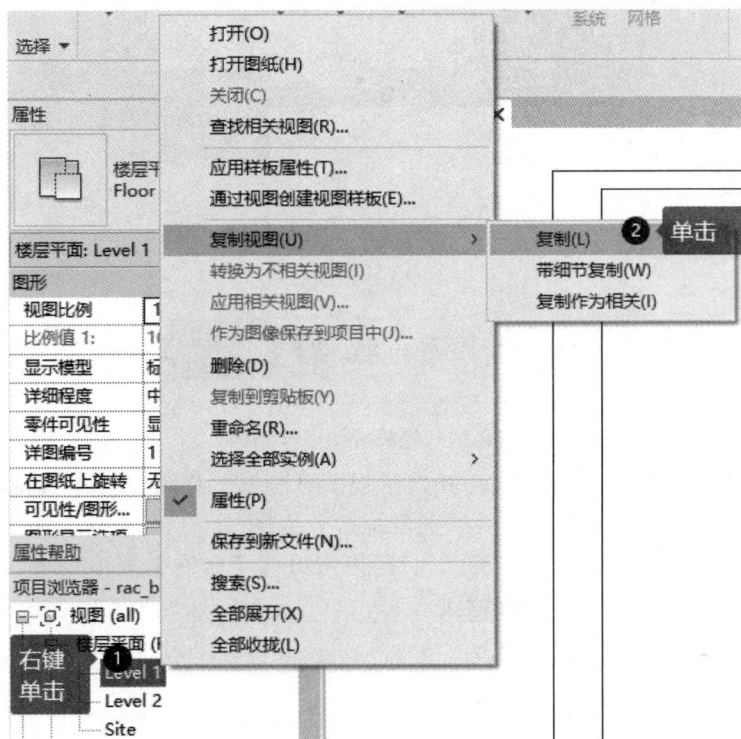

图 8-35　复制视图

【项目浏览器】中将会显示刚生成的视图副本"Level 1 副本 1"(推荐用户根据情况对视图进行重命名)，绘图区也会切换至显示该副本。可以根据需要对该视图进行调整，如增加标注[①]或隐藏某些图元等，以适应出图的需求。

将绘图区切换至图纸，并启用【视图】工具，如图 8-36 所示，操作如下。

选择【视图】选项卡→【图纸组合】面板，单击【视图】按钮。

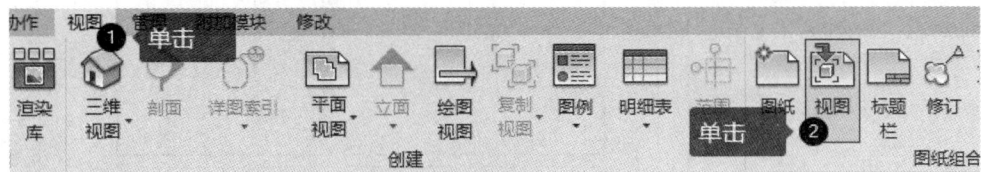

图 8-36　启用【视图】工具

系统会弹出【视图】对话框，在对话框列表中罗列了本项目中所有可添加的视图(已经

---

① 标注属于视图专有图元，不会显示在其他视图中。

被放入图纸的视图不在其中)，选中需要添加的视图，如图 8-37 所示，操作如下。

在【视图】对话框中单击选择一个视图→单击【在图纸中添加视图】按钮。

图 8-37　选择视图进行添加

Revit 会将【视图】对话框关闭，并显示视图范围框，移动鼠标放置视图。

在绘图区移动鼠标至合适位置→单击鼠标放置视图。

视图放置完毕后如图 8-38 所示。同时用户可以在【属性】面板对视图的属性(如视图比例)进行定义和修改，以满足实际需求。

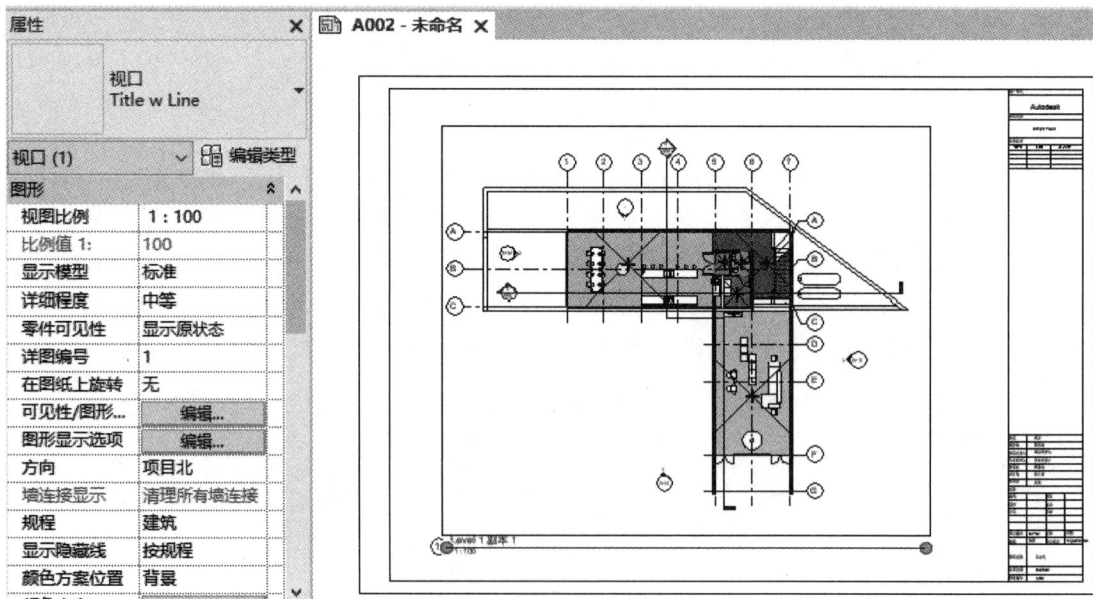

图 8-38　视图放置完毕后效果

第 9 章

协 同 工 作

多个专业协同工作是 BIM 技术的关键。这项功能使不同专业的设计者能同时对项目模型进行编辑，实时查看其他设计者的工作结果，极大程度上消除了专业之间信息交换的障碍，从而降低设计冲突，提高设计品质。换言之，协同工作的功能提高了工程项目各参与方协同完成项目目标的能力。本章将具体介绍如何在 Revit 中搭建协同工作环境。

本章重点：中心文件的创建。

9.1　相关术语及工作共享的模式

9.1.1　相关术语

为了解决协同工作的问题，在 Revit 中有几个新的概念需要进行理解。

中心模型：工作共享项目的主项目模型。中心模型存储了该项目中所有图元及所有权信息，并且是文件的发布中心。所有对该模型文件的修改都会被发布到其他用户的模型副本中。所有用户保存各自的中心模型本地副本，在本地进行工作，然后与中心模型进行同步，以便其他用户可以看到这些工作成果。

本地模型(副本)：项目模型的副本(拷贝)，保留在团队成员的计算机上。在团队成员之间分发项目时，每个成员都在各自的工作集中使用本地模型副本。团队成员将各自的修改同步至中心模型，以便其他成员可以看到这些修改，并依据最新的项目信息更新各自的本地模型副本。

工作集：项目中图元的集合。启用工作共享时，可将一个项目分成多个工作集，不同的团队成员负责各自的工作集。

9.1.2　工作共享的模式

在 Revit 中进行工作共享的模式，是为每个用户在其本地计算机上保存模型的副本，用户直接编辑本地副本，不直接修改中心文件。采用同步的方法，可以将本地副本的内容同步至中心模型文件，并同时更新本地副本以显示其他成员的最新修改。这样，就完成了所有用户之间的模型信息交换。

工作集是图元的集合，主要用于规范和管理模型修改的权限，当用户需要编辑、修改或删除某图元时，需要获取图元所属工作集的修改权限。

9.2　项目共享的方式

协同意味着信息模型必须是共享的。Revit 提供了两种方式进行项目共享，基于文件的工作共享和基于服务器的工作共享。在项目开始前，需要根据团队成员的地理位置、项目的复杂程度及规模等因素确定项目的共享方式。

9.2.1　基于文件的工作共享

当团队在同一个局域网(LAN)中工作时，基于文件的工作共享即可满足需求。如图 9-1 所示，同一局域网中的设计者拥有各自的模型文件副本，并通过与中心文件同步实现协同工作。

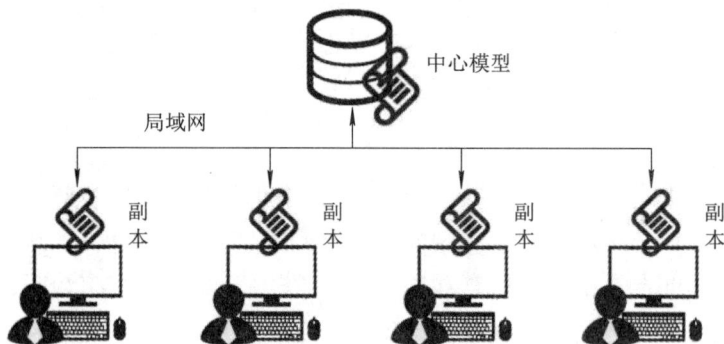

图 9-1　基于文件的工作共享示意图

9.2.2　基于服务器的工作共享

当团队成员的地理位置分散时，基于服务器的工作共享是最佳选择[①]，团队可以通过广域网(WAN)进行协作，前提是用户需安装 Revit Server 应用程序。如图 9-2 所示，处于

---

① 事实上，用户完全可通过虚拟局域网工具、远程桌面等方法，跨广域网实现基于文件的工作共享。

不同位置的项目成员借助 Revit Server Accelerator[①]，通过跨广域网连接到一个(或多个)Revit Server，实现协同工作。

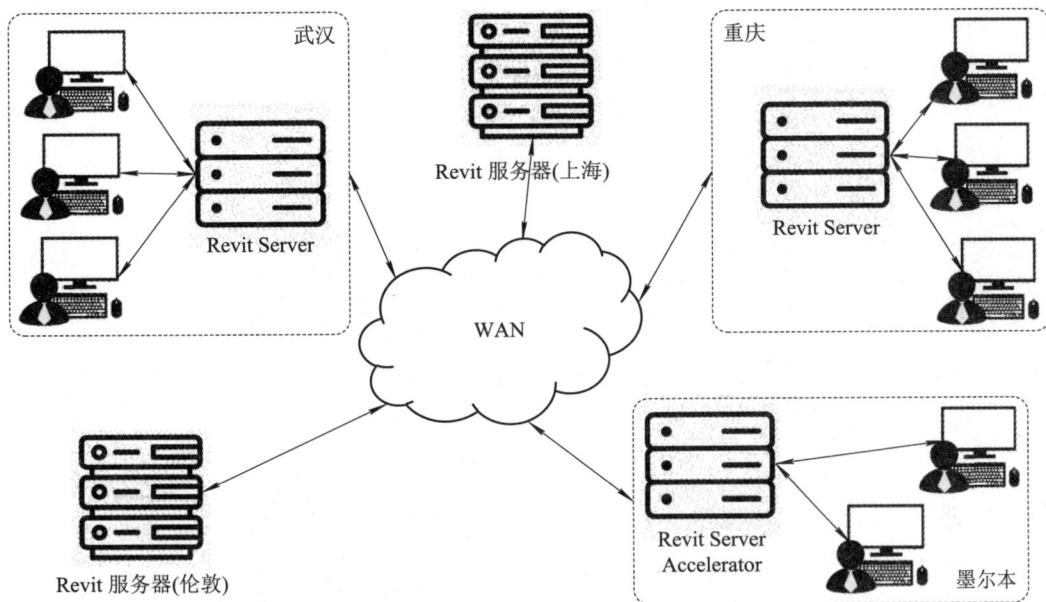

图 9-2　基于服务器的工作共享示意图

　　两种方法虽然存在差异，但对于用户而言，两种共享方式的搭建流程有诸多相似之处。本章主要介绍基于文件的工作共享。

9.3　启动基于文件的工作共享

　　在局域网中搭建一个 Revit 工作共享环境可以分为三个步骤。
　　(1) 创建一个共享文件夹，各用户都可以通过自己的电脑访问该文件夹，并将此文件夹映射为网络驱动器。
　　(2) 在需要进行共享工作的项目文件中建立工作集，并保存为中心文件。
　　(3) 用户在自己的电脑中打开该中心文件，并另存为本地模型副本。

9.3.1　共享文件夹及映射网络驱动器

1. 中心文件所在电脑的设置

　　在局域网中确定一台电脑作为中心文件的保存位置，保证所有参与工作的电脑处于同一个工作组。然后在此电脑上创建一个共享文件夹。查看待共享的文件夹的【属性】，操作如下。
　　打开【资源管理器】→右键单击待共享文件夹图标→单击【属性】项，如图 9-3 所示。

[①] Revit Server Accelerator 是可以从多个 Revit Server 集成数据的本地服务器。成员可以不借助 Accelerator 直接连接到 Revit Server，但通过 Accelerator 连接可以优化性能。

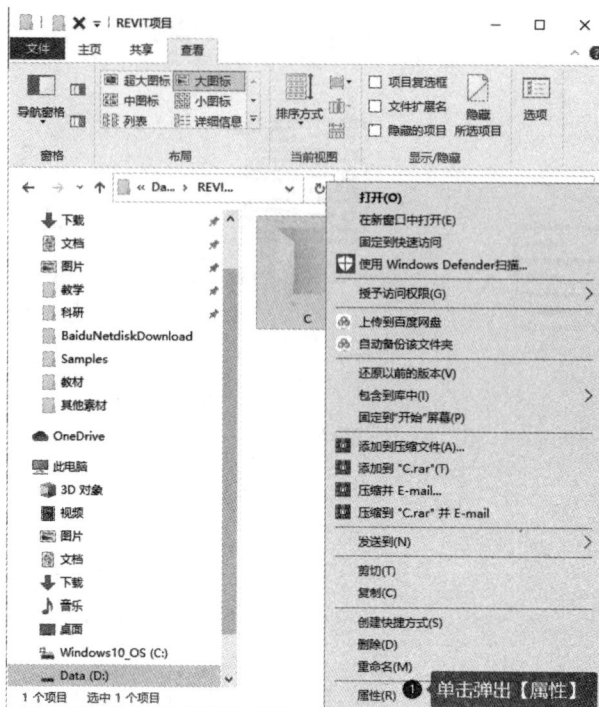

图 9-3 单击【属性】项

弹出文件夹的【属性】对话框，如图 9-4 所示。

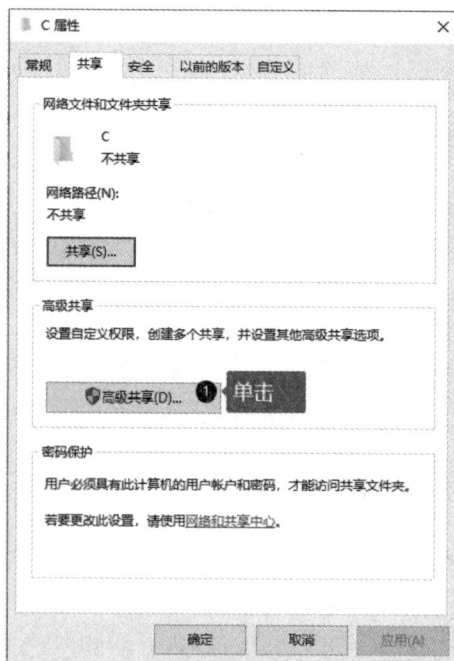

图 9-4 单击【高级共享】按钮

选择【共享】选项卡→单击【高级共享】按钮。弹出【高级共享】对话框，如图 9-5 所示。然后进行如下操作。

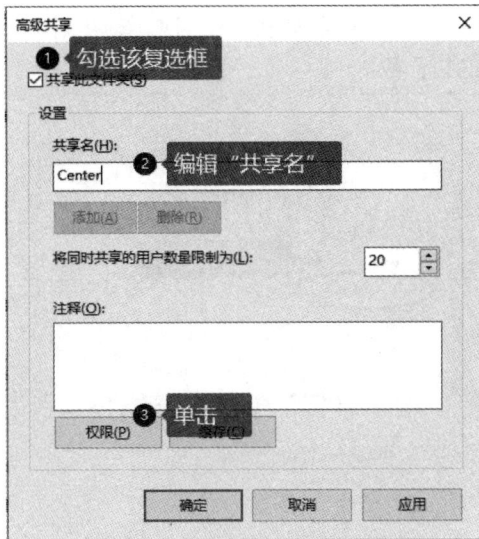

图 9-5　【高级共享】对话框

(1) 勾选【共享此文件夹】复选框→输入【共享名】(如 Center[①])→单击【权限】按钮。

(2) 弹出【Center 的权限】对话框，如图 9-6 所示，将"完全控制"权限赋予 Everyone 组[②]。

(3) 选中"Everyone"组→勾选【完全控制】复选框→单击【确定】按钮关闭对话框。

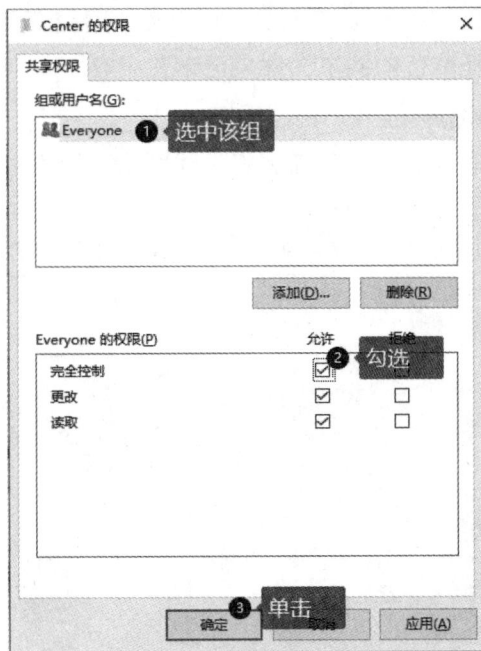

图 9-6　【Center 的权限】对话框

再次点击【确定】关闭【高级共享】对话框后，可以发现文件夹的【属性】对话框上

---

① 后面将用到该共享名。

② 共享文件夹访问权限的问题比较复杂，应参考其他资料进行深入学习，本书为方便起见将"Everyone"
用户组的权限设置为"完全访问"。

显示网络路径为"\\FULLJOY\Center"，如图 9-7 所示。其中"FULLJOY"是计算机名[①]，"Center"则是刚才设置的共享名。

图 9-7　共享成功后的文件夹【属性】

至此，中心文件所在计算机的共享文件夹已设置完成。

2. 其余参与计算机的设置

在其余参与项目的所有计算机上，需要将上述网络路径为"\\FULLJOY\Center"的共享文件夹映射为网络驱动器，方法如下。

打开【此电脑】，启用【映射网络驱动器】工具，如图 9-8 所示。

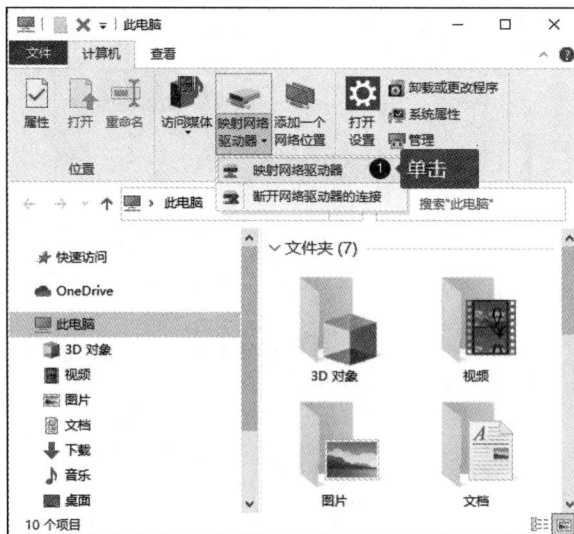

图 9-8　启用【映射网络驱动器】工具

---

① 读者的计算机名可以在 Windows 操作系统中查询并修改。

在弹出的【映射网络驱动器】对话框中，如图 9-9 所示，执行如下操作。

选择驱动器盘符→输入网络路径"\\FULLJOY\Center"→点击【完成】按钮。

在执行上述操作时要注意，所有的参与计算机必须选择相同盘符。例如，此处选择的是"Z"，则其他参与计算机都应选择"Z"，否则将导致后面执行中心文件同步的时候操作失败。当然，也可以选择其他盘符如"X"，只要保证所有的参与计算机都一致即可。

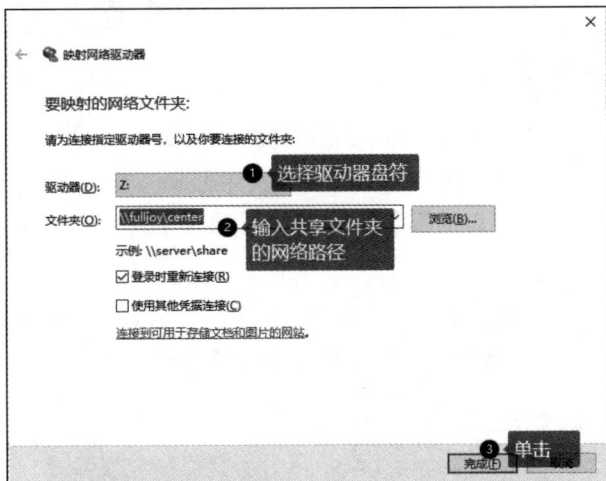

图 9-9　【映射网络驱动器】对话框

单击【确定】按钮之后，会弹出【身份验证】对话框，输入被授权的用户名[1]及其对应密码即可。身份验证成功后[2]，在【此电脑】中即可多出一个 Z 盘，表明映射网络驱动器成功，如图 9-10 所示。

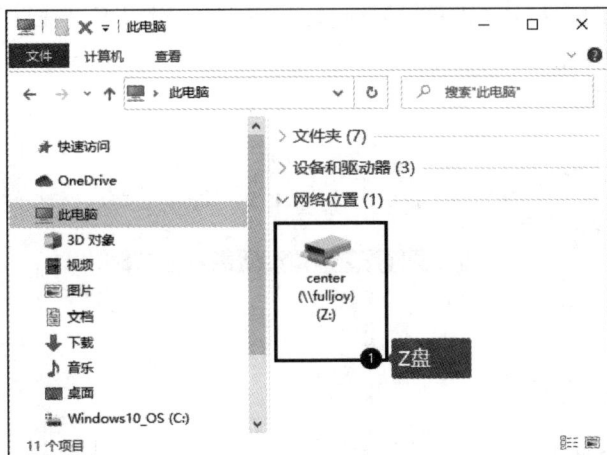

图 9-10　映射网络驱动器成功

9.3.2　创建中心文件

将一个项目文件设为中心文件需要在该项目文件中启动共享，可以把中心文件视作数据

---

[1] 用户被包含在授权组内，在本节前面的操作中，被授权的组是"Everyone"。
[2] 共享文件夹所在的电脑可能由于打开了防火墙的原因，造成映射失败，请读者参考相关资料进行处理。

库，储存所有的图元所有权及工作集信息。启动共享就是在项目中创建工作集。其方法如下。

首先打开(或新建)一个将被作为中心文件的项目文件，然后执行如图 9-11 的操作。

选择【协作】选项卡→【管理协作】面板，单击【工作集】按钮 🐾。

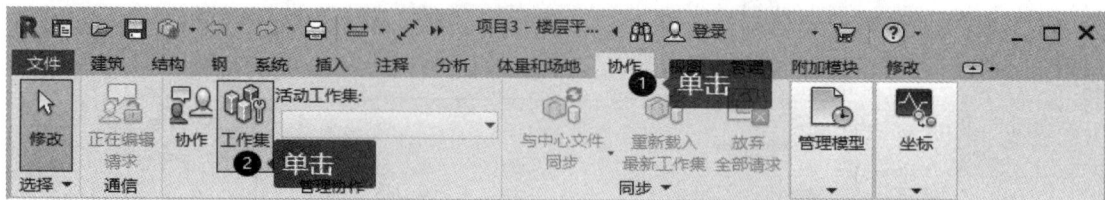

图 9-11　单击【工作集】按钮启动共享

弹出【工作共享】对话框如图 9-12 所示，其中显示了默认的工作集("共享标高和轴网"和"工作集 1")，用户可以对默认工作集进行重命名，单击【确定】按钮。

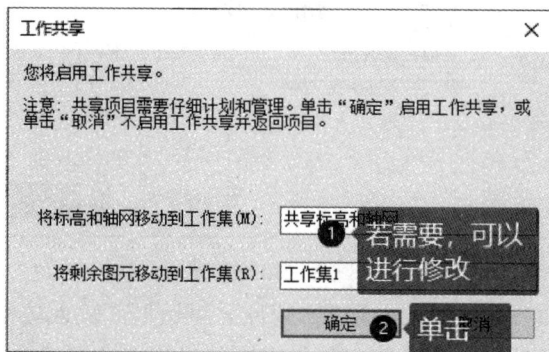

图 9-12　【工作共享】对话框

弹出【工作集】对话框，如图 9-13 所示。如有需要用户可以在此新建工作集，但此时可以略过。单击【确定】按钮。

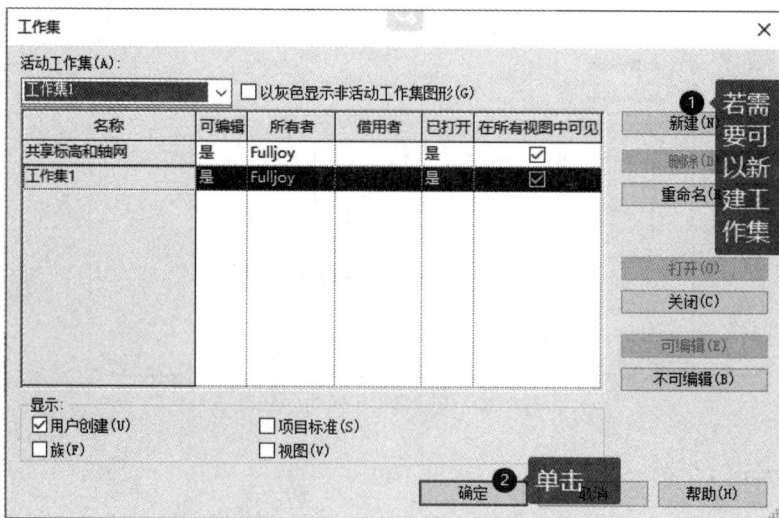

图 9-13　【工作集】对话框

此时，已经在项目中创建了工作集，即启动了工作共享。下面将该项目文件保存为中心文件即可，执行操作如下。

选择【文件】选项卡→单击【另存为】→单击【项目】^①按钮，如图 9-14 所示。

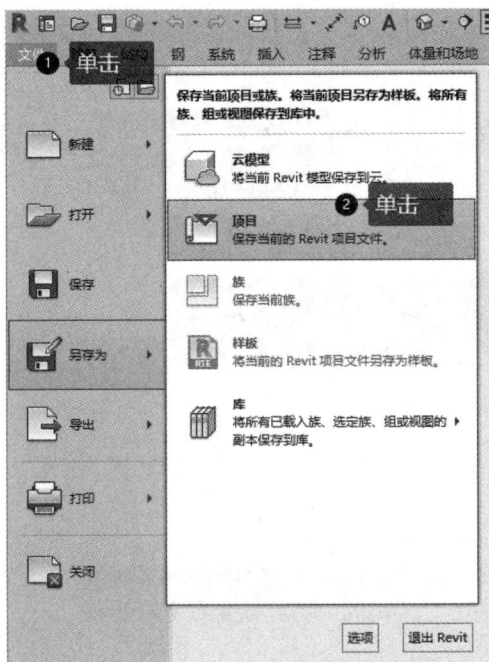

图 9-14 保存中心文件

在弹出的【另存为】对话框中，单击【选项】按钮，弹出【文件保存选项】对话框，如图 9-15 所示。在该对话框中，勾选【保存后将此作为中心模型】复选框。若是启用工作共享后首次进行保存，则此选项在默认情况下是选中的，且无法进行修改，图中是这种情况。在【文件保存选项】对话框中，单击【确定】按钮。

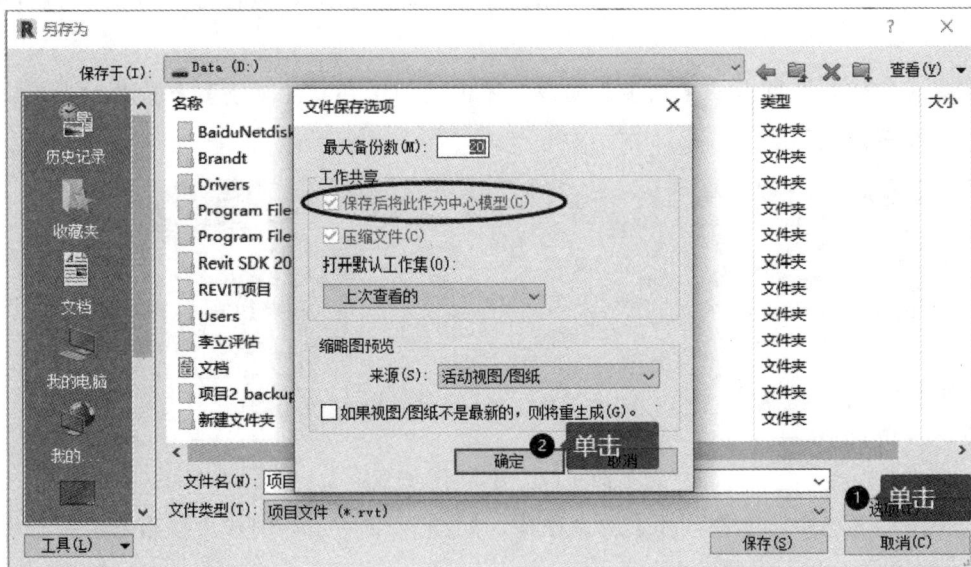

图 9-15 文件保存选项

① 若该项目从未保存，也可执行【保存】命令。

返回【另存为】对话框，如图 9-16 所示，在该对话框中，执行如下操作。

修改保存地址至网络驱动器 Z 盘→修改项目文件名(可选)→单击【保存】按钮。

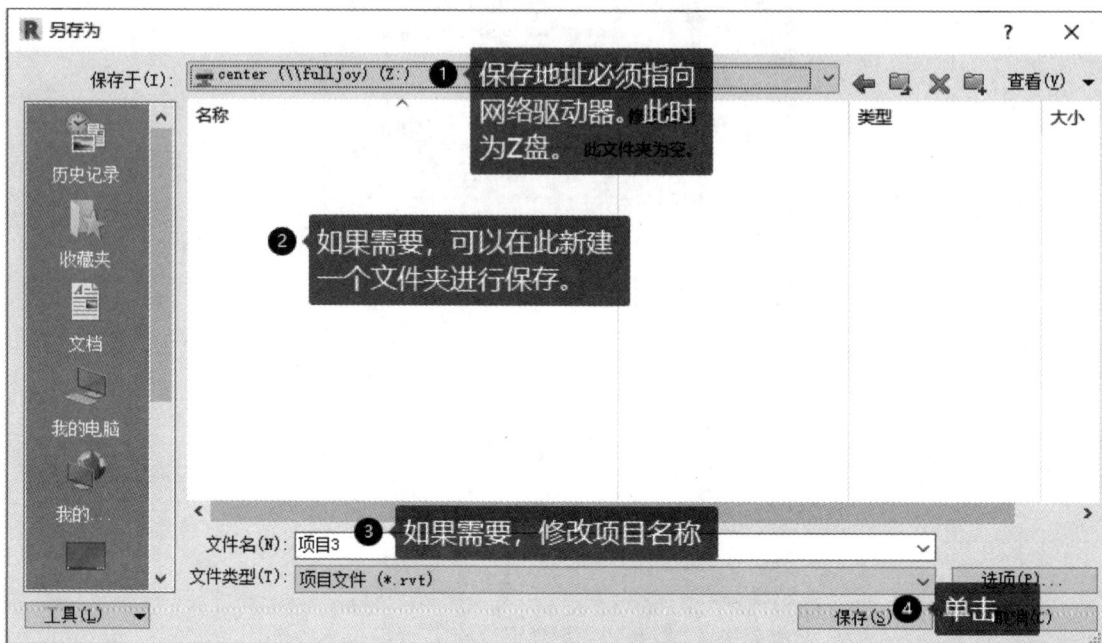

图 9-16　修改保存地址

到此为止中心文件的创建工作就完成了。需要提醒的是，创建中心文件的操作可以在参与工作的任何一台计算机中进行。

用户可以执行如下操作，查看刚才的操作结果，并加深对中心文件的理解，如图 9-17 所示。

选择【协作】选项卡→【同步】面板，单击【与中心文件同步】下拉菜单→单击【同步并修改设置】按钮 ⚙。

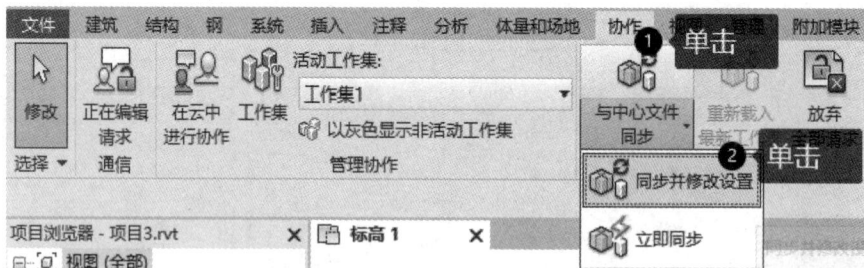

图 9-17　启动同步设置

在弹出的【与中心文件同步】对话框中，如图 9-18 所示，用户可以查看"中心模型位置"，该位置位于前面设置的网络驱动器中。

查看完毕后，单击【取消】退出。

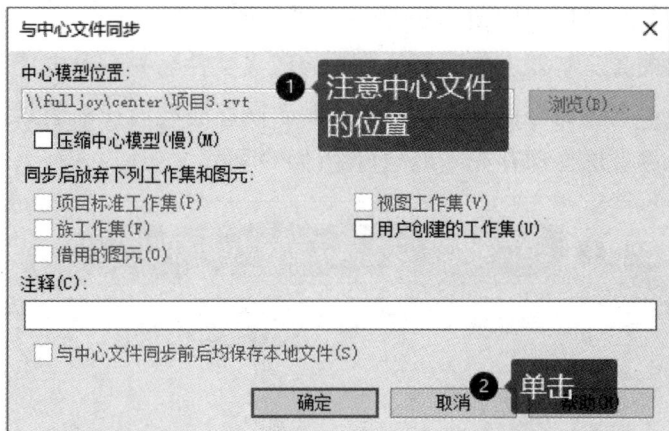

图 9-18 【与中心文件同步】对话框

9.3.3 创建本地副本

中心模型文件创建成功后，其他参与者都在各自的计算机上以此为基础进行工作。由于在 9.3.1 节中进行了网络驱动器映射，所有参与计算机都可以在 Z 盘中查看该中心文件，将中心文件打开，然后执行如下操作。

选择【文件】选项卡→单击【另存为】→单击【项目】按钮，如图 9-19 所示。

图 9-19 中心文件另存为操作

弹出【另存为】对话框，如图 9-20 所示，进行如下操作。

导航到网络或硬盘驱动器上的所需位置→修改【文件名】→单击【保存】按钮。

需要注意的是，上述保存位置可以是包括映射网络驱动器在内的其他可以保存文件地址，但是建议读者尽量选择保存在本地硬盘中(如 D 盘)。

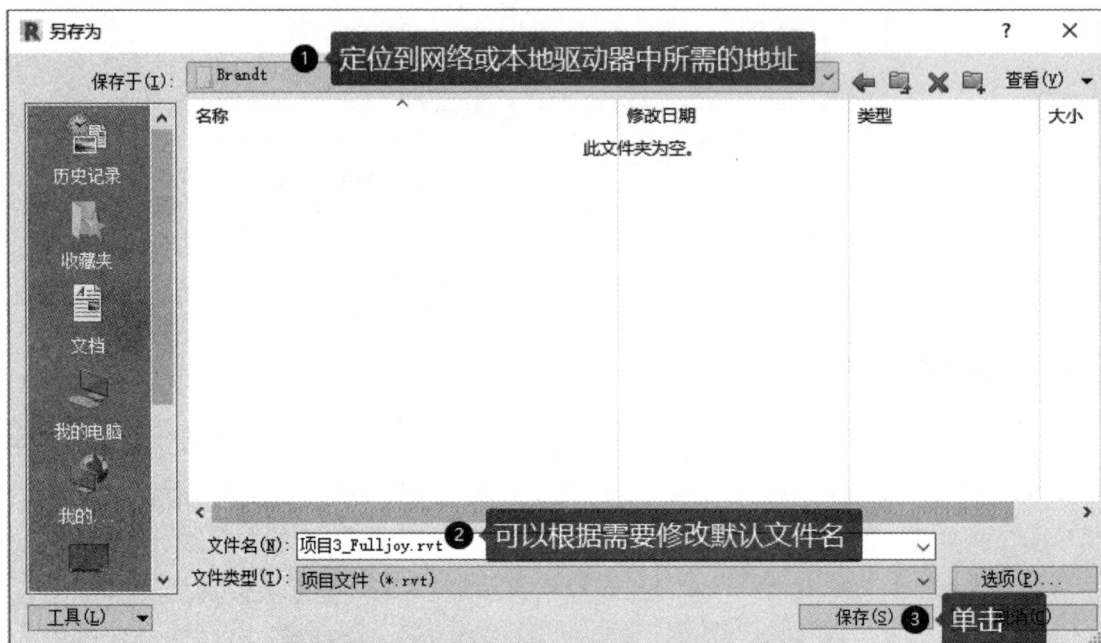

图 9-20　【另存为】对话框

至此，中心文件的本地副本创建完毕。

9.4　进行团队协作的流程

在创建中心模型及其本地副本后，建议用户在本地副本中执行所有建模工作。所有用户都需要在本地网络或硬盘驱动器上保存中心模型的一个副本。通过同步将对模型的修改、编辑发布到中心模型文件中，所有用户都可以随时从中心模型载入其他用户所做的修改。

打开模型的本地副本后，一般按以下步骤进行协同工作。

(1) 重新载入工作集；

(2) 打开并设置工作集；

(3) 编辑工作集；

(4) 与中心文件同步，将编辑提交到中心文件。

9.4.1 重新载入工作集

由于是协同工作，其他的参与者随时可能对模型进行修改和编辑，因此每次工作前，需要了解模型的最新状况。执行如下操作，如图 9-21 所示，会载入最新的工作集，使本地模型能反映其他工作者最新的工作成果。

选择【协作】选项卡→【同步】面板，单击【重新载入最新工作集】按钮 🔲。

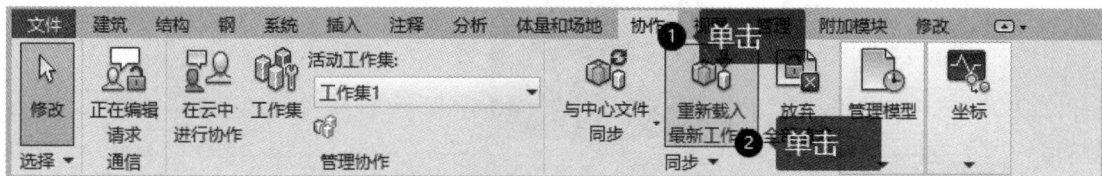

图 9-21　重新载入最新的工作集

该操作只从中心模型载入更新，而不将自己的修改发布到中心模型。

9.4.2 设置工作集

执行如下操作，如图 9-22 所示，打开【工作集】对话框。

选择【协作】选项卡→【管理协作】面板，单击【工作集】按钮 🔲。

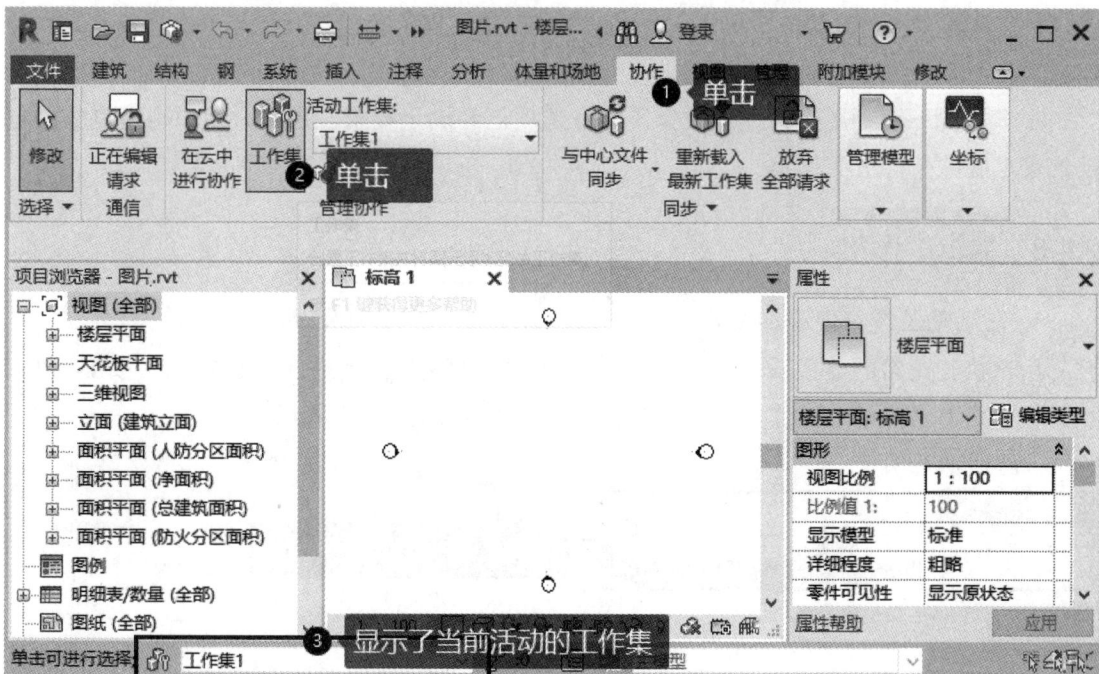

图 9-22　启用【工作集】

弹出【工作集】对话框如图 9-23 所示，执行如下操作。

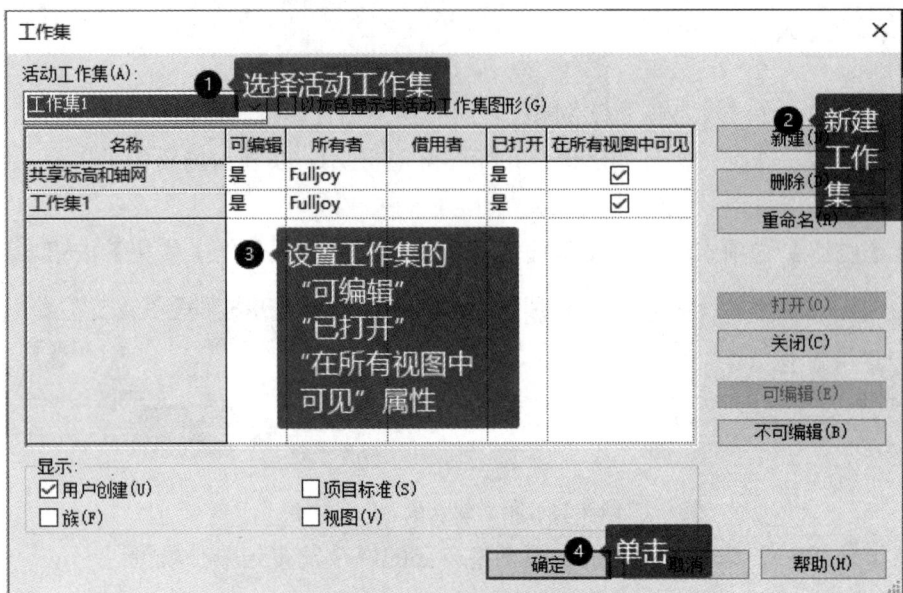

图 9-23　【工作集】对话框

(1) 选择【活动工作集】。活动工作集设置成功后，会在主界面的状态栏中显示。模型组新添加的图元都会被纳入当前的活动工作集。

(2) 新建【工作集】(如果需要)使工作集可编辑，打开工作集，使工作集可见。

在工作集的"可编辑"下单击选择"是"→在工作集的"已打开"下单击选择"是"→勾选"在所有视图中可见"复选框。

很多情况下，不用进行上述操作，默认选项已经满足要求。当然，用户也可以根据自己的需求隐藏一部分工作集。

9.4.3　编辑工作集

1. 在活动工作集中添加图元

用户执行正常的建模操作，新建的模型图元将被纳入当前的活动工作集。用户可以在状态栏中查看当前活动工作集，或切换活动工作集，如图 9-24 所示。

图 9-24　查看、切换活动工作集

2. 修改图元所属工作集

在【属性】面板中，用户可以查看或修改图元的工作集，如图 9-25 所示，操作如下。

在绘图区选中图元→【属性】面板，单击"工作集"后的下拉菜单进行选择。

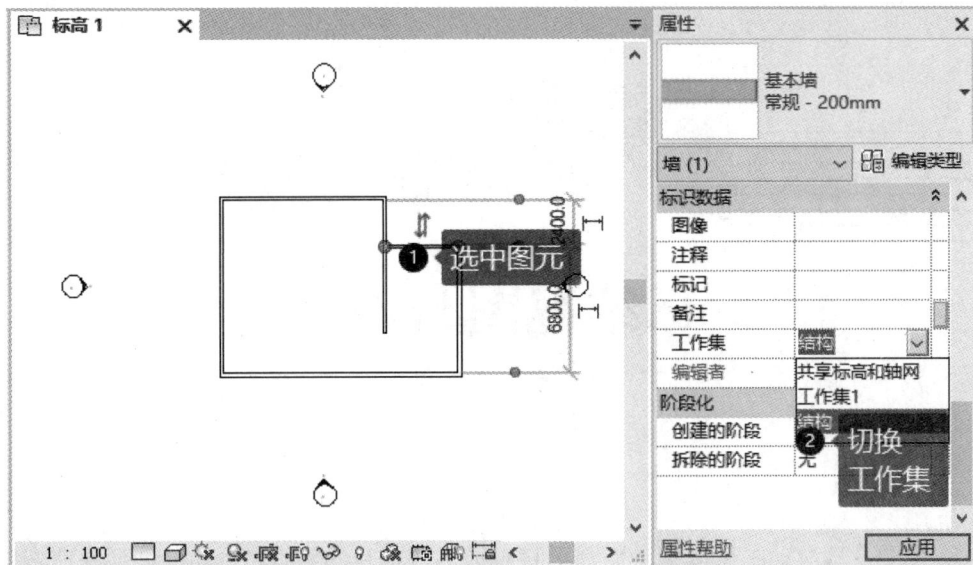

图 9-25 切换图元的工作集

9.4.4 与中心文件同步

用户对模型进行编辑后，需保存本地副本文件。单击快速启动工具栏【保存】按钮，然后与中心文件同步，见图 9-26。

选择【协作】选项卡→【同步】面板，【与中心文件同步】下拉列表→单击【立即同步】按钮 。

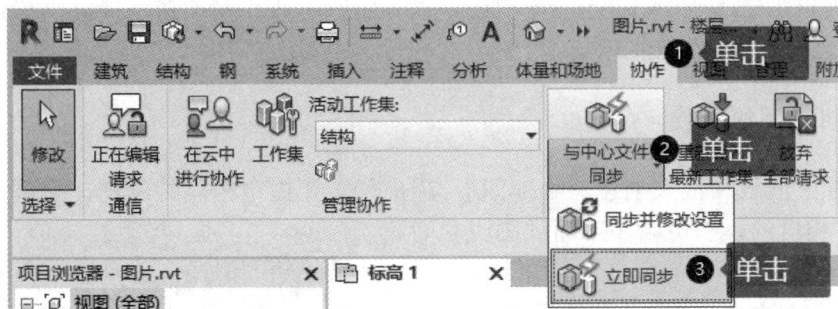

图 9-26 与中心文件同步

第 10 章

三维视图与漫游

三维视图及漫游动画可以帮助用户更直观地理解项目的特点，协助设计师快速查看、展示设计效果，以进行多方案的遴选。本章主要介绍三维视图的创建和渲染，以及如何生成漫游动画。

本章重点：相机方向的调整。

10.1　三维视图

Revit 可以生成透视(或正交)三维视图，以直观的形式显示项目，并可以在三维视图中修改或添加图元(无法添加注释)。

10.1.1　创建三维视图

Revit 通过放置相机来创建三维视图[①]，用户仅需要指定相机的位置、拍摄角度等参数即可。放置相机的操作可以在平面视图或立面视图中进行。

打开项目的平面视图，启用【相机】工具，如图 10-1 所示。

选择【视图】选项卡→【创建】面板，单击【三维视图】下拉列表→单击【相机】按钮 📷。

启用【相机】工具后，在绘图区内相机图标会随鼠标一起移动。此时，选项栏如图 10-2 所示。其中选项的功能如下。

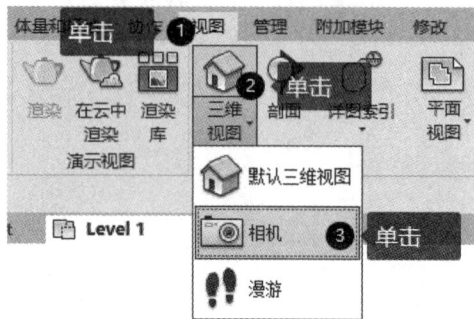

图 10-1　启用【相机】工具

------

① 三维视图的生成可以理解为用相机从某视角对项目进行拍照形成的照片。

图 10-2　【相机】工具的选项栏

(1) 取消勾选"透视图"会生成轴侧图；

(2) "自 Level 1"表示相机高度基准是 Level 1 平面视图(可以修改至其他平面视图)；

(3) "偏移 1750.0"表示相机自起始基准视图(Level 1)向上偏移 1750 mm。通常情况下用户只需要修改偏移距离即可。

下面指定相机的平面位置及拍摄方向。用户需要在视图适当位置两次单击鼠标，其中第一次单击用来确定相机的平面位置，第二次单击用来确定相机的拍摄方向[①]，如图 10-3 所示。拍摄方向上的蓝色三角形(屏幕显示蓝色)表示透视视图的裁减边界，三角形内的对象将被显示在视图中。

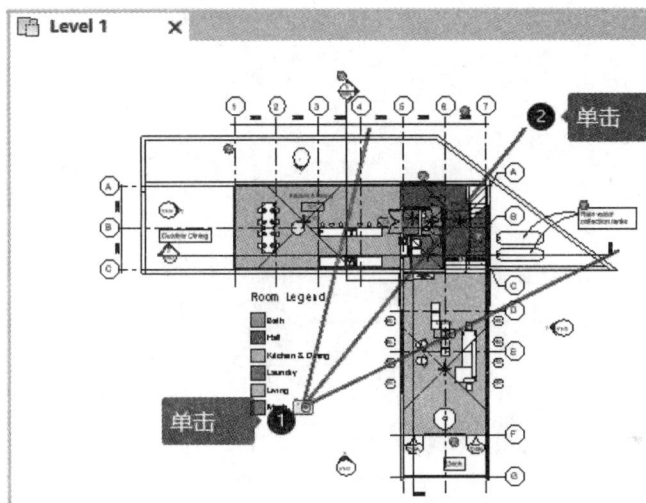

图 10-3　指定相机的平面位置及拍摄方向

完成上述操作后，三维视图(三维视图 1[②])就被创建完成，Revit 将自动显示该三维视图。此时用户可以通过拖曳视图四周的范围控制点来调整视野大小，如图 10-4 所示。

图 10-4　完成三维视图的创建

---

① 在平面上放置照相机时，拍摄方向始终处于水平位置。

② 可以在项目浏览器中找到该视图，并进行重命名。

10.1.2　相机方向的调整

在平面视图或立面视图中，用户可以显示相机，并调整相机的方向和拍摄范围。下面介绍在立面视图中调整相机拍摄方向的方法。

首先激活项目的【南】立面视图，在视图中显示相机，如图 10-5 所示。具体操作如下。

选择【项目浏览器】→单击展开"三维视图"→右键单击"三维视图"→弹出右键菜单，单击"显示相机"项。

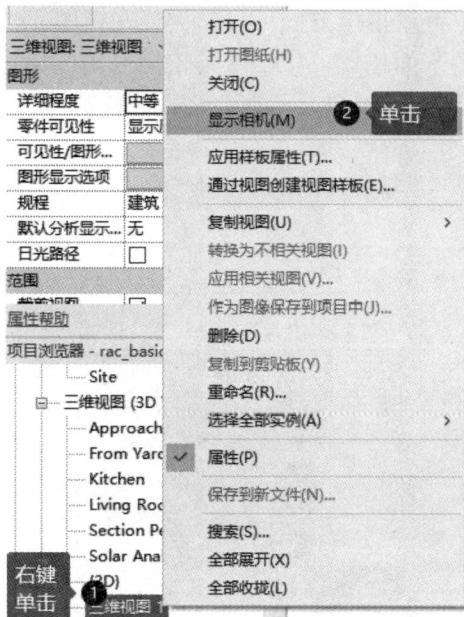

图 10-5　显示相机

此时在【南】立面视图中[1]将会显示照相机图标及拍摄方向线条。调整方向线条端部的控制点，即可在铅锤面内调整拍摄方向，如图 10-6 所示。

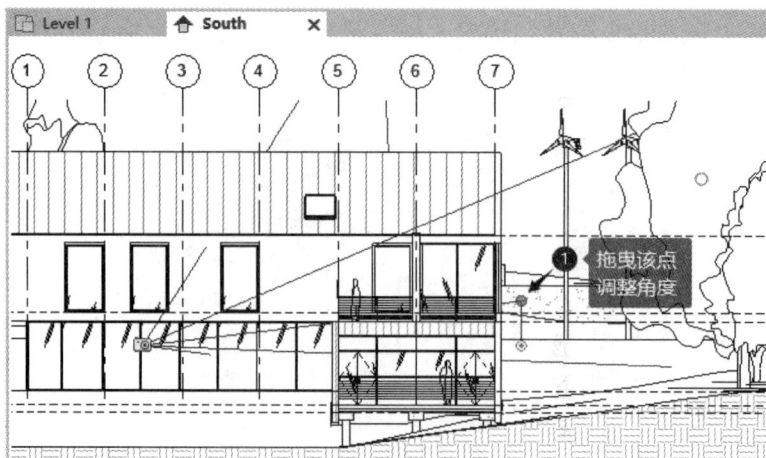

图 10-6　调整相机角度

----

① 若平铺显示多个视图，则相机会显示在所有可见的平面和立面视图中。

用户用类似的方法也可以在平面视图中调整相机的角度。角度调整好后，三维视图会更新至新显示内容。

10.1.3　三维视图的渲染

三维视图[①]可以被渲染成具有照片级真实感的图像。下面介绍如何对三维视图进行渲染。

首先，打开(或创建)需要渲染的三维视图，然后启用【渲染】工具，如图 10-7 所示。具体操作如下。

选择【视图】选项卡→【演示视图】面板，单击【渲染】按钮 🫖。

此时，Revit 会自动弹出【渲染】对话框，如图 10-8 所示。

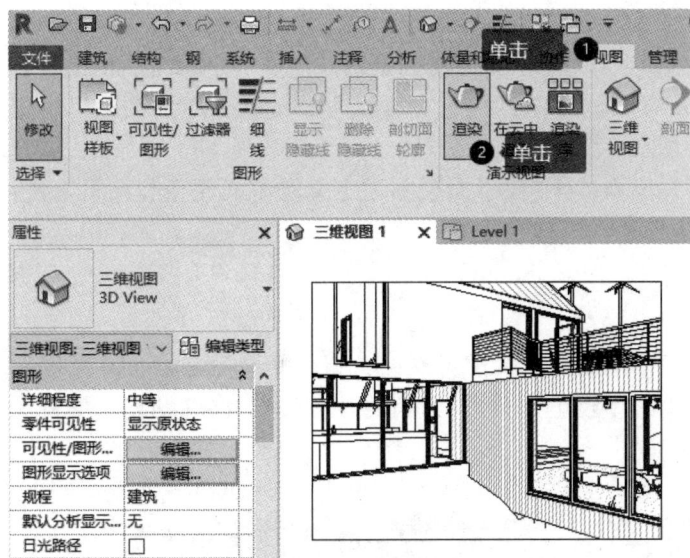

图 10-7　启用【渲染】工具　　　　　图 10-8　【渲染】对话框

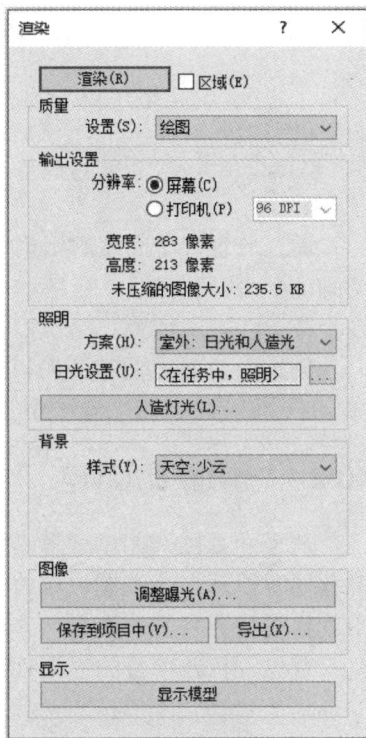

在【渲染】对话框中，用户可对渲染质量、输出图像尺寸、照明、背景等进行设置。完成设置后，单击【渲染】对话框上方的【渲染】按钮，即可开始渲染。由于渲染过程包含复杂的计算过程，所以需要较长的时间[②]，此时 Revit 将显示【渲染进度】对话框，提示用户有关渲染过程的信息。

渲染进程完成后，绘图区域中即显示渲染后的图像，如图 10-9 所示。

请注意此时【渲染】对话框仍然处于打开状态。用户可以反复调整渲染设置，然后重新进行渲染。在渲染图像之后调整曝光设置，效果可以立即反映在绘图区图像内，无须重

---

① 只有三维视图才可以进行渲染，在平面、立面和剖面视图中渲染工具不可用。
② 受渲染质量、图像大小、模型复杂程度以及计算机性能的影响，渲染需要的时间差别很大。

新进行渲染。

图 10-9　渲染后的三维视图

10.2　漫游

　　通过放置一个固定的相机可以创建三维视图，而漫游则是通过定义一个移动的相机创建动画(或一系列图像)。它是动态展示项目的方法，相机在项目中移动就像用户在项目中穿行一样。

　　创建一个漫游通常分为以下两大步骤：① 在平面视图中定义漫游的路径和相机视角；② 在立面视图中调整漫游路径的高度和相机视角。

10.2.1　创建漫游路径

　　从平面视图开始创建漫游路径的方法适用于大多数场合，操作也更容易。创建路径时推荐同时显示多个视图，以方便对漫游路径进行精确的控制和调整。下面介绍在平面视图中创建漫游路径的方法。

　　首先，打开项目的平面视图，并激活【漫游】工具，如图 10-10 所示。具体操作如下。

图 10-10　启用【漫游】工具

选择【视图】选项卡→【创建】面板，单击【三维视图】下拉列表→单击【漫游】按钮 ❈。

此时 Revit 进入放置关键帧的状态，命令选项栏与图 10-2 类似，用法也类似，用户可以用此选项栏来定义相机高度的基准面和偏移距离[①]。本例的选项栏保留默认设置。

将鼠标移动至视图中的合适位置，连续单击即可放置多个关键帧，每个关键帧对应一个相机。Revit 将沿着关键帧位置生成一条曲线，该曲线即为漫游路径。单击【完成漫游】按钮 ✔，即可结束关键帧的定义，如图 10-11 所示。

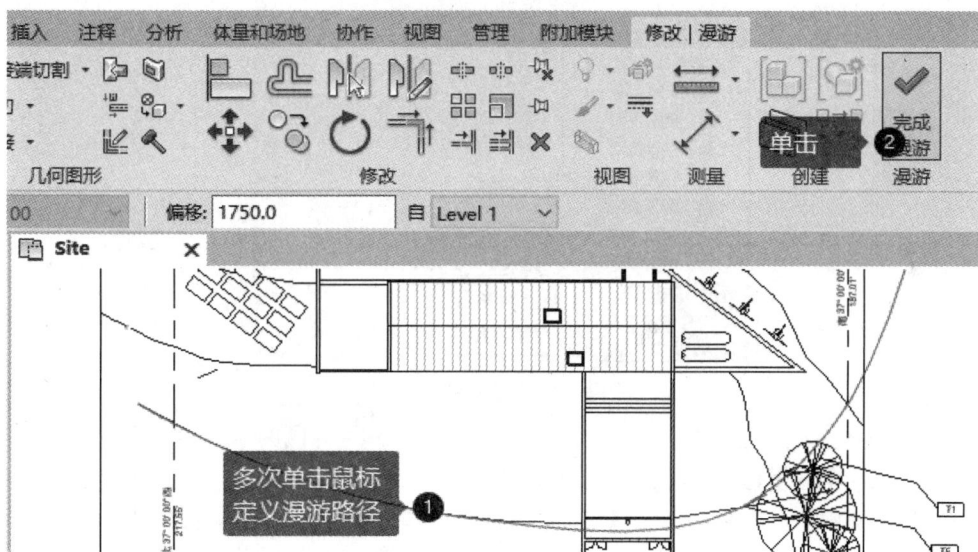

图 10-11　定义漫游路径的平面位置

完成创建后，在【项目浏览器】的"视图-漫游"分支下可以找到刚生成的漫游，默认名为"漫游 1"，用户可以对其进行重命名。

10.2.2　编辑漫游路径

在 10.2.1 节中已经创建了一个漫游，可以据此生成一个动画，绝大部分情况下该动画不能满足用户的需求，必须对漫游进行编辑。用户可以对漫游路径、相机的视角和视野范围进行调整，也可以添加和删除关键帧。

下面介绍漫游路径的编辑方法。默认情况下漫游[②]不显示在视图中，要编辑漫游，首先需要在视图中显示漫游，如图 10-12 所示。具体操作如下。

选择【项目浏览器】→"视图-漫游"项→右键单击"漫游 1"→在弹出的菜单中单击"显示相机"项。

---

① 此时也可以忽略高度的定义，留待后续在立面视图中进行编辑和修改。
② 漫游也是一个族，有类型属性和实例属性。

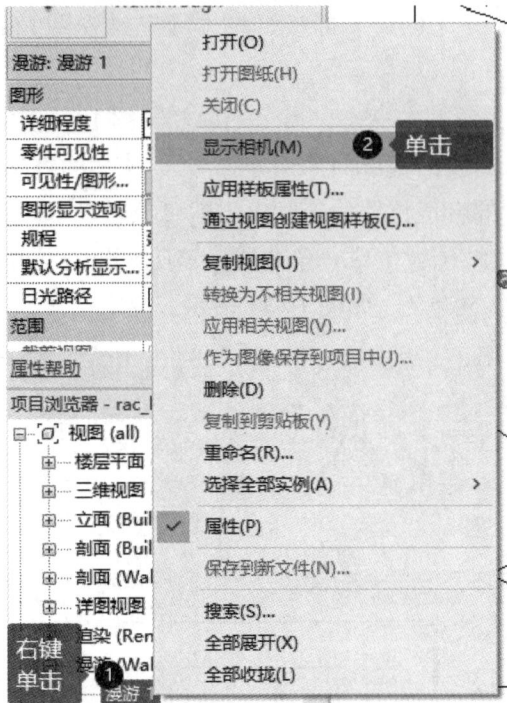

图 10-12　显示漫游相机

平铺显示场地平面视图和【南】立面视图，漫游路径会同时显示在两个视图中并处于选中状态。启用【编辑漫游】工具，如图 10-13 所示。具体操作如下。

选择【修改|相机】选项卡→【漫游】面板，单击【编辑漫游】按钮 💅。

图 10-13　启用【编辑漫游】工具

此时 Revit 进入编辑漫游的状态并显示【编辑漫游】选项卡。将命令选项栏中的"控制"下拉菜单置于"路径"状态，如图 10-14 所示，此时 Revit 处于编辑漫游路径的状态。

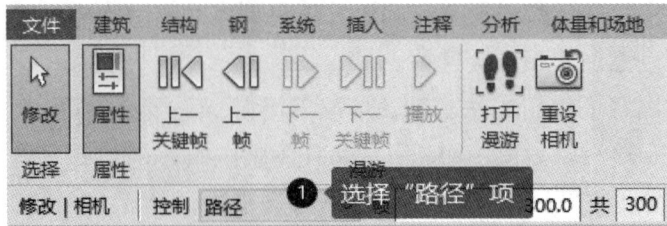

图 10-14　选择控制路径

在激活状态的视图中，漫游路径上将显示关键帧控制点(屏幕显示淡蓝色)。拖曳该控制点，即可对漫游路径的平面形状和立面形状进行调整，如图 10-15 和图 10-16 所示。

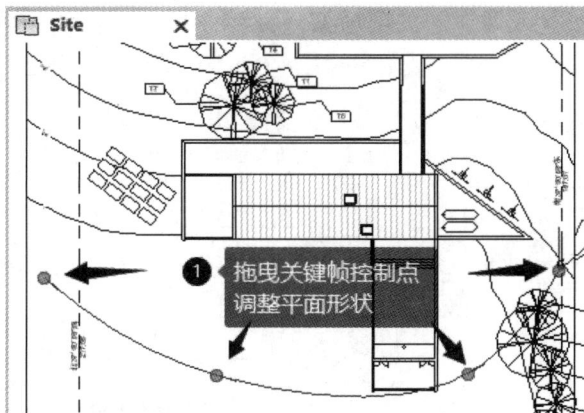

图 10-15 调整漫游路径的平面形状

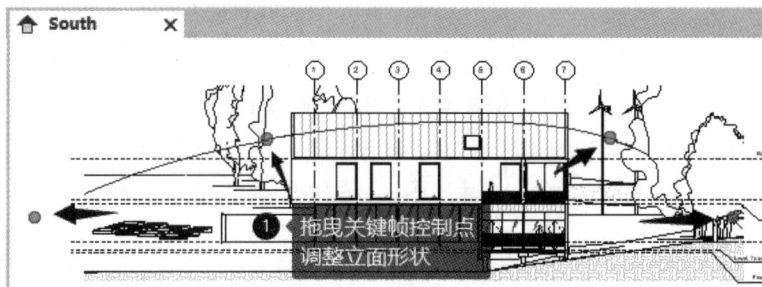

图 10-16 调整漫游路径的立面形状

编辑完成后，单击视图的空白区域，Revit 弹出【退出漫游】对话框，单击【是】按钮退出漫游编辑状态。

10.2.3 编辑漫游的相机视角和视野范围

用与 10.2.2 节中同样的方法使 Revit 进入编辑漫游的状态并显示【编辑漫游】选项卡，将命令选项栏中的"控制"下拉菜单置于"活动相机"状态，如图 10-17 所示，此时 Revit 处于编辑相机的状态。

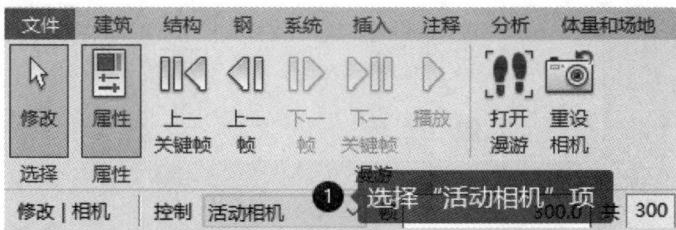

图 10-17 选择控制活动相机

在激活状态的视图中，漫游路径上将显示关键帧控制点(屏幕显示红色)。在如图 10-17 所示的【编辑漫游】选项卡中，【上一关键帧】【上一帧】【下一帧】和【下一关键帧】控件可用于按帧查看漫游，【播放】控件可连续播放漫游。

调整选中的关键帧，并对相机的视角和视野进行调整[①]，如图 10-18 所示。具体操作如下。

---

① 漫游相机的调整方法与三维视图中相机的调整方法一致。

单击【上一关键帧】或【下一关键帧】，切换不同的关键帧→调整相机的角度和视野。

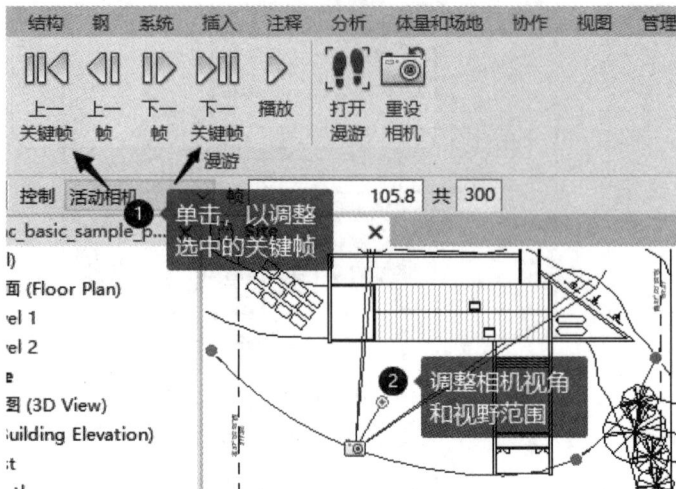

图 10-18　调整关键帧的相机视角和视野范围

激活立面视图后，在立面视图中也可进行类似的操作，以调整相机在垂直方向的角度。

编辑完成后，单击视图的空白区域，Revit 弹出【退出漫游】对话框，单击【是】按钮退出漫游编辑状态。

10.2.4　导出漫游动画

用户可以将漫游动画导出为 AVI 格式的影片。首先，在【项目浏览器】中打开需要导出的漫游，使之处于激活的状态。然后启用导出漫游的功能如图 10-19 所示。具体操作如下。

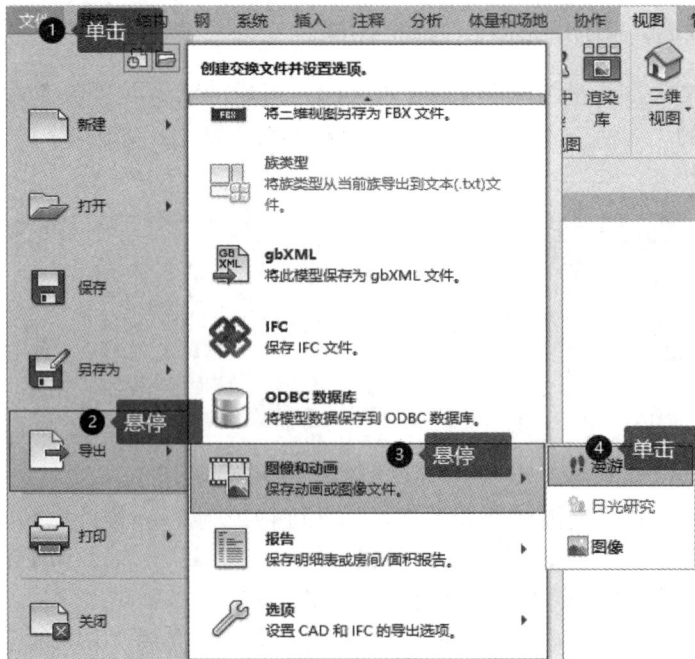

图 10-19　启用导出漫游的操作

选择【文件】选项卡→鼠标悬停至"导出"项→鼠标悬停至"图像和动画"项→单击"漫游"项 。

Revit 将弹出【长度/格式】对话框，可以在此对话框中对动画的长度和格式进行设置，如图 10-20 所示。

在该对话框中，用户可以设置导出全部帧，或者某个范围，并设置每秒播放的帧数。用户通常根据需要选择"视觉样式"。若选择"渲染"作为"视觉样式"，则 Revit 会将为漫游视图指定的渲染设置用于导出。

设置完成后，单击【确定】按钮。

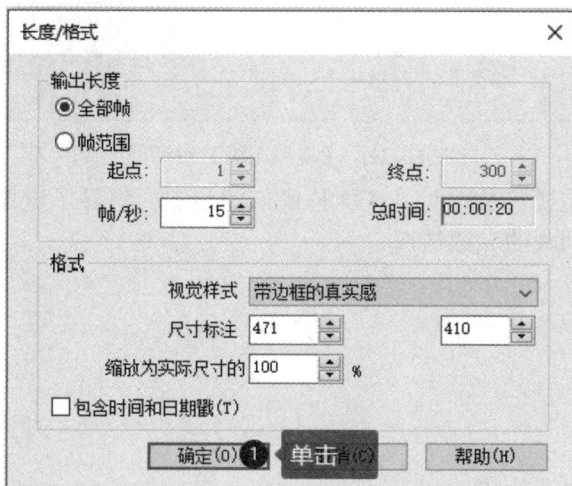

图 10-20　【长度/格式】对话框

Revit 弹出【导出漫游】对话框，在其中可以选择动画文件保存的路径及文件的格式类型。此时选择导出"AVI 文件"，如图 10-21 所示。

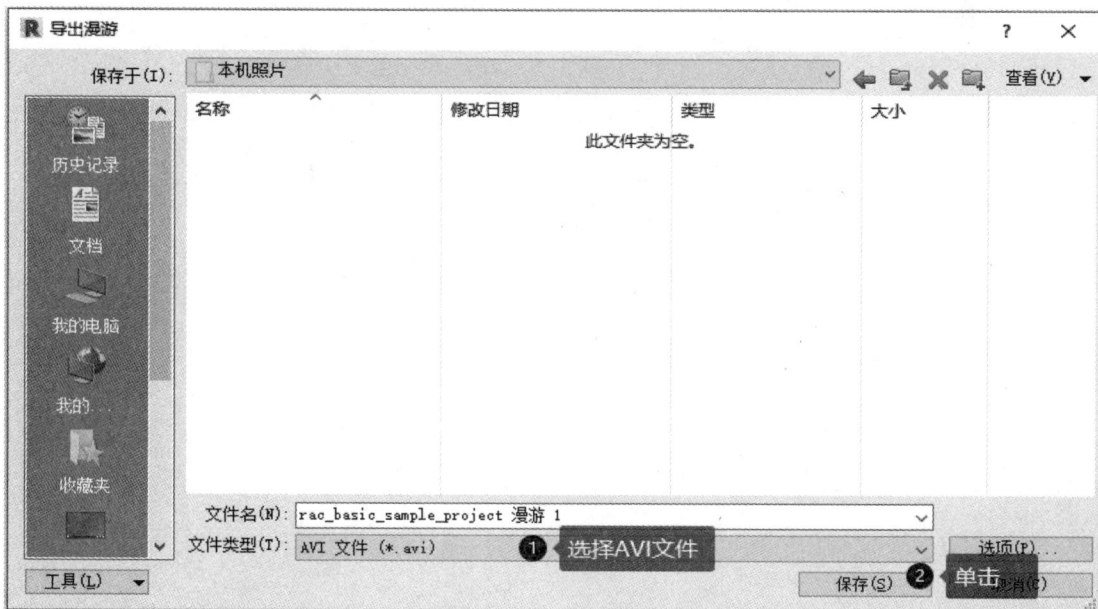

图 10-21　【导出漫游】对话框

在弹出的【视频压缩】对话框中，设置压缩选项(也可以保持默认)，单击【确定】按钮开始导出，如图 10-22 所示。

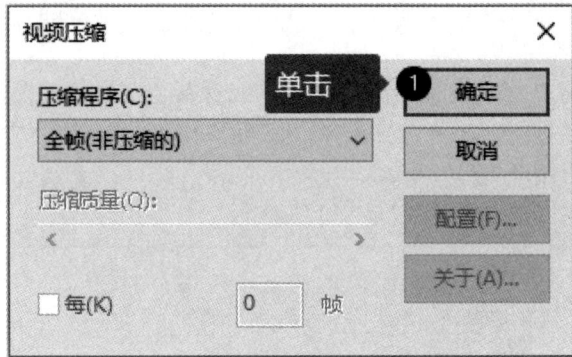

图 10-22   【视频压缩】对话框

导出的过程通常需要较长时间，在屏幕底部的状态栏将显示进度提示器，用户可以通过该提示器了解导出动画的完成情况。

第 11 章

常　用　技　术

本章集中介绍一些常用和通用的工具、技术和方法，它们会在很多功能中重复出现，用户在需要的时候可进行查阅。

11.1　复制图元

Revit 中提供了多种方法对图元进行复制，在此介绍三种较为常用的复制方法，分别为拖曳复制、剪贴板复制和使用【复制】工具。用户可以根据需要选择不同的复制方法。

11.1.1　拖曳复制

"拖曳复制"是最简单快捷的复制方法，在进行单个图元复制时用该方法非常简洁、高效。具体操作为先选中图元，然后在按住"Ctrl"键的同时拖曳该图元，即可进行复制。

11.1.2　剪贴板复制

"剪贴板复制"是 Windows 操作系统中的标准操作，几乎所有的软件都支持该操作，用户使用起来比较符合操作习惯。

当用户需要在不同的视图中复制图元时，可以使用该方法。具体操作如下。

(1) 单击鼠标选中图元。

(2) 同时按"Ctrl"键和"C"键，复制图元。

(3) 同时按"Ctrl"键和"V"键，粘贴图元。

11.1.3　使用【复制】工具

使用【复制】工具可复制一个或多个图元，并可立即在视图中放置图元的副本。

例如，要复制图 11-1 中的结构柱，操作如下。

(1) 在视图中单击鼠标，选中要复制的柱。

(2) 选择【修改|结构柱】选项卡→【修改】面板，单击【复制】按钮 🔧。

需要提醒读者的是，上述【修改|结构柱】选项卡属于上下文工具选项卡，会因为用户选中图元的族的不同而有所变化，通用的形式为【修改|<图元>】。

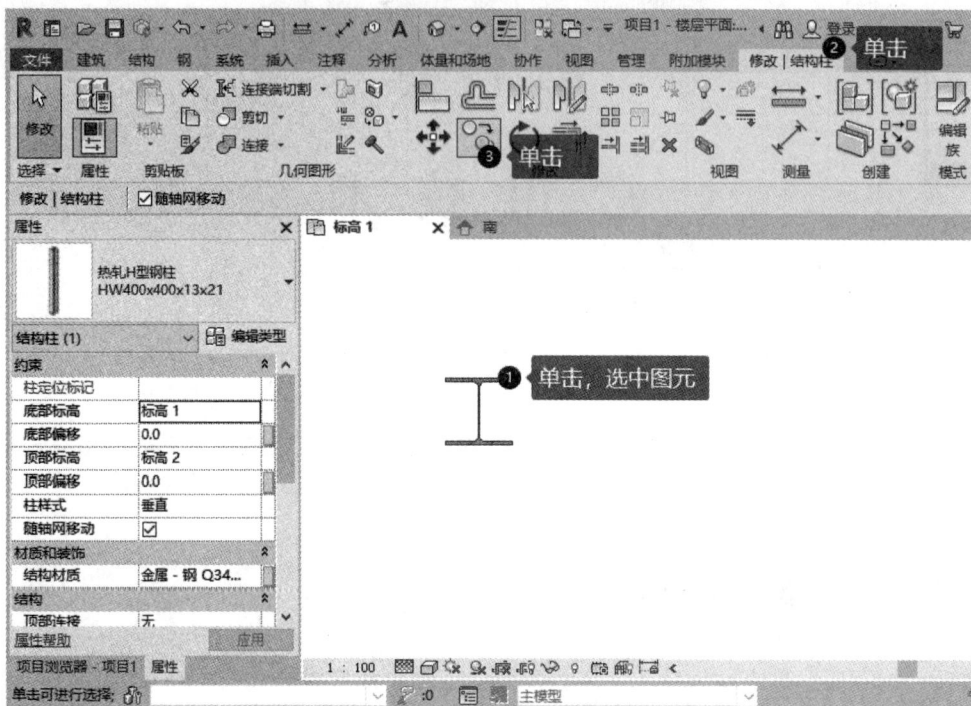

图 11-1　复制结构柱

若用户需要放置多个副本，需要在选项栏上勾选【多个】复选框，如图 11-2 所示。

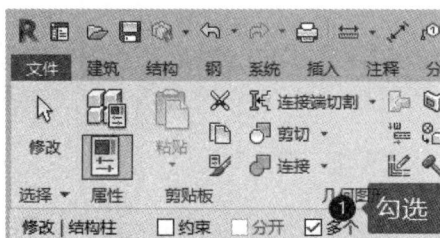

图 11-2　多次复制图元选项

在视图中两次单击鼠标，鼠标移动的距离和方向即为副本相对于原图元移动的距离和方向，如图 11-3 所示。

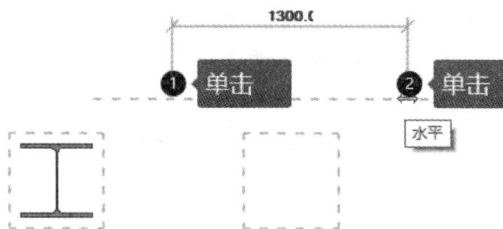

图 11-3　用鼠标放置图元副本

若选择复制多个图元，需按"Esc"键退出操作。

11.2 阵列图元

当图元[①]的排列呈现出等间距的规律时，用户通常可以采用"阵列"工具进行批量创建。Revit 的【阵列】工具提供以下两个选择："线性阵列"用于创建直线阵列；"半径阵列"用于创建弧线阵列。

11.2.1 线性阵列

线性阵列指在直线方向等间距放置若干图元。例如，在垂直高度方向，等间距(3.6 m)放置 5 个标高图元，如图 11-4 所示。

在【南】立面视图中，单击需要阵列的标高图元。具体操作如下。

选择【修改|标高】选项卡→【修改】面板，单击【阵列】工具 ⊞。

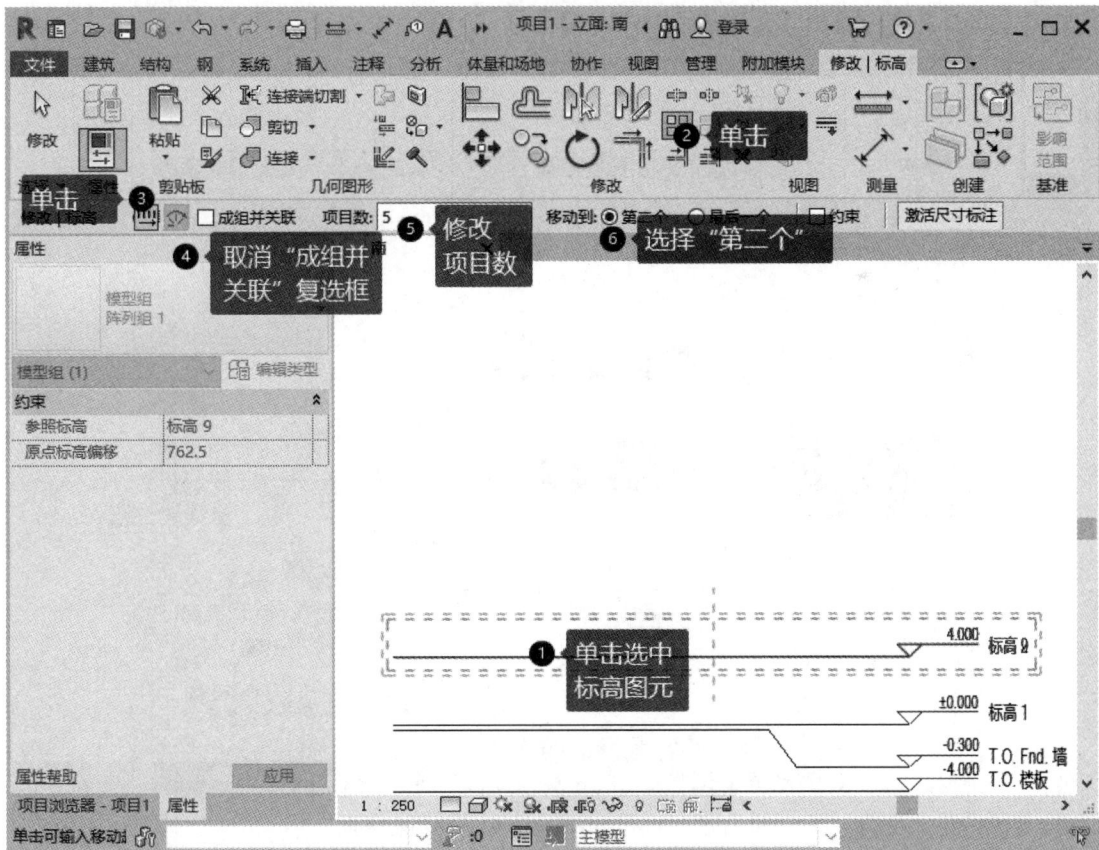

图 11-4 线性阵列标高图元

---

① 大多数注释符号不支持阵列。

切换至线性阵列状态。多数情况下默认为"线性阵列"，可省略下面的操作。

在【修改 | 标高】选项栏中单击【线性】按钮 ⊞。

选项栏中其他选项的含义如下。

成组并关联：若勾选该复选框，则 Revit 会将阵列的每个成员归纳在一个组中。反之，Revit 仅创建指定数量的副本，每个副本都独立于其他副本，不会与它们进行关联。

项目数：指定阵列图元的副本总数。要注意，阵列新生成的图元数目为该"项目数"减 1，即新生成的副本加上原图元的总和为"项目数"。请读者注意操作验证。

移动到-第二个：用户在视图中移动鼠标时，会指定阵列成员间的间距。

移动到-最后一个：用户在视图中移动鼠标时，会指定阵列的整个跨度，成员在跨度中等间距放置。

约束：用于限制线性阵列的方向，若选中则图元仅沿着垂直或共线的方向移动。

根据标高图元的需要，进行如下操作设置。

(1) 标高图元一般不需要成组关联，所以取消勾选【成组并关联】复选框。

(2) 修改【项目数】为"5"。

(3) 单击鼠标，选中【移动到：第二个】。

设置完成后，在【南】立面视图中进行如下操作，指定阵列的间距和方向，如图 11-5 所示。

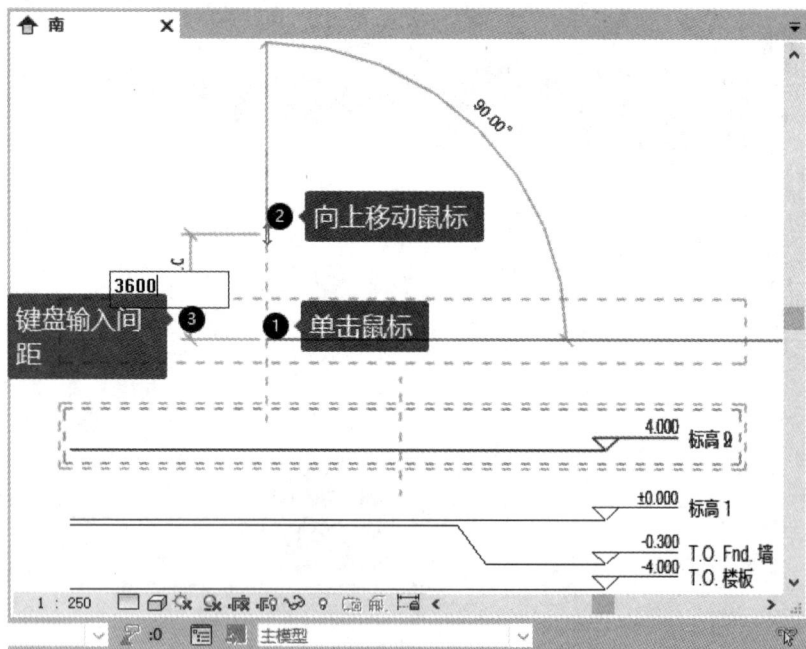

图 11-5　在视图中指定阵列的间距和方向

(1) 在任意位置单击鼠标，并向上移动。

(2) 输入间距"3600"。

(3) 按"回车"键完成操作，如图 11-6 所示。

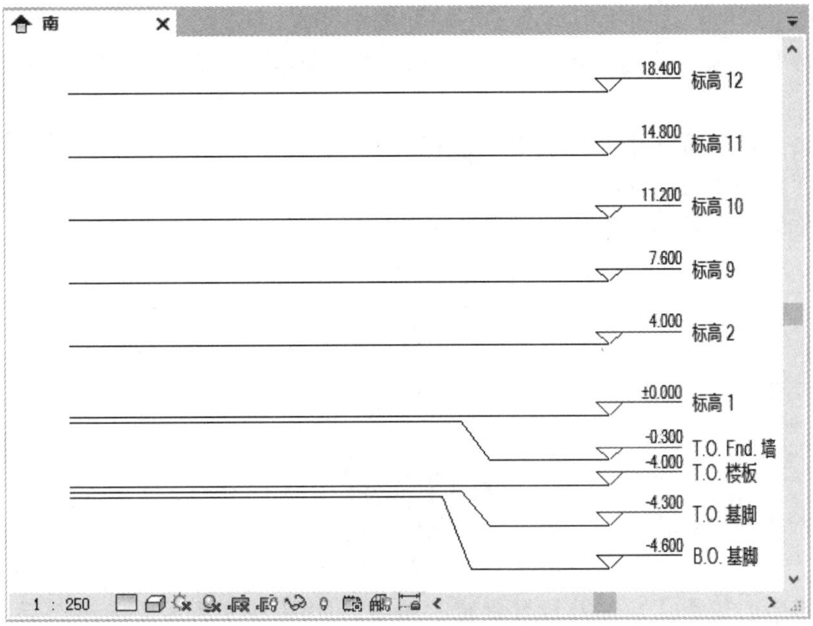

图 11-6　完成阵列后的标高

11.2.2　半径阵列

半径阵列指在弧线上等间距放置指定图元。例如，要在半径为 1.5 m 的半圆弧上等间距放置 5 把椅子，可进行如下操作，如图 11-7 所示。

在楼层平面视图的合适位置放置第一把椅子，然后选中该图元。具体操作如下。

选择【修改 | 家居】选项卡→【修改】面板，单击【阵列】工具 ⊞⊞。

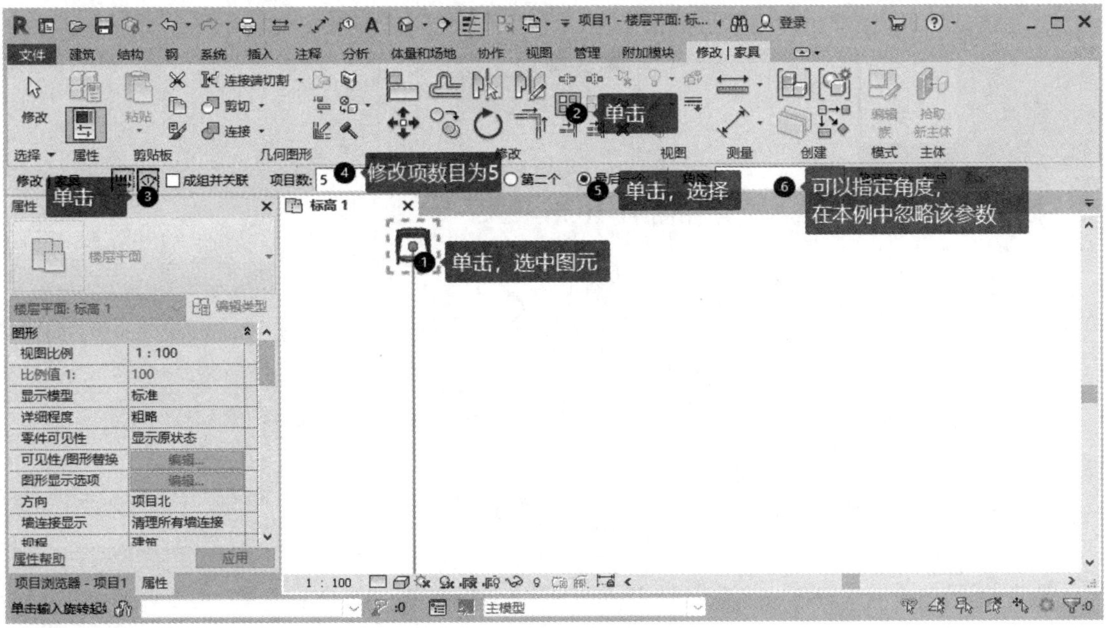

图 11-7　对椅子进行半径阵列

在【修改|家具】选项栏中单击【半径】按钮 ⟳。

其他参数和选项的设置可参考图 11-7，参数的意义与 11.2.1 节中的参数类似，在此不再赘述。

视图中会显示"旋转中心控制点" ● (蓝色)，执行下面的操作可将旋转中心移动到所需的新位置，如图 11-8(依据阵列半径 1.5 m 可以确定新的旋转中心位置)所示。

单击【旋转中心控制点】→移动鼠标至新位置→单击鼠标。

图 11-8　指定新的旋转中心

确定旋转中心位置后，需要设置旋转的角度，如图 11-9 所示，操作如下。

(1) 移动鼠标至弧形起始的位置，并向弧线的前进方向移动鼠标。

(2) 输入角度"180"[①]。

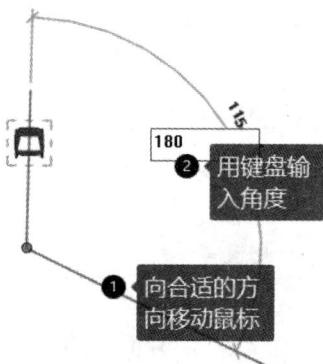

图 11-9　指定旋转角度

按"Enter"键，完成阵列，如图 11-10 所示。

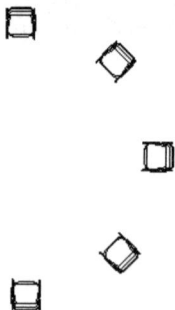

图 11-10　完成阵列后的效果

---

① 也可以通过鼠标指定弧形的起点位置和终点位置来完成阵列角度的设定。

11.3　绘制工具

【绘制】工具包含了一系列命令，如绘制直线 ✐、绘制矩形 ▭、绘制圆 ◉、绘制内接多边形 ⬠、绘制外接①多边形 ⬠、绘制椭圆 ◉、绘制半椭圆 ◗ 和绘制样条曲线 ✲，另外还包括四个绘制圆弧的命令 ◜、◟、◠、◜。

这些命令的主要作用是创建草图。很多图元，如楼梯、楼板、屋顶等，都是基于草图生成的，这类图元的共同特点是尺寸无法自动确定。因此，当用户在模型中添加楼梯、楼板、屋顶等图元时，软件会自动进入"草图模式"，并在工具栏显示对应的"绘制"工具，帮助用户完成草图的绘制。换言之，本节中介绍的命令通常被统一放置在【绘制】面板中，当用户进入"草图模式"或者创建族时，该面板会自动显示。

有 AutoCAD 使用经验的读者应该已经发现，这些命令和 AutoCAD 中的绘制命令十分相似，其操作步骤基本相同，因此本书仅对部分工具做简要介绍。

11.3.1　绘制线

选择【绘制】面板→单击【直线】按钮 ✐→用鼠标在绘图区单击两次，分别指定直线的起点和终点。启动该命令后，选项栏上有以下两个可选参数。

偏移：设定偏移量的值，程序将对用户绘制的直线进行相应距离的偏移，生成新的直线。

半径：设定圆弧半径值，程序将在两段连续绘制直线的交点处生成对应半径的圆弧，以平滑连接两段直线，效果如图 11-11 所示。

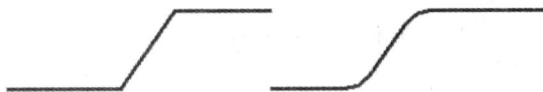

图 11-11　设定"半径"的连接效果

11.3.2　绘制矩形

选择【绘制】面板→单击【矩形】按钮 ▭→用鼠标在绘图区单击两次，指定矩形的一组对角。启动该命令后，选项栏上有以下两个可选参数。

偏移：设定偏移量的值，程序将对用户绘制的矩形进行相应距离的偏移，生成新的矩形。

半径：设定圆弧的半径，用于在矩形的四角创建相应半径的圆弧。

11.3.3　绘制圆

选择【绘制】面板→单击【圆形】按钮 ◉→在绘图区域单击鼠标，指定圆心位置。启动该命令后，选项栏上有以下两个可选参数。

---

① 作者认为此处准确的说法应为"外切多边形"，英文版软件中写作"Circumscribed Polygon"，中文版软件中误译为"外接多边形"。

偏移：设定偏移量的值，程序将对用户绘制的圆形进行相应距离的偏移，生成新的圆形。

半径：设定圆的半径值，若用户设定了该值，则只需要单击一次鼠标即可完成圆的绘制。

若没有设定"半径"值，用户有以下两种操作可以完成圆的绘制：用键盘输入半径值；在绘图区再次单击鼠标。

11.3.4　绘制内接/外切多边形

该工具基于圆绘制一个多边形，圆的半径是圆心到多边形顶点之间的距离。

选择【绘制】面板→单击【内接多边形】按钮。

设定多边形的边数，在【选项栏】输入"边数"(默认值为6)。

参照 11.3.3 节中圆的绘制方法，在绘图区进行相应的操作，程序将生成一个内接多边形。

外切多边形的绘制方法相同，启用【外接多边形】工具进行类似操作即可。

11.3.5　绘制圆弧

Revit 中有四个工具用于绘制圆弧，本书以【起点-终点-半径弧】为例进行介绍，其他三个命令读者可自行类推。

用【起点-终点-半径弧】工具绘制圆弧的方法如图 11-12 所示，操作如下：

(1)【绘制】面板，单击【起点-终点-半径弧】按钮→移动鼠标至绘图区。

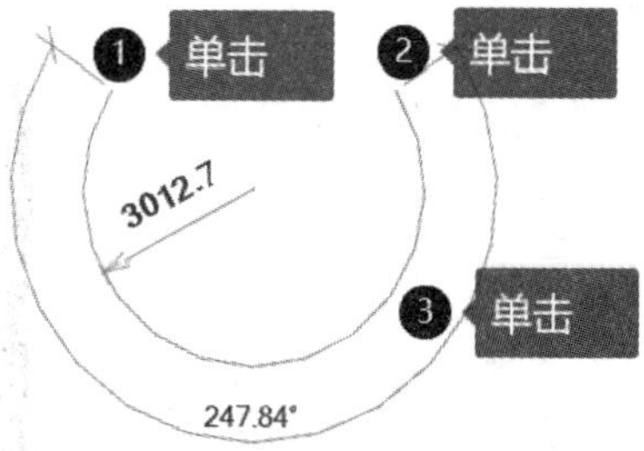

图 11-12　【起点-终点-半径弧】绘制圆弧

(2) 在圆弧的起点和终点单击鼠标[①]→移动鼠标再次单击，完成圆弧的绘制[②]。

11.4　　倾斜表面

屋顶、檐底板、楼板、结构楼板、天花板和建筑地坪等图元会涉及斜面的创建。在 Revit 中有三种方法可以用来定义斜面。

(1) 边界线坡度：适用于已知斜面坡度的情况。

(2) 定义平行线：适用于已知斜面上两水平线高度的情况。

(3) 坡度箭头：适用于已知斜面中一点相对于斜面边缘高差的情况。

下面以倾斜楼板为例，介绍上述三种方法的具体操作。三种方法都要在"草图模式"下使用，若软件未处于该模式，可以通过双击对应图元的方法进入"草图模式"，也可以执行以下操作进入 "草图模式"，如图 11-13 所示。

在视图中单击鼠标选中图元→【修改 | <图元>】选项卡→【模式】面板，单击【编辑边界】按钮。

---

① 这步操作定义了弧的弦长。

② 本工具的实质是利用三个点来定义一个圆弧。

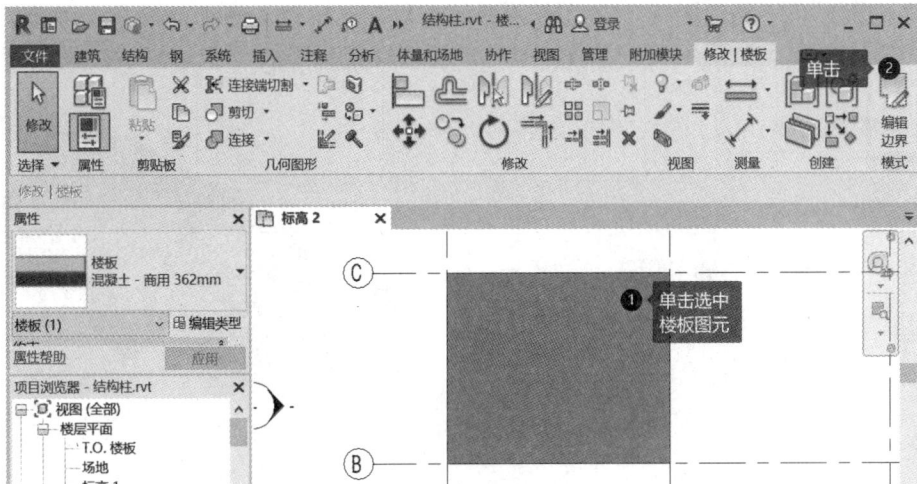

图 11-13 进入草图模式

11.4.1 使用边界线属性定义坡度

在绘制屋顶、檐底板、楼板、结构楼板和天花板时，用户可以通过修改边界线属性的方法来定义坡度。

在草图模式下，进行如下操作，如图 11-14 所示。

选中一条边界线→在【修改|编辑边界】选项栏中勾选【定义坡度】复选框→点击【属性】面板，修改"坡度"值，如"10.00°"[①]→单击【应用】按钮[②]。

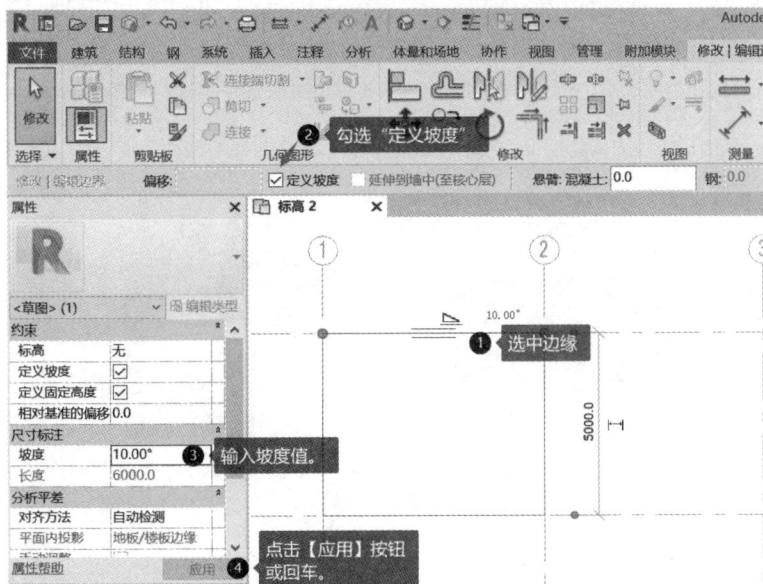

图 11-14 修改边界坡度属性

单击【完成编辑模式】按钮 ✔，完成编辑。

[①] 角度可以为负值，如"-10°"，以反映不同的倾斜方向。

[②] 边界被定义坡度后，旁边会显示一个直角三角形标记 ⊾。

需要注意，对于屋顶图元，在符合逻辑的前提下，可以为每个边缘定义坡度，以形成各种形式的坡屋顶，如图 11-15 所示。但是，楼板图元只能有一个边缘被定义坡度。

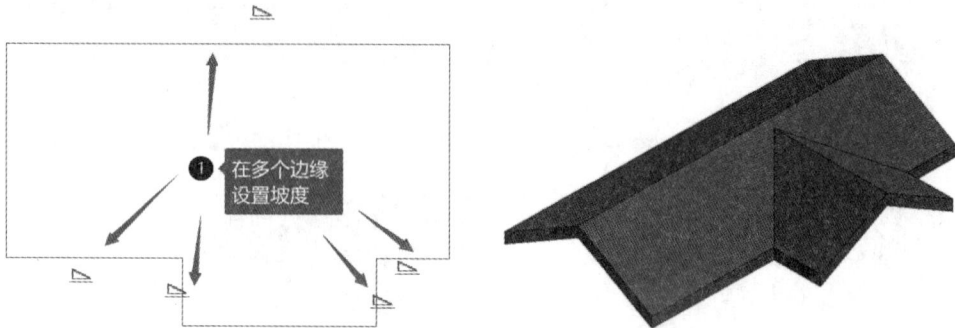

图 11-15　在屋顶的多个边缘设置坡度

11.4.2　使用平行线创建斜面

在绘制楼板、结构楼板、檐底板和天花板时，可以通过制定平行边界线的方法创建斜面。在"草图模式"下进行如下操作，如图 11-16 所示。

(1) 选中一条边界线(边界 1)→【属性】面板，勾选【定义固定高度】复选框→输入【相对基准的偏移】值，如"-500.0"。

(2) 选中另一条边界(边界 2，边界 1 和边界 2 平行)，对该边界进行类似的操作，偏移值设为"2000"。

执行上述操作后，水平边界 1 与基准面(此处为标高 2)之间的距离为 -500 mm(负号表示向下)，水平边界 2 与基准面(同样是标高 2)之间的距离为 2000 mm。显然，这是一个斜面。

(3) 单击【完成编辑模式】按钮 ✔，完成编辑。

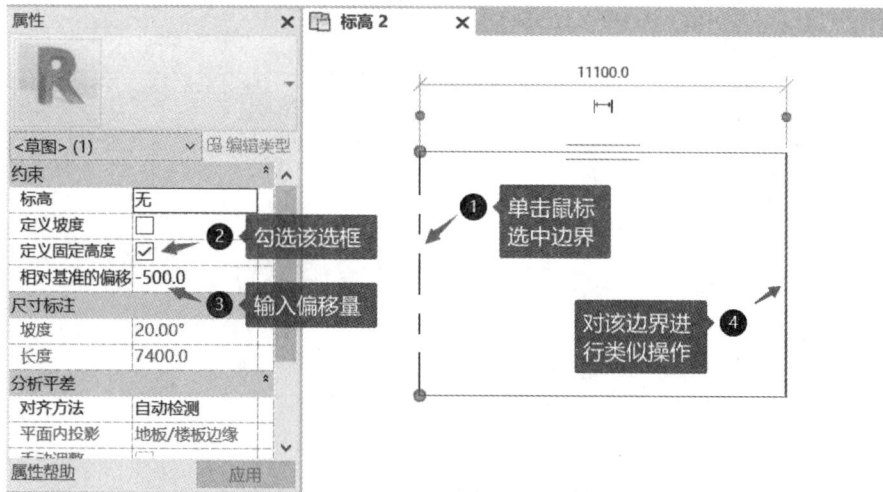

图 11-16　定义边界的高度

11.4.3　使用坡度箭头

在绘制屋顶、檐底板、楼板、结构楼板、天花板和建筑地坪时，用户可以使用坡度箭头创建斜面。

在"草图模式"下，进行如下操作，如图 11-17 所示。

(1) 选择【修改 | 创建楼层边界】选项卡→【绘制】面板，单击【坡度箭头】按钮 ⬛。

图 11-17　启动【坡度箭头】功能

(2) 在绘图区绘制坡度箭头，如图 11-18 所示。

单击鼠标指定箭头起点→移动鼠标至合适位置→再次单击鼠标指定箭头终点。

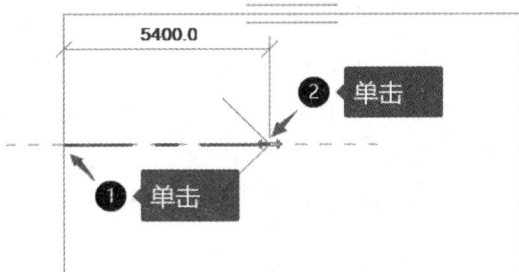

图 11-18　绘制坡度箭头

(3) 箭头绘制完毕后，箭头处于选中状态，此时可以在【属性】面板中对箭头、箭尾的标高及偏移量进行修改，见图 11-19。

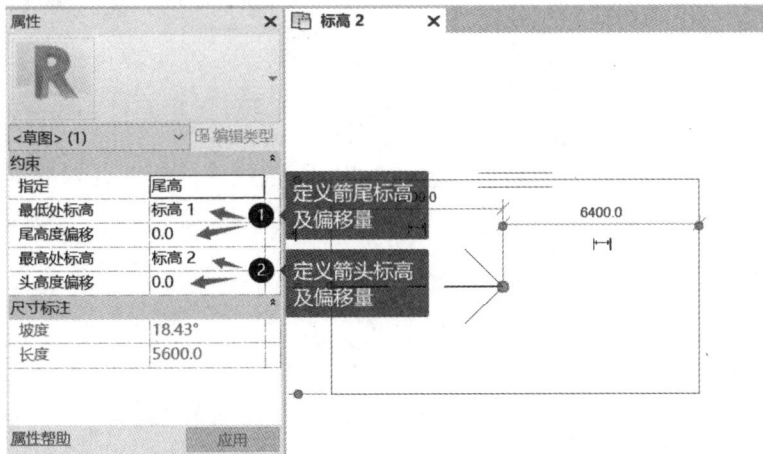

图 11-19　定义箭头、箭尾标高及偏移量

(4) 单击【完成编辑模式】按钮 ✔，完成编辑。

11.5　参照平面和工作平面

参照平面是 Revit 中的重要工具，特别是在创建族的过程中，参照平面的作用不可或缺。在创建族时，可以在参照平面上添加公式及参数驱动的尺寸标注，使族模型更加灵活；同时参照平面也可以被设置为用户的工作平面。

工作平面是用户在视图中进行操作时所在的平面，它是一个虚拟的二维平面。

创建项目模型时，平面、立面和剖面难以满足所有的需求，用户时常需要在各种不同方位的平面内进行操作，工作平面可以满足这方面的需求，还有些图元(如拉伸屋顶)是基于工作平面创建的。具体而言，工作平面有四类基本功能：作为视图的原点、绘制图元、在特殊视图中启用某些工具、用于放置基于工作平面的构件。

在平面视图、三维视图和绘图视图及族编辑器的视图中，Revit 自动设定了工作平面；在立面和剖面视图中，工作平面必须由用户设定。

11.5.1 参照平面

通过【绘制线】或【拾取线】可以创建一个新的参照平面。参照平面通过所选直线与当前视图垂直。在编辑项目文件时，【建筑】、【结构】、【钢】和【系统】选项卡中都包含【参照平面】按钮 。在编辑族文件时，该按钮位于【创建】选项卡的【基准】面板中。

下面具体介绍在编辑族文件时，添加参照平面的方法。

首先，激活"参照标高"视图，启用添加【参照平面】工具，如图 11-20 所示。具体操作如下。

选择【创建】选项卡→【基准】面板，单击【参照平面】按钮 。

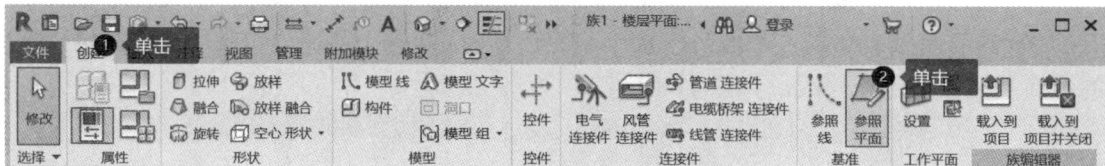

图 11-20 启用【参照平面】工具

Revit 默认启动【直线】命令 ，在参照标高视图中绘制直线，如图 11-21 所示。

在视图中合适位置两次单击鼠标，确定参照平面的位置。至此，参照平面创建完毕。

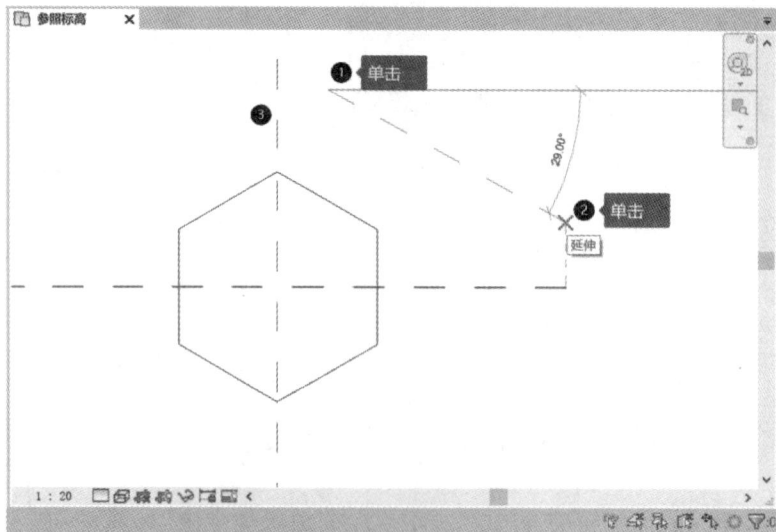

图 11-21 绘制参照平面

另外，用户还可以通过【拾取线】工具达到同样的目的，具体操作如下。

选择【修改|放置参照平面】选项卡→【绘制】面板，单击【拾取线】按钮 →用鼠标在绘图区单击选中线。

执行上述操作时，可以在选项栏中设定偏移距离。

参照平面被聚集时，显示为一条虚线。单击选中该参照平面后，可以对其进行修改和编辑，包括修改位置、修改名称及其他属性，如图 11-22 所示。

参照平面的名称属性可以帮助用户区别、选择不同的参照平面，建议用户为重要的参照平面设置易于辨别的名称。

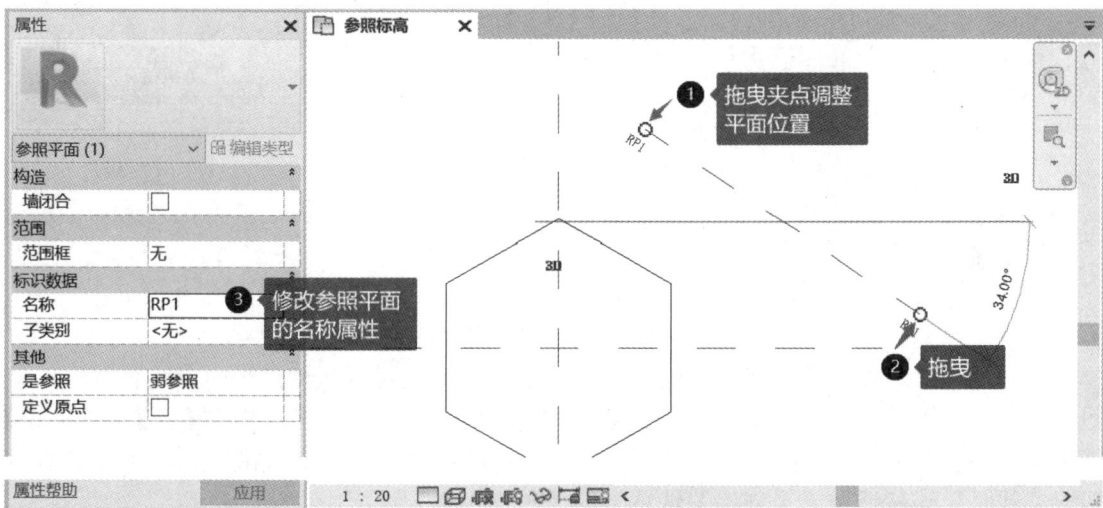

图 11-22 编辑参照平面

11.5.2 显示工作平面

首先通过一个例子，初步介绍工作平面的作用，以及显示当前工作平面的方法。任意打开一个简单模型文件，并激活默认三维视图。启用【模型线】工具，如图 11-23 所示，具体操作如下。

激活默认三维视图→选择【建筑】选项卡→【模型】面板，单击【模型线】按钮 。

图 11-23 启用【模型线】工具

启动绘制圆功能，并尝试在三维视图中绘制圆，如图 11-24 所示，操作如下。

选择【修改|放置线】选项卡→【绘制】面板，单击【圆形】按钮 →在绘图区两次单击鼠标绘制圆。

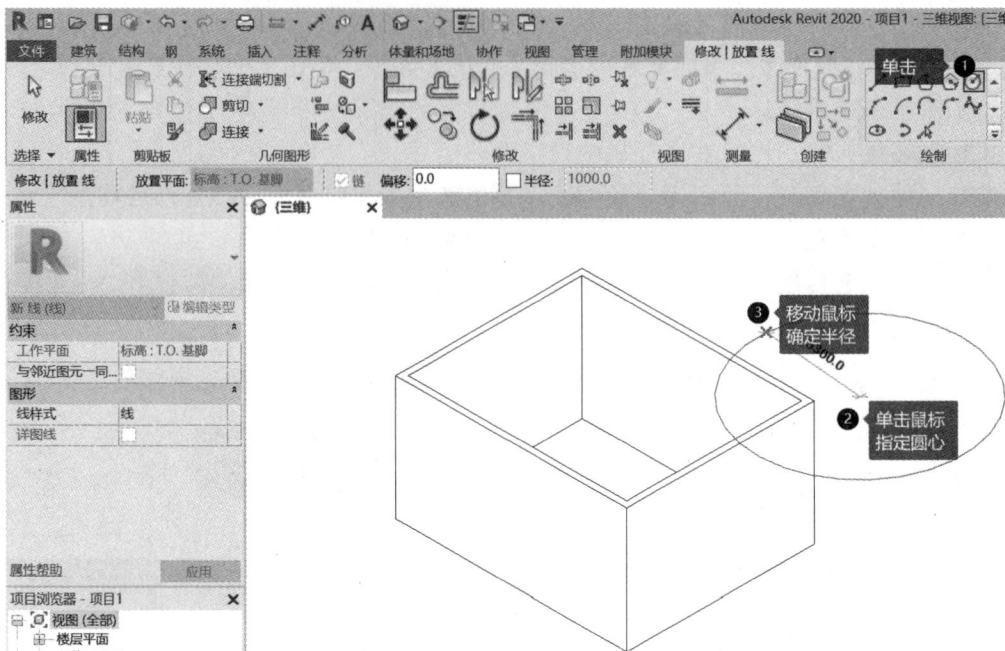

图 11-24 在三维视图中绘制圆

此时，读者难以判断上述圆形位于哪个平面，也无法随意在特定平面上绘制圆形。一般情况下，工作平面处于隐藏状态。在编辑项目文件时，【建筑】、【结构】、【钢】和【系统】选项卡中都包含【显示】按钮 📷，单击该按钮即可显示工作平面，如图 11-25 所示。在编辑族文件时，该按钮位于【创建】选项卡的【工作平面】面板中。

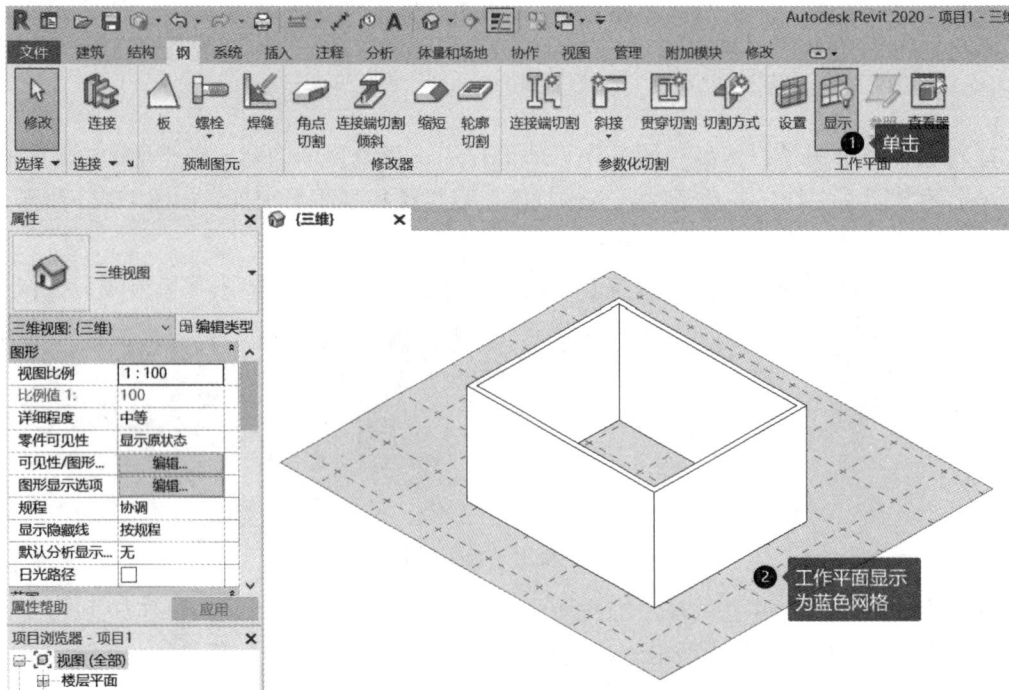

图 11-25 显示工作平面

11.5.3　设置工作平面

一个视图不能同时有多个工作平面，但用户可以根据需要，将不同的平面设置为当前视图的工作平面。有以下三种方法可用于设置工作平面。

(1) 在列表中选择平面的名称。

(2) 在视图中选取一个平面。

(3) 拾取两条直线，确定一个平面。

下面具体介绍方法(2)的操作过程，首先启用工作平面【设置】工具，如图 11-26 所示，操作如下。

选择【建筑】选项卡[①]→【工作平面】面板，单击【设置】按钮 🎬。

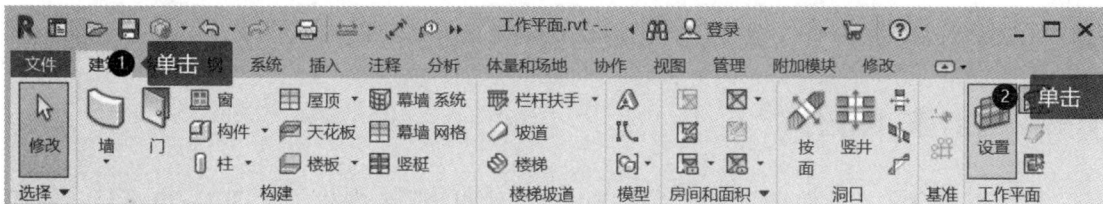

图 11-26　启用工作平面【设置】工具

软件弹出【工作平面】对话框，如图 11-27 所示，进行以下操作。

选中"拾取一个平面"单选框→单击【确定】按钮。

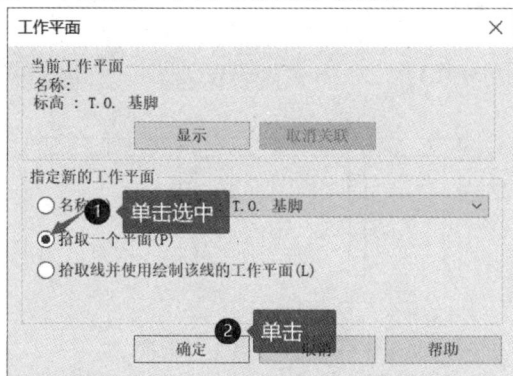

图 11-27　【工作平面】对话框

移动鼠标至绘图区→单击鼠标选择合适的平面，如图 11-28 所示。

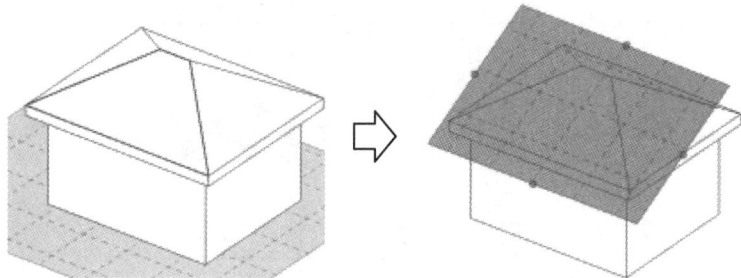

图 11-28　选择合适的平面

---

① 在编辑项目文件时，【建筑】、【结构】、【钢】和【系统】选项卡中都包含工作平面【设置】按钮；在编辑族文件时，该按钮位于【创建】选项卡的【工作平面】面板中。

操作结束，完成工作平面的设置。

用户也可以先创建参照平面并命名，然后在【工作平面】对话框中，选择对应的参照平面名称，即可将参照平面设置为当前的工作平面。

11.6   限制条件

限制条件可以帮助用户实现图元之间关系的智能调节。例如，限制图元之间始终保持相等间距，或者限制两个图元之间始终保持不变的距离，当用户调整某个图元的位置时，其他图元也会根据限制条件而改变位置，以保证限制条件确立的关系不变。

11.6.1   相等限制条件

使用若干(≥2)永久性尺寸标注，用户可以创建相等限制条件。如图 11-29 所示，有间距不等的四面纵向墙，若要让它们之间的距离始终保持相等，需采用【对齐标注】工具，对墙的中心线间距进行标注。如图 11-30 所示，当选中标注时，会显示"EQ"符号。单击"EQ"符号，不再有斜线穿过该符号。

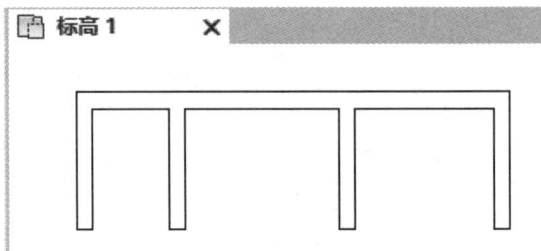

图 11-29   距离不等的墙

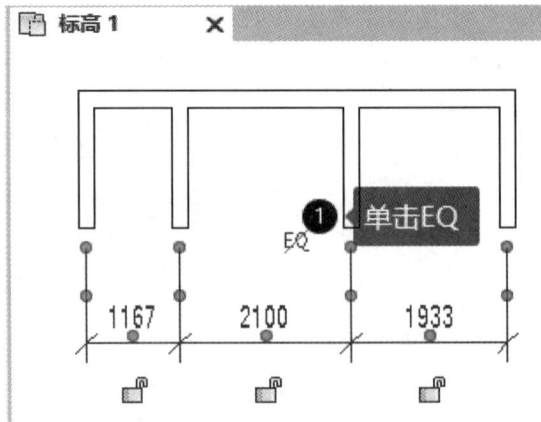

图 11-30   标注墙体

此时，四面墙体的位置便被自动调整至等间距的位置，如图 11-31 所示。

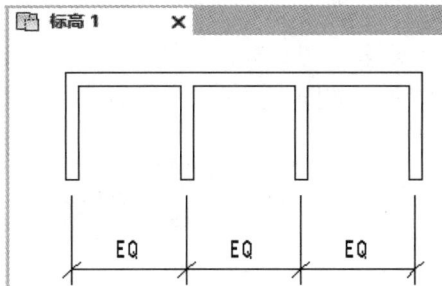

图 11-31　墙体被约束至相等间距

此时，当用户尝试拖曳其中一面墙移动位置时，其他墙体会相应移动，以保持间距始终相等。

11.6.2　尺寸标注限制条件

放置永久性尺寸标注时，可以单击尺寸标注的锁定图标，以此创建尺寸标注限制条件。如图 11-32 所示，门和墙边缘进行了尺寸标注，但锁定图标 🔓 处于开启状态，若用户尝试移动左侧墙体，标注的间距将随之变化，而门的位置保持不变，这反映出门和墙边缘的距离产生了变化。

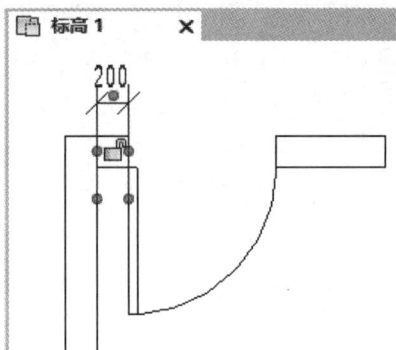

图 11-32　门和墙的关系未被锁定

当用户单击锁定图标后，图标会变成锁定状态 🔒，如图 11-33 所示。这表明门和墙边缘将始终保持 200 mm 间距。若用户尝试移动左侧墙体，门的位置也会产生相应调整。

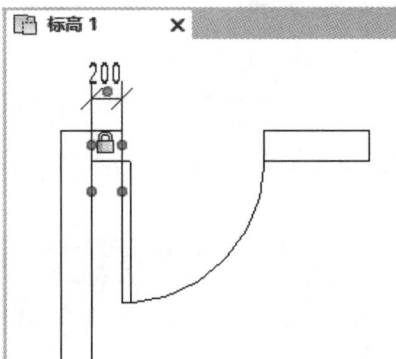

图 11-33　门和墙的关系被锁定

11.6.3　对齐约束

【对齐】工具可以将一个或多个图元与选定图元对齐，通常用于对齐墙、梁、线等图元，也可以用于其他类型的图元。如图 11-34 所示，若要将柱的下边缘与 A 轴线对齐，可采用以下方法。

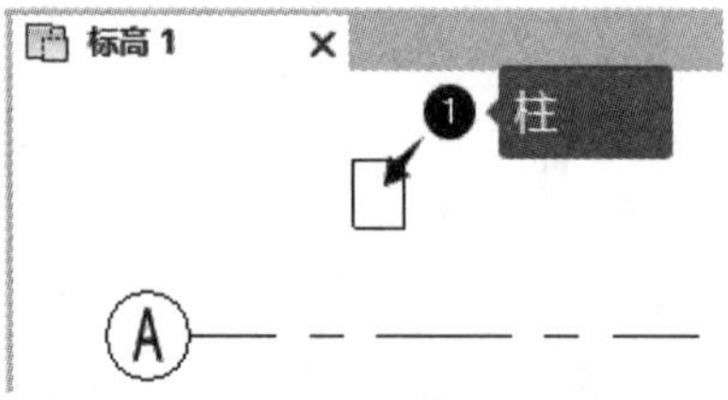

图 11-34　未与轴线对齐的柱

首先启用【对齐】工具，如图 11-35 所示，操作如下。

选择【修改】选项卡→【修改】面板，单击【对齐】按钮。

若需要一次性进行多个图元的对齐，可勾选命令选项栏中的"多重对齐"复选框，本例可以不勾选。此时，若鼠标箭头处于绘图区内，会带有对齐符号。

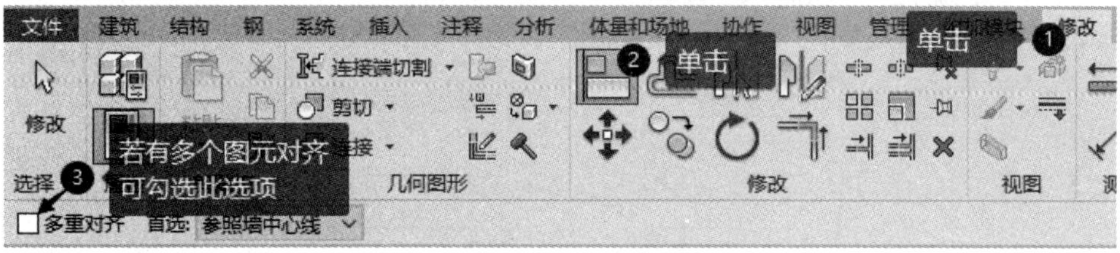

图 11-35　启用【对齐】工具

然后选择参照图元，本例中选择轴线 A，如图 11-36 所示。

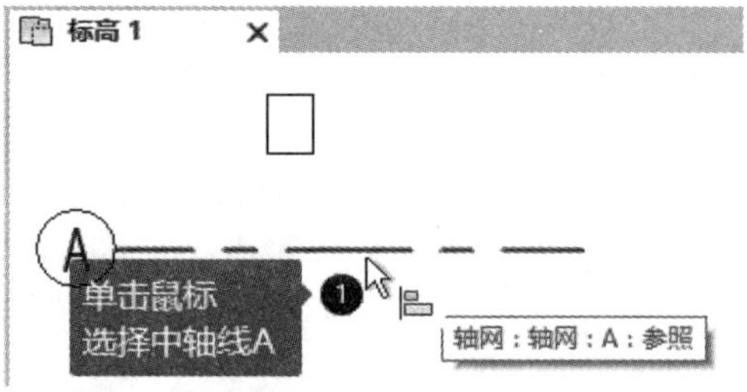

图 11-36　选中轴线 A

再选择要与参照图元(轴线 A)对齐的图元，本例中选择柱的下边缘，如图 11-37 所示。

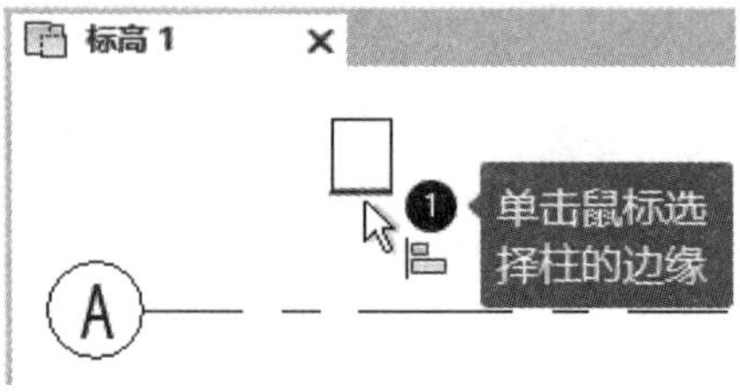

图 11-37　选中柱的下边缘

此时柱的下边缘会与轴线 A 对齐，并显示处于开启状态的锁定图标 ，单击该图标，图标会变成锁定状态 ，如图 11-38 所示。

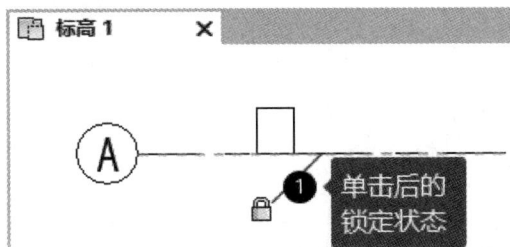

图 11-38　柱与轴线 A 对齐锁定

此后，若用户拖曳柱的平面位置，只能沿着轴线 A 的方向进行移动，柱的下边缘将始终保持和轴线 A 对齐；若用户改变了轴线 A 的位置，则柱的位置也将随之改变。

11.7　公式

在使用尺寸标注和参数时，用户可以用公式进行计算。公式的使用不仅可以方便用户的操作，更可以驱动和控制模型中的参数化内容。在公式中使用条件语句，可提高参数控制的灵活性。

11.7.1　使用公式调整尺寸

当用户在绘图区选中某个图元时，Revit 会显示该图元的临时尺寸标注，用户可以修改尺寸标注的值，以控制相应的尺寸。

如图 11-39 所示，当门处于选中状态时，显示了两个与门相关的蓝色临时尺寸标注。

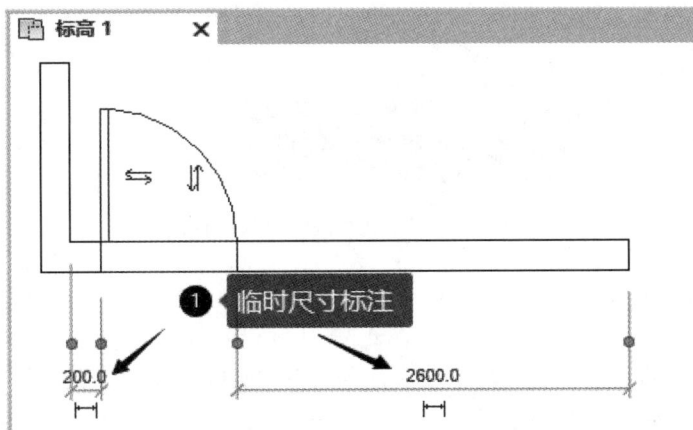

图 11-39　门的临时尺寸标注

单击临时尺寸标注文字，如"200"，Revit 显示输入框，用户可以输入新的数值，如"150"，如图 11-40 所示。

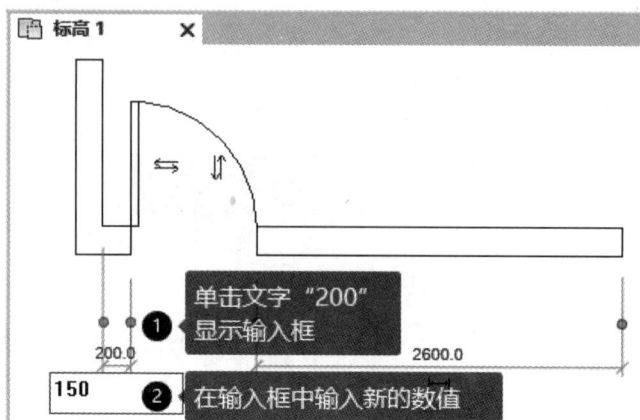

图 11-40　修改临时尺寸标注

当用鼠标点击绘图区空白区域(或回车)确认输入后，门的位置会依据新输入的数值进行移动。此时，门的边缘与墙的边缘距离调整为"150"。

在修改临时尺寸标注时，可以使用计算公式，公式以等号"="开始，满足常规数学语法。例如，可以在修改临时尺寸标注时输入"=300/2+10"，如图 11-41 所示。输入完成后，用鼠标点击绘图区空白区域，门的边缘与墙的边缘距离将调整为公式的计算结果，即"160"。

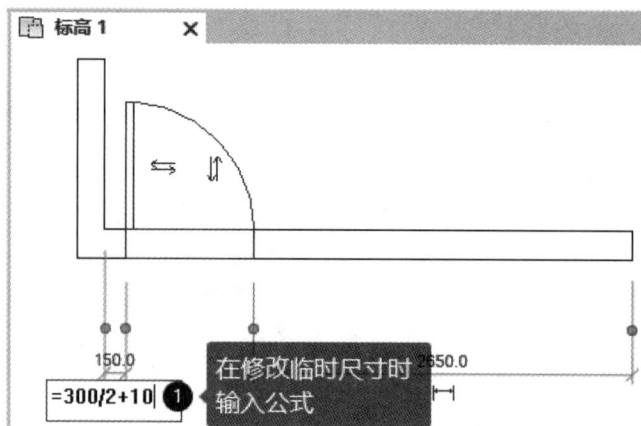

图 11-41　用公式修改临时尺寸标注

11.7.2　公式的语法

Revit 支持常见的数学函数，其语法和示例见表 11-1。通过使用公式、参数和条件语句(11.7.3 节介绍)可以使族更加灵活。此处仅对公式及用法进行简单罗列，具体应用在 11.7.3 小节中进行举例。

表 11-1 公 式 用 法 表

函数的语法	说 明	示 例
+	加法	Total Length = Height + Width
–	减法	Volume Removed = Volume A – Volume B
*	乘	Area = Height * Width
/	除	Half Length = Length / 2
^	幂	Height ^ 2
Log(x)	对数	2 = log(100)
Ln(x)	自然对数	ln(x*y) = ln*x + ln*y
sqrt(x)	平方根	4 = sqrt(16)
sin(x)	正弦	sin(A)
cos(x)	余弦	cos(A)
tan(x)	正切	tan(B)
arcsin(x)	反正弦	arcsin(a/c)
arccos(x)	反余弦	arccos(a/c)
arctan(x)	反正切	arctan(a/b)
exp(x)	数学常数 e 的 x 次幂	exp(3)
abs(x)	绝对值	2 = abs(–2)
pi	圆周率常数	Circle Area= pi * r^2
round (x)	舍入函数返回将 x 四舍五入后的整数值	round(3.1) = 3 round(3.5) = 4 round(–3.7) = –4
roundup(x)	向上舍入函数将值返回为大于或等于 x 的最大整数值	roundup(3) = 3 roundup(3.1) = 4 roundup(–3.7) = –3
rounddown(x)	向下舍入函数将值返回为小于或等于 x 的最小整数值	rounddown(3) = 3 rounddown(3.7) = 3 rounddown(–3.7) = –4

11.7.3 条件分支语句

条件分支语句用来定义族中依赖于其他参数状态的操作。使用条件分支，Revit 会根据是否满足条件来确定输出值。

条件分支的语法结构：

　　　IF (<条件表达式>, <条件为真时的结果>, <条件为假时的结果>)

上述语法表示条件分支的返回值取决于是满足"条件表达式"(True)还是不满足"条件表达式"(False)。如果"条件表达式"为 True，则会返回"条件为真时的结果"；如果条件为 False，则会返回"条件为假时的结果"。

"条件表达式"可包含数值、数字参数名和 Yes/No 参数[①]。

"条件表达式"可使用关系运算符 <、>、=[②]，关系运算符的内容见表 11-2；也可以使用布尔运算符 AND、OR、NOT，布尔运算符的内容见表 11-3。

表 11-2　关 系 运 算 符

关系运算符	名　称	示　例	说　　明
>	大于	a>b	a=4，b=3，返回 True a=3，b=4，返回 False a=3，b=3，返回 False
<	小于	a<b	a=4，b=3，返回 False a=3，b=4，返回 True a=3，b=3，返回 False
=	等于	a=b	a=4，b=3，返回 False a=3，b=4，返回 False a=3，b=3，返回 True

表 11-3　布 尔 运 算 符

布尔运算符	名　称	示　例	说　　明
AND	逻辑与	AND(<条件表达式 1>, <条件表达式 2>)	条件表达式 1 和条件表达式 2 同时为 True 时返回 True，其余都返回 False
OR	逻辑或	OR(<条件表达式 1>, <条件表达式 2>)	条件表达式 1 和条件表达式 2 同时为 False 时返回 False，其余都返回 True
NOT	逻辑非	NOT(<条件表达式>)	条件表达式为 True 则返回 False，条件表达式为 False 则返回 True

下面给出几个条件分支语句的示例。

例 1

　　　=IF (Length < 3000 mm, 200 mm, 300 mm)

例 1 表示，当参数 Length 小于 3000 mm 时返回 200 mm，否则返回 300 mm。

[①] Revit 中有多种类型的参数，除了数值型参数外，也有"材质""图像""URL"等类型的参数。

[②] Revit 当前不支持<=、>=或!=，要表达这种比较符号，可以使用布尔运算符 NOT。例如 a<=b 可写为 NOT(a>b)。

例 2

$$=IF\ (Length > 35\ mm,\ "String1",\ "String2")$$

例 2 表示，当参数 Length 大于 35 mm 时返回文字 String1，否则返回文字 String2。

例 3

$$=IF\ (\ AND\ (x = 1\ ,\ y = 2),\ 8\ ,\ 3\ )$$

例 3 表示，当参数 x 等于 1，参数 y 等于 2 同时满足时返回 8，否则返回 3。

例 4

$$=IF\ (\ OR\ (\ A = 1\ ,\ B = 3\ )\ ,\ 8\ ,\ 3\ )$$

例 4 表示，当参数 A 等于 1 或者参数 B 等于 2 时返回 8，否则返回 3。

条件分支语句还可以嵌套使用，如下所示。

例 5

$$=IF\ (\ Length< 35\ ,\ 2\ ,\ IF\ (\ Length < 45,\ 3,\ IF\ (\ Length < 55,\ 5,\ 8\ )\ )\ )$$

例 5 表示，当 Length 小于 35 时返回 2，否则返回 "IF (Length < 45 , 3, IF (Length < 55 , 5 , 8))" 的值，当然这还是一个条件分支语句，因此叫作条件分支的嵌套。

在 Revit 中有的族参数本身就是布尔类型的(Yes/No)。例如，若参数 visible 是 Yes/No 参数(假设它控制族中某图元的可见性)，则可以使用下面的例子对其进行赋值，以控制图元的可见性。

例 6

$$=Length > 40$$

例 6 表示当 Length 大于 40 时，visible 为 Yes，图元可见；否则为不可见。例 6 也可以等价地表示为下面的语句。

例 7

$$=if(Length > 40,2>1,1>2)$$

要注意的是在 Revit 中不能使用 "True/False" "Yes/No" 作为布尔常量，因此将 "2>1" 和 "1>2" 的运算结果进行返回。

参 考 文 献

[1] Autodesk Asia Pte Ltd. Autodesk Revit 2012 族达人速成[M]. 上海：同济大学出版社，2012.

[2] 益埃毕教育. 全国 BIM 技能一级考试 Revit 教程[M]. 北京：中国电力出版社，2016.

[3] 柏慕中国. Autodesk Revit Architecture 2012 官方标准教程[M]. 北京：电子工业出版社，2012.

[4] 黄亚斌，王全杰，赵雪峰，等. Revit 建筑应用实训教程[M]. 北京：化学工业出版社，2016.

[5] Autodesk Asia Pte Ltd. Autodesk Revit 二次开发基础教程[M]. 上海：同济大学出版社，2015.